·应用型系列教材·

发电厂电气主系统

主　编　郭东旭　张新玉　辛　涛
副主编　马祥坤　苏　凤　贾振江

电子工业出版社
Publishing House of Electronics Industry
北京·BEIJING

内 容 简 介

全书分为 10 章,内容紧密结合发电厂及变电站的实际情况,主要包括发电、变电和输电的电气主系统的构成、设计和运行的基本理论和计算方法,相应地介绍主要电气设备的原理和性能、设备选择以及接地装置等。编写过程严格按照最新版本的国家标准规范要求,以反映最新的技术,结合先进性与实用性。书中配有典型电气实例图,通过电气设备在主电路图中的应用,即学即用,由浅入深,通俗易懂。真正将企业应用很好地结合于教学内容之中。

本书除了可作为应用型本科教材外,高职高专院校等相关专业也可选用,包括电气工程及其自动化、测控技术与仪器、电力系统自动化、机械制造及其自动化、机电一体化技术等相关专业,也可作为电力系统领域的广大工程技术人员和科技工作者的学习参考用书。

未经许可,不得以任何方式复制或抄袭本书之部分或全部内容。
版权所有,侵权必究。

图书在版编目(CIP)数据

发电厂电气主系统/郭东旭,张新玉,辛涛主编. —北京:电子工业出版社,2017.6
ISBN 978-7-121-30880-2

Ⅰ. ①发… Ⅱ. ①郭… ②张… ③辛… Ⅲ. ①发电厂—电气设备—高等学校—教材
Ⅳ. ①TM621.7

中国版本图书馆 CIP 数据核字(2017)第 021476 号

策划编辑:贺志洪
责任编辑:胡辛征
印　　刷:北京七彩京通数码快印有限公司
装　　订:北京七彩京通数码快印有限公司
出版发行:电子工业出版社
　　　　　北京市海淀区万寿路 173 信箱　邮编　100036
开　　本:787×1 092　1/16　印张:18.25　字数:490 千字
版　　次:2017 年 6 月第 1 版
印　　次:2023 年 5 月第 5 次印刷
定　　价:43.80 元

凡所购买电子工业出版社图书有缺损问题,请向购买书店调换。若书店售缺,请与本社发行部联系,联系及邮购电话:(010)88254888。

质量投诉请发邮件至 zlts@phei.com.cn,盗版侵权举报请发邮件至 dbqq@phei.com.cn。
本书咨询联系方式:(010)88254609,hzh@phei.com.cn。

序 加快应用型本科教材建设的思考

一、应用型高校转型呼唤应用型教材建设

教学与生产脱节，很多教材内容严重滞后现实，所学难以致用。这是我们在进行毕业生跟踪调查时经常听到的对高校教学现状提出的批评意见。由于这种脱节和滞后，造成很多毕业生及其就业单位不得不花费大量时间"补课"，既给刚踏上社会的学生无端增加了很大压力，又给就业单位白白增添了额外培训成本。难怪学生抱怨"专业不对口，学非所用"，企业讥讽"学生质量低，人才难寻"。

2010年，我国《国家中长期教育改革和发展规划纲要（2010-2020年）》指出：要加大教学投入，重点扩大应用型、复合型、技能型人才培养规模。2014年，《国务院关于加快发展现代职业教育的决定》进一步指出：要引导一批普通本科高等学校向应用技术类型高等学校转型，重点举办本科职业教育，培养应用型、技术技能型人才。这表明国家已发现并着手解决高等教育供应侧结构不对称问题。

转型一批到底是多少？据国家教育部披露，计划将600多所地方本科高校向应用技术、职业教育类型转变。这意味着未来几年我国将有50%以上的本科高校（2014年全国本科高校1202所）面临应用型转型，更多地承担应用型人才，特别是生产、管理、服务一线急需的应用技术型人才的培养任务。应用型人才培养作为高等教育人才培养体系的重要组成部分，已经被提上我国党和国家重要的议事日程。

军马未动、粮草先行。应用型高校转型要求加快应用型教材建设。教材是引导学生从未知进入已知的一条便捷途径。一部好的教材是既是取得良好教学效果的关键因素，又是优质教育资源的重要组成部分。它在很大程度上决定着学生在某一领域发展起点的远近。在高等教育逐步从"精英"走向"大众"直至"普及"的过程中，加快教材建设，使之与人才培养目标、模式相适应，与市场需求和时代发展相适应，已成为广大应用型高校面临并亟待解决的新问题。

烟台南山学院作为大型民营企业南山集团投资兴办的民办高校，与生俱来就是一所应用型高校。2005年升本以来，其依托大企业集团，坚定不移地实施学校地方性、应用型的办学定位。坚持立足胶东，着眼山东，面向全国；坚持以工为主，工管经文艺协调发展；坚持产

教融合、校企合作，培养高素质应用型人才。初步形成了自己校企一体、实践育人的应用型办学特色。为加快应用型教材建设，提高应用型人才培养质量，今年学校推出的包括"应用型本科系列教材"在内的"百部学术著作建设工程"，可以视为南山学院升本 10 年来教学改革经验的初步总结和科研成果的集中展示。

二、应用型本科教材研编原则

编写一本好教材比一般人想象的要难得多。它既要考虑知识体系的完整性，又要考虑知识体系如何编排和建构；既要有利于学生学，又要有利于教师教。教材编得好不好，首先取决于作者对教学对象、课程内容和教学过程是否有深刻的体验和理解，以及能否采用适合学生认知模式的教材表现方式。

应用型本科作为一种本科层次的人才培养类型，目前使用的教材大致有两种情况：一是借用传统本科教材。实践证明，这种借用很不适宜。因为传统本科教材内容相对较多，理论阐述繁杂，教材既深且厚。更突出的是其忽视实践应用，很多内容理论与实践脱节。这对于没有实践经验，以培养动手能力、实践能力、应用能力为重要目标的应用型本科生来说，无异于"张冠李戴"，严重背离了教学目标，降低了教学质量。二是延用高职教材。高职与应用型本科的人才培养方式接近，但毕竟人才培养层次不同，它们在专业培养目标、课程设置、学时安排、教学方式等方面均存在很大差别。高职教材虽然也注重理论的实践应用，但"小才难以大用"，用低层次的高职教材支撑高层次的本科人才培养，实属"力不从心"，尽管它可能十分优秀。换句话说，应用型本科教材贵在"应用"二字。它既不能是传统本科教材加贴一个应用标签，也不能是高职教材的理论强化，其应有相对独立的知识体系和技术技能体系。

基于这种认识，我以为研编应用型本科教材应遵循三个原则：一是实用性原则。即教材内容应与社会实际需求相一致，理论适度、内容实用。通过教材，学生能够了解相关产业企业当前的主流生产技术、设备、工艺流程及科学管理状况，掌握企业生产经营活动中与本学科专业相关的基本知识和专业知识、基本技能和专业技能。以最大限度地缩短毕业生知识、能力与产业企业现实需要之间的差距。烟台南山学院研编的《应用型本科专业技能标准》就是根据企业对本科毕业生专业岗位的技能要求研究编制的基本文件，它为应用型本科有关专业进行课程体系设计和应用型教材建设提供了一个参考依据。二是动态性原则。当今社会科技发展迅猛，新产品、新设备、新技术、新工艺层出不穷。所谓动态性，就是要求应用型教材应与时俱进，反映时代要求，具有时代特征。在内容上应尽可能将那些经过实践检验成熟或比较成熟的技术、装备等人类发明创新成果编入教材，实现教材与生产的有效对接。这是克服传统教材严重滞后生产、理论与实践脱节、学不致用等教育教学弊端的重要举措，尽管某些基础知识、理念或技术工艺短期内并不发生突变。三是个性化原则。即教材应尽可能适应不同学生的个体需求，至少能够满足不同群体学生的学习需要。不同的学生或学生群体之间存在的学习差异，显著地表现在对不同知识理解和技能掌握并熟练运用的快慢及深浅程度上。根据个性化原则，可以考虑在教材内容及其结构编排上既有所有学生都要求掌握的基本理论、方法、技能等"普适性"内容，又有满足不同的学生或学生群体不同学习要求的"区别性"内容。本人以为，以上原则是研编应用型本科教材的特征使然，如果能够长期得到坚持，则有望逐渐形成区别于研究型人才培养的应用型教材体系特色。

三、应用型本科教材研编路径

1.明确教材使用对象

任何教材都有自己特定的服务对象。应用型本科教材不可能满足各类不同高校的教学需求，其主要是为我国新建的包括民办高校在内的本科院校及应用技术型专业服务的。这是因为：近10多年来我国新建了600多所本科院校（其中民办本科院校420所，2014年）。这些本科院校大多以地方经济社会发展为其服务定位，以应用技术型人才为其培养模式定位。它们的学生毕业后大部分选择企业单位就业。基于社会分工及企业性质，这些单位对毕业生的实践应用、技能操作等能力的要求普遍较高，而不刻意苛求毕业生的理论研究能力。因此，作为人才培养的必备条件，高质量应用型本科教材已经成为新建本科院校及应用技术类专业培养合格人才的迫切需要。

2. 加强教材作者选择

突出理论联系实际，特别注重实践应用是应用型本科教材的基本质量特征。为确保教材质量，严格选择教材研编人员十分重要。其基本要求：一是作者应具有比较丰富的社会阅历和企业实际工作经历或实践经验。这是研编人员的阅历要求。不能指望一个不了解社会、没有或缺乏行业企业生产经营实践体验的人，能够写出紧密结合企业实际、实践应用性很强的篇章；二是主编和副主编应选择长期活跃于教学一线、对应用型人才培养模式有深入研究并能将其运用于教学实践的教授、副教授等专业技术人员担纲。这是研编团队的领导人要求。主编是教材研编团队的灵魂。选择主编应特别注意理论与实践结合能力的大小，以及"研究型"和"应用型"学者的区别；三是作者应有强烈的应用型人才培养模式改革的认可度，以及应用型教材编写的责任感和积极性。这是写作态度的要求。实践中一些选题很好却质量平庸甚至低下的教材，很多是由于写作态度不佳造成的；四是在满足以上三个条件的基础上，作者应有较高的学术水平和教材编写经验。这是学术水平的要求。显然，学术水平高、教材编写经验丰富的研编团队，不仅可以保障教材质量，而且对教材出版后的市场推广将产生有利的影响。

3. 强化教材内容设计

应用型教材服务于应用型人才培养模式的改革。应以改革精神和务实态度，认真研究课程要求、科学设计教材内容，合理编排教材结构。其要点包括：

（1）缩减理论篇幅，明晰知识结构。编写应用型教材应摒弃传统研究型人才培养思维模式下重理论、轻实践的做法，确实克服理论篇幅越来越多、教材越编越厚、应用越来越少的弊端。一是基本理论应坚持以必要、够用、适用为度。在满足本学科知识连贯性和专业课需要的前提下，精简推导过程，删除过时内容，缩减理论篇幅；二是知识体系及其应用结构应清晰明了、符合逻辑，立足于为学生提供"是什么"和"怎么做"；三是文字简洁，不拖泥带水，内容编排留有余地，为学生自我学习和实践教学留出必要的空间。

（2）坚持能力本位，突出技能应用。应用型教材是强调实践的教材，没有"实践"、不能让学生"动起来"的教材很难产生良好的教学效果。因此，教材既要关注并反映职业技术现状，以行业企业岗位或岗位群需要的技术和能力为逻辑体系，又要适应未来一定期间内技术推广和职业发展要求。在方式上应坚持能力本位、突出技能应用、突出就业导向；在内容上应关注不同产业的前沿技术、重要技术标准及其相关的学科专业知识，把技术技能标准、方法程序等实践应用作为重要内容纳入教材体系，贯穿于课程教学过程的始终，从而推动教材改革，在结构上形成区别于理论与实践分离的传统教材模式，培养学生从事与所学专业紧密相关的技术开发、管理、服务等必须的意识和能力。

（3）精心选编案例，推进案例教学。什么是案例？案例是真实典型且含有问题的事件。这个表述的涵义：第一，案例是事件。案例是对教学过程中一个实际情境的故事描述，讲述的是这个教学故事产生、发展的历程；第二，案例是含有问题的事件。事件只是案例的基本素材，但并非所有的事件都可以成为案例。能够成为教学案例的事件，必须包含有问题或疑难情境，并且可能包含有解决问题的方法。第三，案例是典型且真实的事件。案例必须具有典型意义、能给读者带来一定的启示和体会。案例是故事但又不完全是故事。其主要区别在于故事可以杜撰，而案例不能杜撰或抄袭。案例是教学事件的真实再现。

案例之所以成为应用型教材的重要组成部分，是因为基于案例的教学是向学生进行有针对性的说服、思考、教育的有效方法。研编应用型教材，作者应根据课程性质、课程内容和课程要求，精心选择并按一定书写格式或标准样式编写案例，特别要重视选择那些贴近学生生活、便于学生调研的案例。然后根据教学进程和学生理解能力，研究在哪些章节，以多大篇幅安排和使用案例。为案例教学更好地适应案例情景提供更多的方便。

最后需要说明的是，应用型本科作为一种新的人才培养类型，其出现时间不长，对它进行系统研究尚需时日。相应的教材建设是一项复杂的工程。事实上从教材申报到编写、试用、评价、修订，再到出版发行，至少需要 3～5 年甚至更长的时间。因此，时至今日完全意义上的应用型本科教材并不多。烟台南山学院在开展学术年活动期间，组织研编出版的这套应用型本科系列教材，既是本校近 10 年来推进实践育人教学成果的总结和展示，更是对应用型教材建设的一个积极尝试，其中肯定存在很多问题，我们期待在取得试用意见的基础上进一步改进和完善。

2016 年国庆前夕于龙口

前 言

为了实现应用型本科人才的培养目标,更好地满足电力工业快速发展的人才需求。本书在内容处理上既注意体现电力领域的最新技术,又注意本科学生的知识和能力结构,以应用型本科教育工科专业为背景,按照发、输、变、配电的完整过程,着重叙述发电、变电和输电的电气主系统的构成、设计和运行的基本理论和计算方法,相应地介绍了主要电气设备的原理和性能、设备选择以及接地装置等。在讲述基础理论和设计计算方面以"必需、够用"为度,既有理解分析,又有例题验证,利于培养和训练学生分析问题和解决问题以及开拓创新能力。将企业工作中所用到的专业知识应用于教学中,书中的案例大部分来源于企业,而且采用的技术较为先进且与实用性相结合。在编写的过程中严格按照最新版本的国家标准规范要求,以反映最新的技术,将先进性与实用性相结合。书中配有典型电气实例图,通过电气设备在主电路图中的应用,即学即用,由浅入深,通俗易懂。真正将企业应用很好地结合于教学内容之中。

本书是作者在多年从事生产技术工作,把生产实际经验与多年相关课程的教学、科研融入一体的基础上编写的。本书既可作为应用型本科教材外,还可作为高职高专院校电气工程及其自动化、电力系统自动化、机电一体化技术等相关专业的教材(教师可以根据专业来选择需要讲解的内容),也可作为企业培训人员、电力设备安装与维修人员,以及工厂技术人员的学习用书。本书共分10章。第1章介绍发电厂,第2章介绍高低压设备,第3章介绍发电、变电和输电的电气部分,第4章介绍导体的发热与电动力,第5章介绍电气主接线及设计,第6章介绍厂用电接线及设计,第7章介绍导体和电气设备的选择,第8章介绍配电装置,第9章介绍发电厂和变电站的控制与信号,第10章介绍电气装置的接地。书中标有"*"为选学内容。

本书由烟台南山学院郭东旭编写第2、3章,烟台南山学院辛涛编写第4章,烟台南山学院苏凤编写第10章,辽宁石油化工大学张新玉编写第1、5、6、7、9章,山东南山铝业股份有限公司马祥坤编写第8章。本书由郭东旭副教授统稿。

在本书编写过程中,作者参考了多位同行专家的著作以及设计规范、设计标准图册等。

在此特别对在编写过程中给予大力帮助的烟台南山学院孙玉梅教授、山东南山热电有限公司贾振江高级工程师表示感谢。

由于编者水平有限，时间仓促，书中难免存在缺点和不足之处，敬请广大读者批评指正。

编 者

目　录

第1章　发电厂 1
1.1　概述 1
1.2　电力系统及能源 7
1.3　火力发电厂及其生产过程 13
1.4　水力发电厂及其生产过程 18
1.5　核能发电厂 21
1.6　其他发电 24
复习思考题1 25

第2章　高低压设备 26
2.1　概述 26
2.2　高压断路器 32
2.3　少油断路器 38
2.4　真空断路器 41
2.5　SF$_6$断路器 44
2.6　高压断路器 48
2.7　低压断路器 49
2.8　隔离开关 54
2.9　负荷开关 60
2.10　电流互感器和电压互感器 62
复习思考题2 71

第3章　发电、变电和输电的电气部分 72
3.1　发电厂的电气部分 72
3.2　高压交流输变电 79
复习思考题3 86

第4章 导体的发热与电动力 ··· 87

- 4.1 导体发热和散热的计算 ··· 87
- 4.2 导体的长期发热与载流量 ··· 91
- 4.3 导体的短时发热 ··· 93
- 4.4 导体短路的电动力 ··· 97
- 复习思考题 4 ··· 104

第5章 电气主接线及设计 ··· 105

- 5.1 电气主接线设计原则和程序 ··· 105
- 5.2 电气主接线的基本接线形式 ··· 108
- 5.3 发电厂和变电所主变压器选择 ··· 125
- 5.4 限制短路电流的方法 ··· 128
- 复习思考题 5 ··· 132

第6章 厂用电接线及设计 ··· 133

- 6.1 概述 ··· 133
- 6.2 发电厂的厂用电接线 ··· 135
- 6.3 不同类型发电厂和变电所用电典型接线分析 ··· 141
- 6.4 厂用变压器的选择 ··· 150
- *6.5 厂用电动机的选择和自启动校验 ··· 155
- 复习思考题 6 ··· 163

第7章 导体和电气设备的选择 ··· 165

- 7.1 电气设备选择的一般条件 ··· 165
- 7.2 高压断路器的选择 ··· 170
- 7.3 隔离开关的选择 ··· 173
- 7.4 电流互感器的选择 ··· 175
- 7.5 电压互感器的选择 ··· 178
- 7.6 高压熔断器的选择 ··· 179
- 7.7 导体与电缆的选择 ··· 181
- 7.8 限流电抗器的选择 ··· 184
- 7.9 电缆、支柱绝缘子和穿墙套管的选择 ··· 186
- 复习思考题 7 ··· 192

第8章 配电装置 ··· 193

- 8.1 概述 ··· 193
- 8.2 成套配电装置 ··· 200
- 8.3 屋内配电装置 ··· 208

8.4 屋外配电装置 ·· 214
复习思考题 8 ·· 215

*第 9 章 发电厂和变电站的控制与信号 ·· 218

9.1 发电厂和变电站的控制 ·· 218
9.2 二次回路接线图 ·· 220
9.3 断路器的传统控制方式 ·· 226
9.4 火电厂的计算机监控系统 ·· 235
9.5 变电站的计算机监控系统 ·· 236
复习思考题 9 ·· 240

第 10 章 电气装置的接地 ·· 241

10.1 概述 ·· 241
10.2 接地和接地装置 ·· 242
10.3 电气装置的接地电阻 ·· 246
10.4 接地装置的布置 ·· 248
10.5 防雷装置的接地装置要求 ·· 254
10.6 接地装置的测试 ·· 254
复习思考题 10 ·· 256

附录 ·· 257

参考文献 ·· 277

第1章 发电厂

本章概述了与发电厂电气有关的基本知识和基本问题,为学习本课程奠定初步的基础。首先介绍了我国电力工业发展概况、电力系统的基本知识及能源,然后简介典型的发电厂的生产过程,最后讲述了其他形式的发电厂。

1.1 概述

1. 我国电力工业发展概况

电力发展和应用的程度,是衡量国民经济发展水平和社会现代化水平高低的重要标志之一。电力发展必须超前国民经济的增长。人类在开发能源中不断前进,继17世纪广泛利用蒸汽机后,18世纪发现了电能,19世纪中叶制成了发电机。从19世纪末开始,电力应用得到了快速发展。1875年,世界上最早的发电厂——巴黎北火车站电厂建成,用于照明供电;1878年,法国建成第一座水电厂;1879年,美国旧金山实验电厂开始发电,成为世界上最早出售电力的电厂;1882年,法国开始进行远距离高压直流输电,同时英国、日本、俄罗斯相继修建了发电厂。

我国电力工业发展历程如下。

(1) 新中国成立前的电力工业

我国电力工业始于1882年,当年建成的第一个发电厂是上海乍浦路电灯厂,装机只有16马力(11.8kW)。我国大陆最早兴建的水电站是位于云南省昆明市郊的石龙坝水电站,电站一厂于1910年7月开工,1912年4月发电,装机容量为480kW。到1949年底新中国成立时,全国发电装机容量仅有185万kW,发电量为43亿kW·h,分别居世界第二十一位和第二十五位。

(2) 新中国成立初期的电力工业

从1950年至1978年间,国产10万kW、12.5万kW、20万kW、30万kW汽轮发电机组和国产15万kW、22.5万kW、30万kW水轮发电机组相继制成并投产。1960年全国发电装机容量突破1000万kW,居世界第九位;1965年新中国建设第一座大型水电站(新安江水电站);1969年,我国修建的第一座百万kW级的大型水电站(刘家峡水电站)开始发电,1974年底水电站全部建成;1974年国产第一台30万kW火电机组(江苏望亭电厂)投产发电。

（3）改革开放后的电力工业

至1978年底，全国发电装机容量达到5712万kW，年发电量达到2566亿kW·h，居世界第七位。1972年中国第一条330kV线路（刘家峡—陕西关中，534km）建成，将陕、甘、青电网互联，初步形成了西北电网。与此同时，东北、京津唐、华东、华中电网形成了220kV主干网架。各种能源的发展历程如下：

① 火电。

2000年以前，我国的火电厂是以30万kW机组为主，2000年以后，主要建设30万kW及以上高参数、高效率、调峰性能好的机组，引进和发展超临界机组。至2006年底，全国火电装机达到48405万kW，约占总容量77.82%；火电发电量达到23573亿kW·h，约占全部发电量83.17%。

② 水电。

实行改革开放以来，我国规划并建设了葛洲坝、白山、龙羊峡、漫湾、广蓄、天生桥、五强溪、小浪底、二滩、天荒坪、三峡、龙滩、瀑布沟等一批巨型水电厂，迈入世界水电建设前列。至2006年底，全国水电装机达到12857万kW，约占总容量20.67%；水电发电量达到4167亿kW·h，约占全部发电量14.70%。目前我国是世界上水电在建规模最大、发展速度最快的国家。

③ 核电。

1994年浙江秦山电站一期30万kW国产机组和广东大亚湾电站（装机容量2×90万kW，法国机组）的投产运行实现了我国核能发电零的突破。到2006年底全国核电装机670万kW，约占总容量1.08%；核电发电量543亿kW·h，约占全部发电量1.92%。

④ 新能源。

从1992年到2001年，我国的新能源发电装机容量以年均44.55%的速度发展，至2001年底，装机容量已达37万kW。2003年年底我国太阳电池的累计装机已经达到5万kW。2004年底，我国已建风电厂43个（除台湾地区），1292台机组，累计装机容量76.4万kW。

⑤ 电网。

全国已经形成华北（山西、河北、北京、天津及内蒙古部分地区）、东北（黑龙江、吉林、辽宁及内蒙古部分地区）、华东（上海、江苏、浙江、安徽）、华中（河南、湖南、湖北、江西）、西北（陕西、甘肃、青海、宁夏）、川渝（四川、重庆）和南方联营（广东、广西、云南、贵州）七个跨省区电网，及山东、福建、海南、乌鲁木齐和拉萨五个独立的省级电网。2006年，1000kV交流特高压试验示范工程和云南至广东±800kV特高压直流输电示范工程奠基仪式已分别举行，标志着交、直流特高压试验示范工程建设已拉开帷幕。

2. 发展现状

（1）我国发电装机容量和发电量连续10年居世界第2位。改革开放以后，我国电力建设不断跨上新台阶。目前，全国发电装机容量达到2.36亿kW，发电量超过10000亿kW·h，均居世界第2位。

（2）"西电东送、南北互供、全国联网"格局已基本形成。

我国资源分布不平衡。东部地区经济发展快，一次能源缺乏，西部地区资源丰富；南方多水电，而北方多火电。因此必须加快跨区、跨省电网建设，形成全国联合电网。到2010年，全国将形成结构合理、层次分明、各区域电网联系较为紧密的互联电网。2010年以后，在金沙江、雅砻江、大渡河、澜沧江以及黄河上游水电、"三西"煤电基地电力外送的基础上，全国电网将形成以三峡电力系统为核心，以坚强的区域电网网架和跨大区输电网架为基础、区域电网间联系紧密的全国互联电网。预计到 2020 年，这一电网可将西部 1 亿 kW 左右的电力送到东部，大区之间的电力互送达到 7000 万 kW 至 8000 万 kW。在电力发展中我国始终坚持统一规划，包括统一规划电源布局，统一规划全国电网、区域电网，统一规划一次系统和二次系统，统一规划送端和受端电网等。要进一步加强电网结构和大区间的联网建设。除在建工程外，还有华东电网江苏、安徽的第三条和第二条过江通道及浙江沿海第二回 500kV 输电工程、东北电网的第三通道工程、川渝电网的成都 500kV 环网及二滩送出加强工程等建设。

（3）电力设备的制造水平大大提高。

国产第一台 30 万 kW 和 60 万 kW 火电机组（引进美国制造技术）先后于 1974 年（江苏望亭电厂）和 1989 年（安徽平圩电厂）投产发电。现在，国内已能批量制造 60 万 kW、100 万 kW 火电机组和 70 万 kW 水电机组、百万千瓦核电机组、5MW 风电机组以及超高压交直流输电设备。另外，国内一些企业已经具备为百万千瓦级核电站提供设备的能力。大部分 1000kV 特高压交流设备、±800kV 特高压直流设备实现了国产化，已经能制造 60 万 kW、100 万 kW 级的超超临界机组。太阳能光伏电池等其他新能源装备的研制和生产也都取得了重要进展。

（4）电力科技水平大大提高。

电力科技水平大大提高，与世界先进水平日渐接近。我国电力工业立足于科技兴电，相继建成了一批具有世界先进水平的重点实验室和装置，完成了一批重大科研课题，掌握和解决了大机组建设和全国联网等大电力系统的建设和运行等一系列问题。

另外，我国拥有自主知识产权的高温气冷堆核电技术，并已应用。大功率电力电子技术在电力系统中取得了重大成就，串补、可控串补成功应用于超高压系统。高压超导电缆的研制与应用取得新的成果，达到国际先进水平。部分电网建成了数字化变电站、500kV 无人值班、500kV 电网区域控制中心，建成了以实时数字仿真系统为核心的电网仿真系统。成功研制出变电站巡检机器人，并达到国际先进水平，成功研制出厘米级微发电系统，并与国际水平相当；成功研制出百瓦级的行波热声发电机；在国际首创"全永磁悬浮风力发电技术"；在快中子热核聚变方面的研究取得了重大的发展。

（5）电力环境保护得到加强。

环境排放得以控制、生态保护日益加强，使电力发展的经济效益、社会效益与环境效益渐趋统一。2015 年，发电企业加快节能减排升级改造步伐，不断降低能耗水平和污染物排放强度，持续降低碳排放强度，五大发电集团全部提前完成"十二五"减排目标。2015 年，华能集团全部煤机实现达标排放，累计 2069 万 kW 机组完成超低排放改造；大唐集团超低排放机组占燃煤机组总装机容量的 25%，容量居行业首位；华电集团完成超低排放改造和建设 38 台机组共 1221.5 万 kW；国电集团加快推进重点区域和企业环保治理，2126 万 kW 机组实现超低排放；合并后的国家电投集团 776 万 kW 机组实现超低排放；截至 2015 年底，国华电力完成 25 台机组共 1309 万 kW 超低排放改造，占比达到 36.8%，居行业首位。

（6）在利用外资、引进设备、引进技术、实施走出去战略等方面都取得了巨大的成就。

在地热、风力、潮汐、太阳能、生物质能等新能源发电方面，经多年的科技攻关及建设示范性电站或试验电站，已掌握了设计、制造和运行技术。我国最大的地热电站——西藏羊八井第一、二地热电站总装机容量 2.518 万 kW；我国最大的风电场——内蒙古赤峰赛罕坝风电场总装机容量 17 万 kW；我国第二大风电场是新疆达坂城风电场，其总装机容量 14 万 kW；我国最大的潮汐电站——浙江省江厦潮汐电站总装机容量 3200kW；我国最大的垃圾焚烧电厂——上海浦东垃圾焚烧电厂总装机容量 1.7 万 kW。

3. 我国电力工业与世界先进水平的差距

（1）发电设备技术结构不合理，调峰能力弱。

① 燃煤机组发电量占全国总发电量的比重大，机组技术装备水平较低，整体能效偏低。

② 发电量中水电、核电及新能源发电比重较低。水电开发程度低，远低于世界平均水电开发率，抽水蓄能机组比例低。

③ 供热机组的容量比例与世界先进水平相比仍然较低。

④ 大机组的比重过小，30 万 kW 及以上机组只占总容量的 45.2%，平均机组容量仅为 5.82 万 kW。

⑤ 发电设备技术参数相对落后，我国超临界机组只占火电总装机容量的 4.3%，燃气-蒸汽联合循环机组的比例过低，仅占火电总装机容量的 2.3%。

（2）电网建设与电源建设不协调，供电可靠性偏低。我国电力建设长期以来"重发轻供"的情况十分突出。近年来，电网建设与电源建设不协调、电网建设严重滞后。部分电网网架结构不够坚强，出现窝电和缺电并存的现象；配电网仍不能满足用电需求增长的需要；供电可靠性偏低。

（3）人均拥有装机容量和人均占有发电量较低。目前我国人均拥有装机容量和人均占有发电量不到世界平均水平的一半，约为发达国家的 1/6 和 1/10。

（4）技术经济指标平均水平不高。火电厂平均发电煤耗、供电煤耗、厂用电率、电网线损率等仍较高。其中，与国际先进水平相比，火电厂供电煤耗约高 50g/kW·h，火电厂每千瓦时耗水率约高 40%，输电线损率高 2%～2.5%。

（5）火电厂的污染物排放量高。火电厂的二氧化硫、氮氧化物和大量粉尘的排放尚未得到有效控制。目前我国每年煤电发电排放的二氧化硫已达近 1000 万 t。

（6）发供电设备质量问题较多，性能欠佳。

（7）发电厂用人过多，人员整体素质和效率不高，效益偏低。

4. 发展趋势

我国电力工业在"十一五"期间，将实现电力投产规模为 1.65 亿 kW 左右，关停凝汽式火电小机组 1500 万 kW 的主要发展目标。"十一五"期间我国电力工业发展的基本方针如下所述。

（1）大力开发水电

水能资源是可再生的、清洁的能源；水电站的发电成本低，水库可以综合利用；在电力系统中，有一定比重的水电装机容量对系统调峰和安全经济运行极为有利。我国大陆水利资源理论蕴藏量和可开发装机容量均居世界首位，理论蕴藏量在 1 万 kW 及以上的河流共 3886 条，技术可开发装机容量 54164 万 kW，经济可开发装机容量 40180 万 kW。

优先并加快开发水电，是我国电力发展的基本方针，也是西部开发、西电东送的主要内容。我国水电建设将按照流域梯级滚动开发方式，重点开发黄河上游、长江中上游及其干支流、红水河、澜沧江中下游和乌江等流域。在东北、华北、华东等火电比重较大的电力系统，为适应系统调峰要求,将要建设相当规模的抽水蓄能电站。我国近期在建和拟建的大型水电站有十几座。近 10~15 年内我国将新增 50 万 kW 机组 120 多台,到 2020 年,水电装机容量将增加到 25000 万 kW。

(2) 优化发展煤电

火电厂的厂址不受限制,建设周期短,能较快发挥效益,燃煤火电仍是发电装机容量的主要组成部分。我国有丰富的煤炭、石油和天然气资源。煤电发展的重点是建设大型、高效、低污染燃煤火电机组,鼓励建设超临界、超超临界大容量机组,新建燃煤机组的单机容量要在 60 万 kW 及以上。预计 2020 年燃煤火电装机将达 7.1 亿~7.85 亿 kW。

(3) 积极发展核电

核电是一种"安全、可靠、高效、经济、清洁"的能源。发展核电是实施电力可持续发展战略的长远大计。加快核电发展有利于电力结构调整,是解决我国能源资源不足的一项重要战略措施。根据我国电力工业发展规划,未来 20 年我国将成为全世界最大的新核电厂建设基地。到 2020 年,核电容量将要达到 4000 万 kW,还要新建 31 台百万千瓦级核电机组,约占整个电力装机容量的 4%。

我国目前已经形成了浙江秦山、广东大亚湾和江苏田湾三个核电基地,拥有 11 台核电机组、约 870 万 kW 的装机容量。但是距世界水平仍有很大差距,目前全球核电占电能的比重为 17%,已有 17 个国家核电在本国发电量中的比重超过 25%,而我国核发电量占总量不到 2%,远不到世界平均水平,更远远低于法国 85%、美国 20% 的水平。核电在沿海地区是发展的必经之路,主要是沿海经济发达而一次能源短缺的广东、福建、浙江、江苏、辽宁、山东等省需要建设一批单机百万千瓦级的核电站;同时也探索在内地发展核电,主是在江西、湖南、安徽、吉林等省建设核电站。

(4) 适当发展天然气发电

天然气发电是燃气轮机联合循环的主要应用领域。利用天然气发电的地区将主要是华南、华东、华北等经济发达、能源贫乏地区以及产气的西北、川、渝地区。据预测,2010 年天然气发电装机 2800 万~3000 万 kW,2020 年天然气发电装机 6000 万~7000 万 kW。

(5) 加快新能源发电

新能源发电主要包括风力发电、潮汐发电和太阳能发电,也包括地热发电和垃圾、生物质能发电等。在新能源发电中,以风力发电为主。预计到 2010 年,新能源发电将占全国装机容量 1% 以上。

(6) 加强电网发展

在继续大力发展电源的同时,只有高度重视电网的建设,才能促进煤电就地转化和水电大规模开发。我国将加强各跨省区电网建设,不断扩大跨省区的联网送电,提高资源使用效率和优化配置。重点建设西北与川渝联网,华中与西北、华北加强联网,华北与西北、华东联网,以及东北与华北加强联网等项目,形成北、中、南三大输电通道,实现全国主要大区电力系统之间的联网。电网将主要建设 ±500kV 交直流系统、750kV 交流系统,重点研制 800kV 直流和交流百万伏级输变电系统。

(7) 重视生态环境保护,提高能源效率

在开发能源的同时,采取有效措施节约能源、降低损耗(煤耗、水耗、线损等),提高能源利用效率。实行电力发展与环境保护相协调的方针,使电力建设与环境保护"同步规划、同步实施、同步发展"。

(8) 深化体制改革，实现协调发展电力科技发展趋势
① 新型发电技术预计会有重大突破。
② 世界核电的发展步伐已开始加快。
③ 能源的高效利用技术将广泛应用。
④ 与环境兼容的能源利用技术日显重要。
⑤ 电网新技术的应用将引起电网的重要变革。
⑥ 设备的发展。

5. 我国电力工业技术水平

（1）目前我国最大的汽轮发电机组容量为 100 万 kW（世界最大 135 万 kW），安装在浙江玉环电厂。

（2）最大的水轮发电机组容量为 70 万 kW（世界最大 80 万 kW），安装在三峡水力发电厂。

（3）最大的核电发电机组容量为 100 万 kW（世界最大 145 万 kW），安装在岭澳核电厂。

（4）最高交流输电电压为 1000kV（世界上最高为 1000kV），如山西长治晋东南 1000kV 变电站—河南南阳 1000kV 开关站—湖北荆门 1000kV 变电站特高压试验示范工程，第一期 1000kV 输电线路一回，全长 645km，晋东南和荆门各一组 3×100 万 kV·A 变压器，可以输送 5 台 60 万 kW 发电机发出的功率 300 万 kW。晋东南变电站最终变压器容量 3×3×100 万 kV·A，荆门变电站最终变压器容量 2×3×100 万 kV·A，电压等级为 1000kV/500kV/110kV。1000kV 为双母线双断路器接线，出线 10 回，500kV 为 3/2 接线，出线 10 回，110kV 为单母线接线，接无功补偿装置。南阳 1000kV 开关站装设并联高压电抗器，容量为 3×240Mvar。

（5）1000kV 特高压的优点：可以节省占地面积、钢材；线路损耗为 500kV 线路损耗的 1/4，输送距离在同样容量下是 500kV 的 4 倍；改运煤为输电，降低发电成本，缓解电煤运输紧张的局面。

（6）最高直流输电电压为 ±500kV（世界上最高为 ±750kV），如宜昌葛洲坝到上海南桥的 ±500kV 直流输电线路。

（7）目前我国最大的水力发电厂，也是世界上最大的水力发电厂是三峡水力发电厂，装有 26 台单机容量为 70 万 kW 的水轮发电机组，总装机容量 1820 万 kW，年均发电量 847 亿 kW·h。三峡大坝采用混凝重力坝，坝高 185m，坝长（轴线长）2309m，坝顶总长 3035m，总投资约 2039 亿元。

（8）我国最大的火力发电厂是北仑港电厂，装机容量 300 万 kW，单机容量 60 万 kW。

（9）我国最大的核能发电厂是岭澳核电厂，装机容量 200 万 kW，单机容量 100 万 kW。

以上说明我国电力工业已进入大机组、大电厂、大电网、超高压、高度自动化的发展时期和向跨大区联网、推进全国联网的新阶段。我国电力工业装机容量可参照表 1-1。

表 1-1 电力工业装机容量

年 份	装机容量 (万 kW)	装机容量 在国际排位	年发电量 (亿 kW·h)	年发电量在 国际排位	备 注
1882~1949	185(16)	21	43(7)	25	新中国成立前 67 年
1960	1192(194)	9	594(74)	—	装机容量突破 1000 万 kW
1987	10290(3019)	5	4973(1000)	—	装机容量突破 1 亿 kW

(续表)

年 份	装机容量 (万 kW)	装机容量 在国际排位	年发电量 (亿 kW·h)	年发电量在 国际排位	备 注
1995	21722(5218)	4	10069(1868)	—	装机容量突破 2 亿 kW
1996	23654(5558)	2	10794(1869)	2	全国电力供需基本平衡
2000	31932(7935)	2	13685(2431)	2	装机容量突破 3 亿 kW
2001	33561(8301)	2	14839(2611)	5	—
2003	38450	2	19080(2830)	2	—
2006	62200(12857)	2	28344(4167)	2	装机容量突破 6 亿 kW

1.2 电力系统及能源

1.2.1 基本概念

1. 电力系统

为了充分利用动力资源，减少燃料运输，降低发电成本，因此有必要在有水资源的地方建造水电站，而在有燃料资源的地方建造火电厂。但这些有动力资源的地方，往往离用电中心较远，所以必须用高压输电线路进行远距离输电。送电过程：发电机→升压→高压输电线路→降压→配电。送电过程如图 1-1 所示。

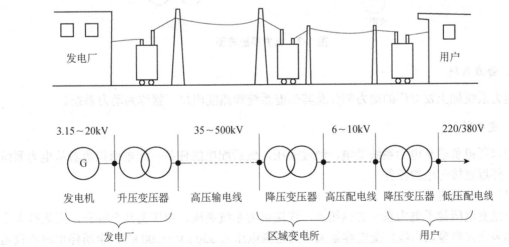

图 1-1 从发电厂到用户的送电过程示意图

电力系统即由各级电压的电力线路将发电厂、变电所和电力用户联系起来的一个发电、输电、变电、配电和用电的整体。

2. 电网

电力系统中各级电压的电力线路及其联系的变电所，称为电力网或电网。电网可按电压高低和供电范围大小分为区域电网和地方电网。区域电网的范围大，电压一般在 220kV 及以上。地方电网的范围较小，最高电压一般不超过 110kV。电力系统简图如图 1-2 所示。

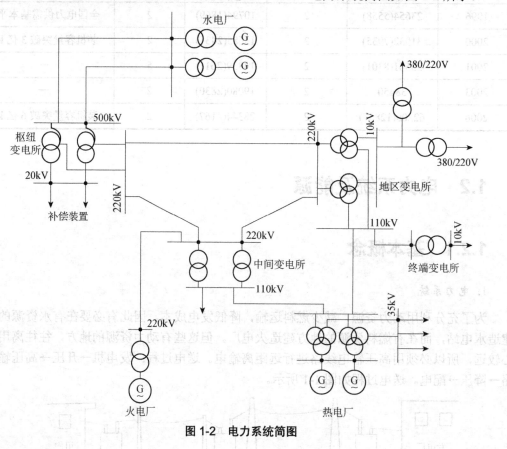

图 1-2 电力系统简图

3. 动力系统

电力系统加上发电厂的动力部分及其热能系统和热能用户，就称为动力系统。

4. 变电所

变电所担负着从电力系统受电，经过变压，然后配电的任务。配电所担负着从电力系统受电，然后直接配电的任务。

（1）枢纽变电所

枢纽变电所位于电力系统的枢纽点，连接电力系统高压、中压的几个部分，汇集有多个电源和多回大容量联络线，变电容量大，高压侧电压为 330 kV～500 kV，全所停电时不仅造成大面积停电，还可能使电力系统受到干扰，其稳定性遭到破坏，引起系统解列，甚至瘫痪。

（2）中间变电所

中间变电所一般位于系统的主要环路线路上或系统主要干线出口处，汇集有 2～3 个电源，高压以交换潮流为主，同时又降压供给当地用户，电压为 220 kV～330 kV。全所停电时，将引起区域电网解列。

- 8 -

（3）地区变电所

地区变电所以对地区用户供电为主，是一个地区或城市的主要变电所，电压一般为110 kV～220 kV。接受域外电能或城市发电厂电能的变电所称为电源变电所。全所停电时，该地区终端供电。

（4）用户变电所

用户变电所位于输电线路终端，接近负荷点，电能经降压后直接向用户供电，电压为110 kV及以下。全所停电时，其所供的用户中断供电。

（5）企业变电站

企业变电站是供大中型企业专用的终端变电站，电压等级一般为35 kV～110 kV，进线为1～2回。

现在各国建立的电力系统越来越大，甚至建立跨国的电力系统或联合电网。我国规划到2020年，要在做到水电、火电、核电和新能源合理利用和开发的基础上，形成全国联合电网，实现电力资源在全国范围内的合理配置和可持续发展。某特大城市主网架规划图及某城市供电网络简化模型如图1-3、图1-4所示。

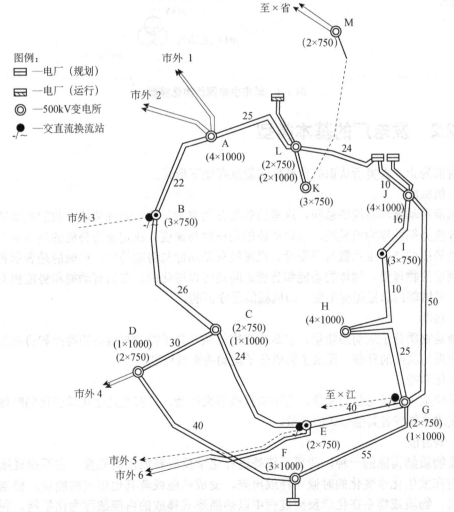

图1-3　某特大城市主网架规划图

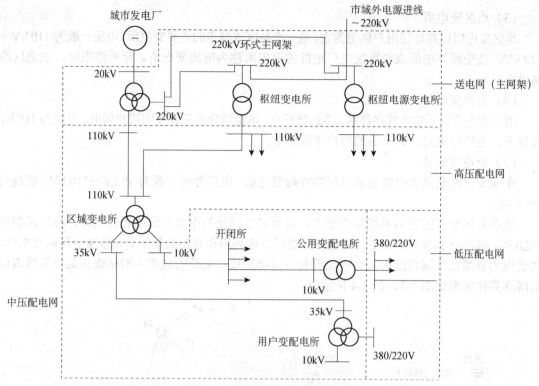

图 1-4 城市供电网络简化模型

1.2.2 发电厂的基本类型

到目前为止，人类所认识的自然界的能量有如下形式。

(1) 机械能

机械能是动能与势能的总和，这里的势能分为重力势能和弹性势能。我们把动能、重力势能和弹性势能统称为机械能。决定动能的是质量与速度；决定重力势能的是质量和高度；决定弹性势能的是劲度系数与形变量。机械能只是动能与势能的和。机械能是表示物体运动状态与高度的物理量。物体的动能和势能之间是可以转化的。在只有动能和势能相互转化的过程中，机械能的总量保持不变，即机械能是守恒的。

(2) 热能

热能是物质分子运动的能量。它是构成物质微观分子振动与运动的动能和势能的总和，其宏观变现为温度的升高，反映了物质分子运动的激烈程度。

(3) 化学能

化学能是一种很隐蔽的能量，它不能直接用来做功，只有在发生化学变化的时候才释放出来，变成热能或者其他形式的能量。

(4) 辐射能

它是物质结构能的一种，即原子核外进行化学反应释放出的能量。它不能直接用来做功，只有在发生化学变化的时候才释放出来，变成热能或者其他形式的能量。根据化学热力学定义，物质或物系在化学反应过程中以热能形式释放的内能被称为化学能。利用最普遍的化学能是燃烧碳和燃烧氢，而这两种元素正是煤炭、石油、天然气等燃料中最主要的可燃元素。

（5）辐射能

它是物质以电磁波形式发射出的能量。如太阳是最大辐射源，地球表面所接受的太阳能就是最重要的辐射能。

（6）核能

核能（或称原子能）是通过核反应从原子核释放的能量。

（7）电能

电能是与电子流动与积累有关的一种能量，有直流电能、交流电能、高频电能等，这几种电能均可相互转换。日常生活中使用的电能主要来自形式能量的转换，包括水能（水力发电）、热能（火力发电）、原子能（原子能发电）、风能（风力发电）、化学能（电池）及光能（光电池、太阳能电池等）等。电能也可转换成其他所需能量形式。它可以有线或无线的形式作远距离的传输。电能被广泛应用在动力、照明、冶金、化学、纺织、通信、广播等各个领域，是科学技术发展、国民经济飞跃的主要动力。

电能与其他形式的能源相比，其特点：电能可以大规模生产和远距离输送；方便转换和易于控制、损耗小、效率高；在使用时没有污染，噪声小。

能源的形式分为：一次能源是指直接由自然界采用的能源，如煤、石油、天然气、水利资源、核原料等；二次能源是由一次能源经加工转换而获得的另一种形态的能源，如电力、煤气、蒸汽、焦炭等。

1.2.3 发电厂

发电厂是把各种一次能源转换成二次能源，即电能的场所。按照发电厂所消耗一次能源的不同，发电厂分为以下类型。

1. 火力发电厂

火力发电厂以煤炭、石油、天然气等为燃料。

（1）凝汽式火电厂：只生产电能，热效率低，仅为30%～40%。

（2）热电厂：既生产电能又生产热能。热电厂的热效率高达60%～70%。

（3）燃气轮机发电厂：燃气轮机与汽轮机工作原理相似，所不同的是燃气轮机的工质是高温高压的气体而不是蒸汽。工质一般用天然气，也可以是用清洁煤技术将煤炭转化成的清洁煤气等。

2. 水力发电厂

水力发电厂是利用水位差产生的强大水流所具有的动能进行发电的电站，简称"水电站"。

3. 核能发电厂

核电厂发电的原理与火电厂相似，都要有一个热源，将水加热成蒸汽，进而推动汽轮机旋转并带动发电机转动而发出电能。不同的是核电厂所用的热源不是煤或石油，它的热源是原子核的裂变能。

4. 风力发电厂

将风能转换成电能的发电方式称为风力发电。风能属于再生能源，又是一种过程性的能源，无法直接储存，还具有随机性，所以对风能的应用技术上比较复杂。图 1-5 是风力发电装置的示意图。由此图可以看出风力发电机生产过程的简单描述。

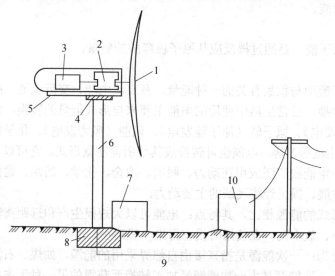

图 1-5 风力发电装置的示意图

1—风力机；2—升速齿轮箱；3—发电机；4—改变方向的驱动装置；5—底板；6—塔架；
7—控制和保护装置；8—基础；9—电缆线路；10—配电装置

5. 地热发电厂

地球本身是个大热库，地热资源遍布世界各地。仅地表 10 公里以内就有可供开采的热能，地热能的储量很大，它的总量大约是煤炭的一亿七千万倍。但是，目前世界上实际能利用的地热资源很少，主要限于蒸汽田和热水田，这两者统称为地热田。地热电站是清洁的能源，它的发电成本比水电和火电都低，而且地热发电后排出的热水还可以供采暖、医疗、提取化学物质等利用，所以目前地热发电发展很快。

6. 太阳能发电厂

太阳能热发电是将吸收的太阳辐射热能转换成电能的装置，其基本组成与常规火力电厂相似。

7. 太阳能光发电

太阳能光发电不通过热过程而直接将太阳的光能转换成电能，其中光伏电池是一种主要的太阳能光发电形式，也叫光伏发电。

（1）光伏发电是利用"光"生"伏特"效应，当用适当波长的光照射到半导体材料上时，半导体材料吸收光能后两端产生电势，利用此原理，用半导体材料做成太阳能电池，可以将照射在它上面的太阳光直接变换成电能，它是目前太阳能发电的发展方向。

（2）硅是目前太阳能电池应用最多的材料，包括单晶硅电池、多晶硅电池、非晶硅薄膜电池等。单晶硅电池转换效率最高，已达 16%~18%（晴天太阳的辐射功率每平方米为 1000W，故每平方米单晶硅电池可以发出 160~180W 的功率），但其生产成本高，价格贵；多晶硅电池转换效率可以达到 15%～17%；非晶硅薄膜电池转换效率较低，为 5%～8%，但其原材料丰富，生产过程无毒，能耗低，无污染，成本远远低于晶体硅太阳能电池。

（3）由于光伏系统发出的是直流电，如果要为交流负载供电，必须配备逆变器将其转换成交流电（380V）。独立（离网）光伏系统需要配置蓄电池，将有日照时发出的多余电能储存起来，供晚间或阴雨天使用。并网光伏系统与电网相连，有日照时发出的电供给用户使用，如有多余，可以输入电网，在晚间或阴雨天则由电网向用户供电。

8. 潮汐发电厂

利用潮汐的落差推动水轮机而发电称之为潮汐发电。即在海湾或河流入海口处筑起堤坝，涨潮时蓄水，高潮时关闭。退潮时形成足以使水轮机工作的落差时才开始放水，将蓄水放出，驱动水轮发电机发电。

1.3 火力发电厂及其生产过程

1.3.1 火电厂的分类

1. 按原动机

按原动机分为凝汽式汽轮机发电厂、燃气轮机发电厂、内燃机发电厂、蒸汽-燃气轮机发电厂等。

2. 按燃料

按燃料分为燃煤发电厂、燃油发电厂、燃气发电厂、余热发电厂。

3. 按蒸汽压力和温度

（1）中低压发电厂，其蒸汽压力在 3.92MPa、温度为 450℃的发电厂，单机功率小于 25MW。

（2）高压发电厂，其蒸汽压力一般为 9.9MPa、温度为 540℃的发电厂，单机功率小于 100MW。

（3）超高压发电厂，其蒸汽压力一般为 13.83MPa、温度为 540/540℃的发电厂，单机功率小于 200MW。

（4）亚临界压力发电厂，其蒸汽压力一般为 16.77MPa、温度为 540/540℃的发电厂，单机功率为 300MW 直至 1000MW 不等。

（5）超临界压力发电厂，其蒸汽压力大于 22.11MPa、温度为 550/550℃的发电厂，机组功率为 600MW 及以上。

（6）超超临界压力发电厂，其蒸汽压力为 26.25MPa、温度为 600/600℃的发电厂，机组功率为 1000MW 及以上。

4. 按输出能源

（1）凝汽式发电厂，即只向外供应电能的发电厂，其效率较低，只有 30%～40%。

（2）热电厂，即同时向外供应电能和热能的电厂，其效率较高，可达 60%～70%。

5. 按采用的机械装备

（1）采用蒸汽锅炉以燃煤为主，有蒸汽、装备锅炉、汽轮机、发电机的火电厂。
（2）采用燃气轮机燃油或燃气为主体的燃机-蒸汽轮机联合循环电厂。

1.3.2 火电厂的电能生产过程

采用蒸汽锅炉的火力发电厂的生产过程，概括地说是把煤炭中含有的化学能转变为电能的过程。如图 1-6 所示为凝汽式电厂生产过程示意图，整个生产过程可分为三个阶段：燃烧系统——燃料的化学能在锅炉燃烧中转变为热能，加热锅炉中的水使之变为蒸汽，称为燃烧系统；汽水系统——锅炉产生的蒸汽进入汽轮机，冲动汽轮机的转子旋转，将热能转变为机械能，称为汽水系统；电气系统——由汽轮机转子旋转的机械能带动发电机旋转，把机械能变为电能，称为电气系统。

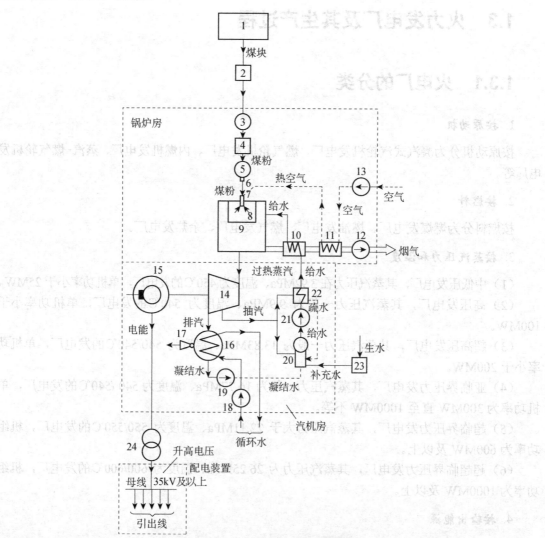

图 1-6 凝汽式发电厂生产过程示意图

1. 燃烧系统

燃烧系统由运煤、磨煤、燃烧、风烟、灰渣等环节组成，其流程如图 1-7 所示，包含如下子系统。

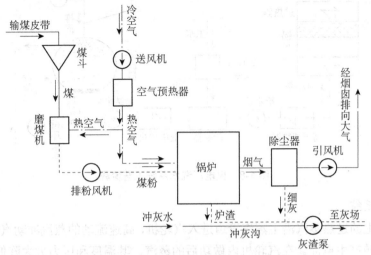

图 1-7 火电厂燃烧系统工艺流程

（1）运煤系统

据统计，我国用于发电的煤约占总产量的二分之一，主要靠铁路运输，为保证安全生产，一般要求电厂储备 10 天以上的用煤量。

（2）磨煤系统

将煤炭运到电厂的煤场后，用输煤皮带送到锅炉间的原料仓。煤从煤仓落入煤斗，由给煤机送入磨煤机磨成粉，经空气预热器来的一次风烘干并带至粗粉分离器，在粗粉分离器中，将不合格的粗粉分离返回磨煤机再进行磨制，合格的细煤粉被一次风带入旋风分离器，使煤粉与空气分离后进入煤粉仓。

（3）燃烧系统

煤粉可有调节的给粉机，按锅炉需要送入一次风管，同时由旋风分离器送来的气体，由排粉风机提高压头后作为一次风将进入一次风管的煤粉经喷燃器喷入锅炉炉膛内燃烧。

（4）风烟系统

送风机将冷风送到空气预热器，加热后的气体一部分经磨煤机、排粉风机进入炉膛，另一部分经喷燃气外侧套筒直接进入炉膛。炉膛内燃烧形成的高温烟气沿着烟道经过热器、省煤器、空气预热器逐渐降温，再经除尘器除去 90%～99%的灰尘，经引风机送入烟囱，排向大气。

（5）灰渣系统

炉膛内煤粉燃烧后生成的小灰粒，经除尘器收集的细灰排入冲灰沟，大块炉渣下落到锅炉底部的渣斗内，经碎渣机破碎后也排入冲灰沟，再经灰渣清泵将细灰和碎炉渣经冲灰管道排往灰场。

2. 汽水系统

火电厂的汽水系统由锅炉、汽轮机、凝汽器、除氧器、加热器等设备及管道构成，包括给水系统、循环水系统和补充给水系统,如图1-8所示。

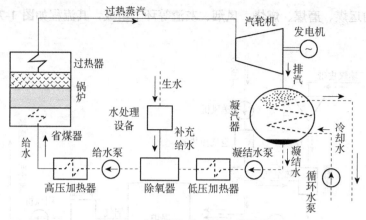

图1-8 火电厂汽水系统工艺流程

(1) 给水系统

由锅炉产生的过热蒸汽沿主蒸汽管道进入汽轮机,高速流动的蒸汽冲动汽轮机叶片旋转,带动发电机旋转产生电能。在汽轮机内做功后的蒸汽,其温度和压力大大降低,最后进入凝汽器并被冷却水冷却凝结成水(称为凝结水),汇集在凝汽器的热水井中。凝结水由凝结水泵送至低压加热器中加热,再经除氧器除氧并继续加热。由除氧器出来的水(称为锅炉给水),经给水泵升压和高压加热器加热,最后送入锅炉汽包。在现代大型机组中,一般从汽轮机的某些中间级抽出做过功的部分蒸汽(称为抽汽),用以加热给水(称为给水回热循环),或把做过一段功的蒸汽从汽轮机某一中间级全部抽出,送到锅炉的再热器中加热后再引入汽轮机以后的几级中继续做功(称为再热循环)。

(2) 补充给水系统

在汽水循环过程中总难免有汽水泄漏等损失,为了维持汽水循环的正常进行,必须不断地向系统补充经过化学处理的软化水,这些补充给水一般补入除氧器或凝汽器中,即补充给水系统。

(3) 循环水系统

为了将汽轮机中做过功后排入凝汽器中的蒸汽冷却凝结成水,需由循环水泵从凉水塔抽取大量的冷却水送入凝汽器,冷却水吸收蒸汽的热量后再回到凉水塔冷却,冷却水是循环使用的,这就是循环水系统。

3. 电气系统

发电厂的电气系统,包括发电机、励磁装置、厂用电系统和升压变电站等,如图1-9所示。发电机的额定电压一般在10kV~24kV之间,额定电流可达20kA及以上。发电机发出的电能,由厂用变压器降低电压后,其中一小部分供给水泵、送风机、磨煤机等各种辅助设备和厂内照明用电,称为厂用电,其余大部分电能,由主变压器升压后,经高压配电装置、输电线路送入电力系统。

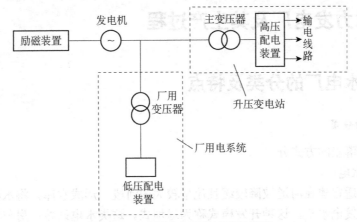

图 1-9 火电厂电气系统流程示意图

1.3.3 火电厂的特点及对环境的影响

1. 火电厂的特点

（1）布局灵活，装机容量的大小可按需要决定。

（2）一次性建造投资少，单位容量的投资仅为同容量水电厂的一半左右。火电厂建造工期短，发电设备年利用小时数较高，约为水电厂的 1.5 倍。

（3）耗煤量大。火电厂需要大量的煤炭，目前火电厂发电用煤约占全国煤炭总产量的一半，加上运费和大量其他设施，其生产成本要比水电厂高出几倍。

（4）动力设备繁多，发电机组控制操作复杂，厂用电量和运行人员都多于水电厂，运行费用高。例如，一台 30 万 kW 的发电机组启停一次耗煤可达 60t 之多，此外，火电厂担负急剧升降的负荷时，还必须付出附加燃料消耗的代价。

（5）燃煤发电机组由停机到开机并带满负荷需要几小时到十几小时，并附加耗用大量燃料。

（6）火电厂担负调峰、调频或事故备用，相应的事故增多，强迫停运率增高，厂用电率增高。因此，从经济性和供电可靠性考虑，火电厂应当尽可能担负较均匀的负荷。

（7）火电厂的各种排放物（如烟气、灰渣和废水）对环境的污染较大。

2. 火电厂对环境的影响及处理措施

火电厂生产时的污染排放主要是烟气污染物排放、灰渣排放和废水排放，其中烟气中的粉尘、硫氧化物和氮氧化物经过烟囱排入大气，这些一次污染物通过在大气中的迁移、转化生成二次污染物，会给环境造成很大的危害。

处理措施：废水净化、回收再利用、烟气除尘、脱硫、灰渣综合利用。

1.4 水力发电厂及其生产过程

1.4.1 水电厂的分类及特点

1. 水电厂的分类

（1）按集中落差的方式分

① 堤坝式水电厂。

坝式水电站适宜建在河道坡降较缓且流量较大的河段。形成水库，将水积蓄起来，抬高上游水位，形成发电水头，这种开发模式称为堤坝式。这类水电站按厂房与坝的相对位置又可分为以下几种：坝后式厂房、溢流式厂房、岸边式厂房、地下式厂房、坝内式厂房、河床式厂房。由于水电厂厂房在水利枢纽中的位置不同，又分为坝后式和河床式两种形式。

- 坝后式厂房。厂房建在拦河坝非溢流坝段的后面（下游侧），不承受水的压力，压力管道通过坝体，适用于高、中水头。坝后式水电厂示意图如图1-10所示。

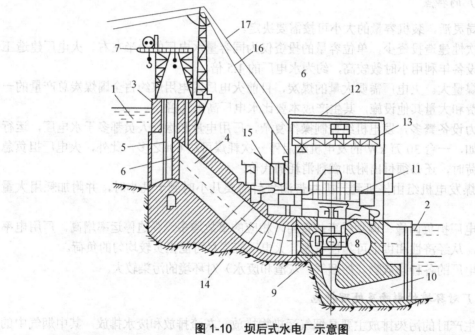

图1-10 坝后式水电厂示意图

1—上游水位；2—下游水位；3—坝；4—压力进水管；5—检修闸门；6—闸门；7—吊车；8—水轮机蜗壳；9—水轮机转子；10—尾水管；11—发电机；12—发电机间；13—吊车；14—发电机电压配电装置；15—升压变压器；16—架空线；17—避雷线

- 溢流式厂房。溢流式厂房建在溢流坝段后（下游侧），泄洪水流从厂房顶部越过泄入下游河道，适用于河谷狭窄，水库下泄洪水流量大，溢洪与发电分区布置有一定困难的情况。
- 岸边式厂房。岸边式厂房建在拦河坝下游河岸边的地面上，引水道及压力管道明铺于地面或埋没于地下。
- 地下式厂房。地下式厂房的引水道和厂房都建在坝侧地下。
- 坝内式厂房。压力管道和厂房都建在混凝土坝的空腔内，常设在溢流坝段内，适用于河谷狭窄、下泄洪水流量大的情况。
- 河床式厂房。河床式水电厂的厂房代替一部分坝体，示意图如图1-11所示。

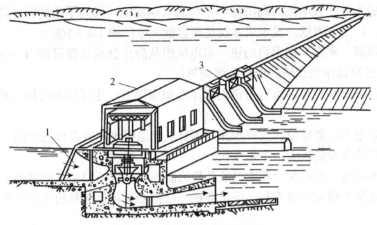

图1-11 河床式水电厂示意图
1—进水口；2—厂房；3—溢洪坝

厂房与拦河坝相连接，成为坝的一部分，厂房承受水的压力，适用于水头小于50m的水电站。图1-11中的溢洪坝、溢洪道是宣泄洪水、保证大坝安全的泄水建筑物。

② 引水式水电厂。

由引水渠道造成水头，用于河床坡度较大的高水头中小型水电厂。引水式水电厂示意图如图1-12所示。

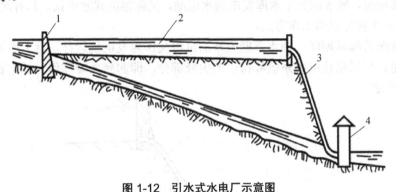

图1-12 引水式水电厂示意图
1—堰；2—引水渠；3—压力水管；4—厂房

（2）按径流调节的程度分

① 无调节水电厂。

河川径流在时间上的分布一般与水电厂的用水要求不一致，如果水电厂取水口上游没有大的水库，就不能对径流进行调节以适应用水的要求，这种水电厂称为无调节水电厂或径流式水电厂。

② 有调节水电厂。

如果在水电厂取水口上游由较大的水库，能按照发电用水要求对天然来水流量进行调节，这种水电厂称为有调节水电厂。根据水库对径流的调节程度分为日调节水电厂、年调节水电厂及多年调节水电厂。

2. 水电厂的特点

（1）可综合利用水能资源。除发电外，还可以用于防洪、灌溉、航运、供水、养殖及旅游等。

（2）发电成本低、效率高。利用循环不息的水能发电，因为不用燃料，省去了运输、加工等多个环节，厂用电率低，发电成本仅是同容量火电厂的 1/4～1/3。

（3）运行灵活。水电厂机组启动快，水电机组从静止到满负荷只需 4～5min，紧急情况可只用 1min。还可以承担系统的调峰、调频等。

（4）水能可储蓄和调节。水能可借助水库存储和调节，还可以利用抽水蓄能电厂，扩大利用水力资源。

（5）水力发电不污染环境。大型水库能调节空气温湿度，改善自然生态。

（6）水电厂建设投资较大，工期较长。

（7）发电不均衡。发电量受天文气象条件的制约，丰水期和枯水期发电不均衡。

（8）给农业生产带来一些不利，还可能在一定程度破坏自然界的生态平衡。

1.4.2 抽水蓄能电厂

1. **工作原理**

抽水蓄能电厂是一种特殊形式的水电站。

抽水蓄能电厂是以一定水量作为能量载体，通过能量转换向电力系统提供电能。抽水蓄能电站的机组作为电动机运行，利用电网中负荷低谷时的电力，由下水库抽水到上水库蓄能，待电网高峰负荷时，放水回到下水库发电的水电站，又称蓄能式水电站。具有水轮机-发电机和电动机-水泵两种可逆的工作方式。

在电力系统的峰荷期间，抽水蓄能电站的机组又作为发电机运行，将上库的水放下来通过水轮机发电，用以担任电力系统峰荷中的尖峰部分，即起到调峰作用。抽水蓄能电厂示意图如图 1-13 所示。

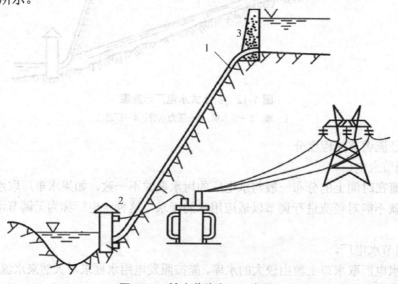

图 1-13 抽水蓄能电厂示意图

1—压力水管；2—厂房；3—坝

2. 抽水蓄能电厂在电力系统中的作用

抽水蓄能电站运行具有几大特性：它既是发电厂，又是用户，它的填谷作用是其他任何类型发电厂所没有的；它启动迅速，运行灵活、可靠，除调峰填谷外，还适合承担调频、调相、事故备用、黑启动、蓄能等任务。目前，中国已建的抽水蓄能电站在各自的电网中都发挥了重要作用，使电网总体燃料得以节省，降低了电网成本，提高了电网的可靠性。

3. 运行管理方面

在运行管理方面达到较高水平。抽水蓄能电站可逆式水泵水轮机-发电电动机组运行工况多、监控对象多、自动化元件多、信息量多，计算机监控系统比常规水电站计算机监控系统复杂，操作要求也比常规水电站高。已建成的抽水蓄能电站在运行管理方面都达到较高水平，表现在：人员精炼，基本上做到无人值班或少人值守；综合效率高，电站运行的平均综合效率，一般在75%左右。广州抽水蓄能电站平均达78%，天荒坪抽水蓄能电站平均达79.4%，最高达80.6%；可用率和机组启动成功率均达先进水平。

4. 抽水蓄能电厂的效益

（1）环保效益。按国家标准，燃煤含硫大于1%的电厂必须装脱硫装置。安装国产设备成本300～500元/kW。若建设180万kW的抽水蓄能电厂，可节约设备投资5.4亿～9亿元，若使用寿命为30年，则每年可节约费用0.18亿～0.3亿元。

（2）容量效益。在电力系统负荷出现高峰时，大型抽水蓄能电厂可以发电，能担负起电力系统的工作容量和备用容量，减少电力系统对火电机组装机容量的要求，以实现节省火电设备的投资和运行费用。

（3）节能效益。可以减少水电厂调峰的弃水量。

（4）提高火电设备利用率。用抽水蓄能电厂代替热力机组调峰，可提高热力机组的设备是的设备利用率及使用寿命。

（5）对环境没有污染且可美化环境。

1.5 核能发电厂

核电是一种安全清洁的能源，利用它可以大大地节约煤和减少污染。一个1000MW的火电厂一天燃烧的煤是9600t，而相应1000MW的核电厂，一天只要3.3kg的U235，同样容量的电厂其用燃料量竟相差300万倍。

1. 核电厂的分类

（1）压水堆核电厂

图1-14所示为压水堆核电厂的示意图。整个系统分成两大部分，即一回路系统和二回路系统。一回路系统中压力为15MPa的高压水被冷却剂主泵送进反应堆，吸收燃料元件的释热后，进入蒸汽发生器下部的U形管内，将热量传给二回路的水，再返回冷却剂主泵入口，形成一个闭合回路。二回路系统的水在U形管外部流过，吸收一回路水的热量后沸腾，产生的蒸汽进入汽轮机的高压缸做功；高压缸的排汽经再热器再热提高温度后，再进入汽轮机的低

压缸做功；膨胀做功后的蒸汽在凝汽器中被凝结成水，再送回蒸汽发生器，形成一个闭合回路。

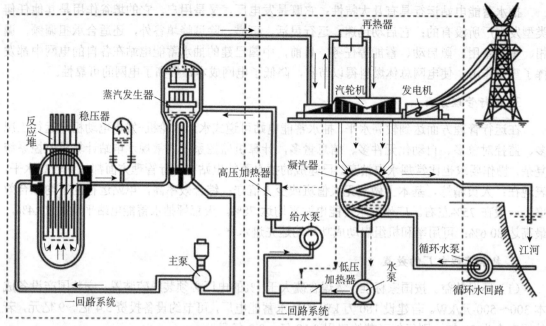

图 1-14 压水堆核电厂示意图

（2）沸水堆核电厂

沸水堆核电厂示意图如图 1-15 所示。

在沸水堆核电厂中，堆芯产生的饱和蒸汽经分离器和干燥器除去水分后直接送入汽轮机做功。在沸水堆核电厂中反应堆的功率主要由堆芯的含汽量来控制。

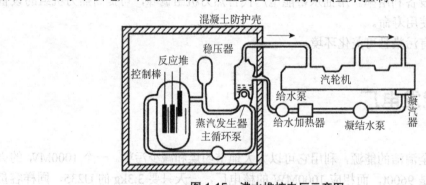

图 1-15 沸水堆核电厂示意图

2. 核电厂的系统

（1）核岛的核蒸汽供应系统

核蒸汽供应系统包括以下子系统：

① 一回路主系统，包括压水堆、冷却剂主泵、蒸汽发生器和稳压器等。

② 化学和容积控制系统。用于实现一回路冷却剂的容积控制和调节冷却剂中的硼浓度，为控制压水堆的反应性变化。

③ 余热排出系统，又称停堆冷却系统。它的作用是在反应堆停堆、装卸料或维修时，用

以导出燃料元件发出的余热。

④ 安全注射系统，又称紧急堆芯冷却系统。它的作用是在反应堆发生严重事故时，如一回路主系统管道破裂而引起失水事故时为堆芯提供应急和持续的冷却。

⑤ 控制、保护和检测系统，为上述4个系统提供检测数据，并对系统进行控制和保护。

（2）核岛的辅助系统

核岛的辅助系统包括以下子系统：

① 设备冷却水系统，用于冷却所有位于核岛内的带放射性水的设备。

② 硼回收系统，用于对一回路系统的排水进行储存、处理和监测，将其分离成符合一回路水质要求的水及浓缩的硼酸溶液。

③ 反应堆的安全壳及喷淋系统。核蒸汽供应系统大都置于安全壳内，一旦发生事故，安全壳既可以防止放射性物质外泄，又能防止外来袭击；喷淋系统则保证事故发生引起安全壳内的压力和温度升高时能对安全壳进行喷淋冷却。

④ 核燃料的装换料及储存系统，用于实现对燃料元件的装换料和储存。

⑤ 安全壳及核辅助厂房通风和过滤系统。它的作用是实现安全壳和辅助厂房的通风，同时防止放射性外泄。

⑥ 柴油发电机组，为核岛提供应急电源。

（3）常规岛的系统

常规岛的系统与火电厂的系统相似，它通常包括：

① 二回路系统，又称汽轮发电机系统，由蒸汽系统、汽轮发电机组、凝汽器、蒸汽排放系统、给水加热系统及辅助给水系统等组成。

② 循环冷却水系统。

③ 电气系统及厂用电设备。

3. 核电厂的运行

核电厂的运行和火电厂相比有以下一些新的特点。

（1）压水堆核电厂的反应堆，只能对反应堆堆芯一次装料，并定期停堆换料。

（2）反应堆的堆芯内，核燃料发生裂变反应释放核能的同时，也放出瞬发中子和瞬发射线。

（3）反应堆在停闭后，运行过程中积累起来的裂变碎片和衰变，将继续使堆芯产生余热（又称衰变热）。

（4）核电厂在运行过程中，会产生气态、液态和固态的放射性废物。

（5）核电厂的建设费用高，但燃料所占费用较为便宜。

大亚湾核电站位于深圳市东部大亚湾畔，为我国目前最大的核电站。大亚湾核电站是我国引进国外资金、设备和技术建设的第一座大型商用核电站。核电站安装有两台单机容量为900 MW的压水堆反应堆机组。1987年8月7日工程正式开工，1994年2月1日和5月6日两台机组先后投入商业营运。大亚湾核电站每年发电量超过100亿kW·h，其中七成电力供应香港，三成电力供应广东电网。秦山核电站位于东海之滨美丽富饶的杭州湾畔，是中国第一座依靠自己的力量设计、建造和运营管理的压水堆核电站，总装机容量2×300MW。1985年3月动工，1991年12月首次并网发电。它的建成使我国成为继美、英、法、苏联、加拿大、瑞典之后世界上第七个能够自行设计、建造核电站的国家。

1.6 其他发电

1. 风力发电

流动空气所具有的能量，称为风能。将风能转换为电能的发电方式，称为风力发电。在风能丰富的地区，按一定的排列方式成群安装风力发电机组，组成集群，称为风力发电场。

风力发电厂示意图如图 1-16 所示。风力机 1 将风能转化为机械能，升速齿轮箱 2 将风力机轴上的低速旋转变为高速旋转，带动发电机 3 发出电能；经电缆线路 10 引至配电装置 11，然后送入电网。

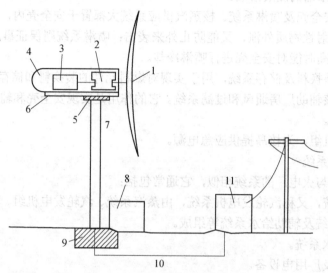

图 1-16 风力发电厂示意图

1—风力机；2—升速齿轮箱；3—发电机；4—控制系统；5—驱动装置；6—底板和外罩；
7—塔架；8—控制和保护装置；9—土建基础；10—电缆线路；11—配电装置

2. 海洋能发电

海洋能是蕴藏在海水中的可再生能源，如潮汐能、波浪能、海流能、海洋温差能、海洋盐差能等。

潮汐发电就是利用潮汐的位能发电，即在潮差大的海湾入口或河口筑堤构成水库，在坝内或坝侧安装水轮发电机组，利用堤坝两侧的潮差驱动水轮发电机组发电。建两个毗连的水库，水轮发电机组安装在两水库之间的隔坝内。高库设有进水闸，在潮位较库内水位高时进水（低库不进水），以尽量保持高水位；低库设有泄水闸，在潮位较库内水位低时泄水。这样，两库之间终日有水位差，可连续发电。

3. 地热发电

利用地下蒸汽或热水等地球内部热能资源发电，称为地热发电。地热蒸汽发电的原理和设备与火电厂基本相同。利用地下热水发电，有两种基本类型：

（1）闪蒸地热发电系统（又称减压扩容法）。使地下热水变为低压蒸汽供汽轮机做功。

（2）双循环地热发电系统（中间介质法），这种系统的热水和工质各自构成独立系统。

复习思考题 1

1. 试简述我国电力工业的发展历程。
2. "十一五"期间我国电力工业发展的基本方针是什么？
3. 试简述什么是电力系统、变电所、电网。
4. 到目前为止，人类所认识的自然界能量形式有哪些？并说明其特点。
5. 试简述火力发电厂的分类，其电能生产过程及其特点。
6. 试简述水力发电厂的分类，其电能生产过程及其特点。

第2章　高低压设备

本章首先介绍了变电所的一次设备和主接线图以及火电厂的主接线图，然后讲述了电气设备运行中的电弧问题与灭弧方法。最后对高、低压断路器、隔离开关、电流互感器和电压互感器等一次设备着重介绍其功能、结构特点、基本原理以及操作。

2.1　概述

1. 电气设备

（1）一次设备及其分类

变配电所中承担输送和分配电能任务的电路，称为一次电路，或称主电路、主接线（主结线）。一次电路中所有的电气设备，称为一次设备或一次元件。

一次设备按其功能来分，可分以下几类：

① 变换设备。其功能是按电力系统运行的要求改变电压或电流、频率等，例如电力变压器、电流互感器、电压互感器、变频机等。

② 控制设备。其功能是按电力系统运行的要求来控制一次电路的通、断，例如各种高低压开关设备。

③ 保护设备。其功能是用来对电力系统进行过电流和过电压等的保护，例如熔断器和避雷器等。

④ 补偿设备。其功能是用来补偿电力系统中的无功功率，提高系统的功率因数，例如并联电力电容器等。

⑤ 成套设备。它是按一次电路接线方案的要求，将有关一次设备及控制、指示、监测和保护一次电路的二次设备组合为一体的电气装置，例如高压开关柜、低压配电屏、动力和照明配电箱等。

（2）二次设备及其分类

对一次设备和系统的运行状态进行测量、控制、监视和起保护作用的设备，称为二次设备。

① 测量表计，如电压表、电流表、频率表、功率表和电能表等，用于测量电路中的电气参数。

② 继电保护、自动装置及远动装置。

③ 直流电源设备，包括直流发电机组、蓄电池组和整流装置等。
④ 操作电器、信号设备及控制电缆。

本节只介绍一次电路中常用的高压隔离开关、高压负荷开关、高压断路器及互感器等高压设备。

2. 电气接线

在发电厂和变电站中，根据各种电气设备的作用及要求，按一定的方式用导体连接起来所形成的电路称为电气接线。

一次电路：用国家规定的图形和文字符号表示主接线中的各元件，并依次连接起来的单线图，称一次电路，或称电气主接线图。

二次电路：由二次设备所连成的电路称为二次电路，或称二次接线。

图 2-1 是具有两种电压（发电机电压及升高电压）大容量发电厂的电气主接线图。

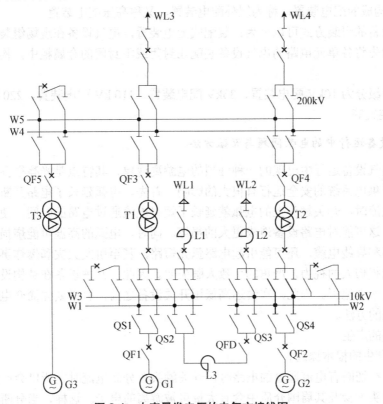

图 2-1 大容量发电厂的电气主接线图

由图 2-1 可知，发电机 G1 和 G2 发出的电力，分别经断路器 QF1、QF2 和隔离开关 QS1～QS4 送至 10kV 母线。断路器具有灭弧装置，正常运行时可接通或断开电路，在故障时由继电保护作用将电路自动断开。隔离开关由于没有灭弧装置，不能断开负荷电流或短路电流，安装隔离开关的目的是，在设备停运后用隔离开关使停运的设备与带电部分可靠隔离，或起辅助切换的作用。母线 W1～W5 起汇集和分配电能的作用。10kV 母线为双母线三分段接线，它是用分段断路器 QFD 将一般双母线中的一组母线分为 W1 和 W2 两段，在分段处装有电抗器 L3，另一组母线 W3 不分段。发电机输出的一部分电能由电缆馈线 WL1 和 WL2 送往近区负荷。馈线 WL1 和 WL2 上分别装有电抗器 L1 和 L2，用于限制短路电流。另一部分电能则分别通过升压变压器 T1 和 T2 送到 220kV 母线上，再送往电力系统。发电机 G3 和变压器 T3 单独接成发电机-变压器单元接线，直接连接到高压 220kV 母线 W4、W5 上，220kV 高压母线为双母线接线。

3. 配电装置

根据电气主接线的要求，由开关电器、母线、保护和测量设备以及必要的辅助设备和建筑物组成的整体即为配电装置。

配电装置按电气设备装设地点不同，可分为屋内配电装置和屋外配电装置。

图 2-1 中，由断路器 QF1 和 QF2，隔离开关 QS1～QS4，母线 W1～W3，电抗器 L1 和 L2 以及馈线 WL1 和 WL2 等，构成的配电装置，布置在屋内，称为屋内配电装置，又称发电机电压配电装置；而由断路器 QF3～QF5，相应的隔离开关，母线 W4 和 W5 以及出线 WL3 和 WL4 等，构成的配电装置，称为屋外配电装置，又称高压配电装置。

按电气设备的组装方式可以分为：装配式配电装置，电气设备在现场组装；成套配电装置，制造厂预先将各单元电路的电气设备装配在封闭或不封闭的金属柜中，构成单元电路的间隔。

按电压等级分为 10kV 配电装置、35kV 配电装置、110 kV 配电装置、220 kV 配电装置、500 kV 配电装置等。

4. 电气设备运行中的电弧问题与灭弧方法

电弧是电气设备运行中出现的一种强烈的电游离现象，其特点是光亮很强和温度很高。电弧的产生对供电系统的安全运行有很大的影响。首先，电弧延长了电路开断的时间。在开关分断短路电流时，开关触头上的电弧就延长了短路电流通过电路的时间，使短路电流危害的时间延长，这可能对电路设备造成更大的损坏。同时，电弧的高温可能烧损开关的触头，烧毁电气设备和导线电缆，还可能引起电路弧光短路，甚至引发火灾和爆炸事故。此外，强烈的弧光可能损伤人的视力，严重的可致人眼失明。因此，开关设备在结构设计上要保证操作时电弧能迅速地熄灭。为此，在讲述高低压开关设备之前，有必要先简介电弧产生与熄灭的原理和灭弧的方法。

（1）电弧的产生

① 电弧产生的根本原因。

开关电器在切断有电流通过的电路时，开关触头在分断电流时之所以会产生电弧，根本的原因在于触头本身及其周围介质中含有大量可被游离的电子。这样，当分断的触头之间存在着足够大的外施电压的条件下，就有可能发生强烈的电游离而产生电弧。

② 产生电弧的条件。

用开关电器开断电源电压大于 10～20 V，电流大于 80～100mA 的电路时，就会发生电弧。

③ 产生电弧的游离方式。

- 热电发射。当开关触头分断电流时，其阴极表面由于大电流逐渐收缩集中而出现炽热的光斑，温度很高，从而使触头表面分子中外层电子吸收足够的热能而发射到触头间隙中去，形成自由电子。
- 高电场发射。开关触头分断之初，电场强度很大。在这种高电场的作用下，触头表面的电子可能被强拉出来，使之进入触头间隙的介质中去，也形成自由电子。
- 碰撞游离。当触头间隙存在着足够大的电场强度时，其中的自由电子将以相当大的动能向阳极运动，电子在高速运动中碰撞到中性质点，就可能使中性质点中的电子游离出来，从而使中性质点分解为带电的正离子和自由电子。这些被碰撞游离出来的带电质点在电场力的作用下，继续参加碰撞游离，结果使触头间介质中的离子数越来越多，形成"雪崩"现象，如图2-2所示。当离子浓度足够大时，介质击穿而发生电弧。

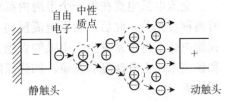

图 2-2 碰撞游离示意图

- 高温游离。电弧的温度很高，表面温度达 3000～4000℃，弧心温度可高达 10000℃。在如此高温下，电弧中的中性质点可游离为正离子和自由电子（据研究，一般气体在 9000～10000℃发生游离，而金属蒸气在 4000℃左右即发生游离），从而进一步加强了电弧中的游离。触头越分开，电弧越大，高温游离也越显著。

由于上述各种游离的综合作用，使得触头在分断电流时产生电弧并得以维持。

（2）电弧的特性和熄灭方法

① 直流电弧的特性。

稳定燃烧的直流电弧压降由阴极区压降、弧柱压降和阳极区压降三部分组成。电弧阴极区压降近似等于常数，它与电极材料和弧隙的介质有关；弧柱压降与弧长成正比；阳极区的电压降比阴极区的小。

短弧：几毫米长，电弧电压主要由阳极、阴极电压降组成。电弧电压是与电流、外界条件无关的常数，约为20V。

长弧：几厘米以上，电弧电压主要由弧柱电压降组成，电弧电压与电弧长度成正比。

② 直流电弧的熄灭。

熄灭直流电弧方法：
- 冷却或拉长电弧，增大电弧电阻和电弧电压；
- 增大线路电阻，如熄弧过程中串入电阻；
- 长弧分割成串联短弧，利用短弧的特性，使得电弧电压大于触头施加的电压时，则电弧即可熄灭。

在高压大容量的直流电路中（如大容量发电机的励磁电路），一方面采用冷却电弧和短弧原理的方法来熄弧，另一方面采用逐步增大串联电阻的方法来熄弧。

（3）交流电弧的特性

① 动态特性。

电弧的温度、直径以及电弧电压随时间变化。电弧电压呈马鞍形变化，电流小时，电弧电压高；电流大时，电弧电压减小且接近于常数。

② 热惯性。

由于弧柱的受热升温或散热降温都有一定过程，跟不上快速变化的电流，所以电弧温度的变化总滞后于电流的变化，这种现象称为电弧的热惯性。

③ "自然过零"。

电流过零时，电弧自然熄灭。如果电弧是稳定燃烧的，则电弧电流过零熄灭后，在另半周又会重燃。如果电弧过零后，电弧不发生重燃，电弧就熄灭。

(4) 交流电弧的熄灭

交流电弧电流在每一个半周内都通过零值,此时电弧的自然暂时熄灭,与电弧间隙的去游离程度无关。此后,由于电流反向,电弧又重新点燃。因此,在高压断路器中应使自然熄灭的电弧不再重新发生。电弧能否熄灭,决定于电弧电流过零时,弧隙的介质强度恢复速度和恢复电压上升速度的竞争。加强弧隙的去游离或减小弧隙电压的回复速度,都可以促使电弧熄灭。

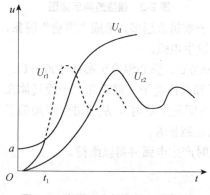

图 2-3 介质强度与恢复电压曲线

弧隙介质强度恢复过程 U_d 主要由断路器灭弧装置的结构和灭弧介质性质决定,而恢复电压 $U_{(t)}$ 的上升过程主要取决于系统电路的参数。如图 2-3 所示,当恢复电压按 U_{r1} 变化时,在 t_1 时间之后,由于恢复电压 U_{r1} 大于介质强度,电弧即重燃;如果按 U_{r2} 变化,则电弧就不会重燃。事实上,这两种过程是相互关联的,即恢复电压速度与弧隙的介质强度有关,而弧隙的介质强度又受电压恢复速度的影响,因此将它们看成是一个复杂现象的两方面,虽然如此,有条件地将恢复电压看成独立的现象,有助于更深刻地理解在开断不同形式的电路时,断路器中电弧的熄灭条件。可以用各种不同方法恢复弧隙中的介质强度,以达到熄弧的目的。

在现代的电气开关设备中,常用以下几种方法灭弧。

① 利用灭弧介质。

电弧中的去游离程度,在很大程度上取决于电弧周围介质的特性,如介质的传热能力、介电强度、热游离温度和热容量。这些参数的数值越大,则去游离作用越强,电弧就越容易熄灭。空气的灭弧性能是各类气体中最差的,氢的灭弧能力是空气的 7.5 倍。用变压器油作灭弧介质,使绝缘油在电弧的高温作用下分解出氢气(H_2 占 70%~80%)和其他气体来灭弧。六氟化硫(SF_6)是良好的负电性气体,氟原子具有很强的吸附电子的能力,能迅速捕捉自由电子而成为稳定的负离子,为复合创造了有利条件,SF_6 气体的灭弧能力比空气约强 100 倍。SF_6 气体具有优良的绝缘性能和灭弧性能,其绝缘强度约为空气的 3 倍,其绝缘强度恢复的速度约为空气的 100 倍。六氟化硫断路器就是利用 SF_6 作绝缘和灭弧介质的,从而获得较高的断流容量和灭弧速度。用真空作为灭弧介质,真空以气体的绝对压力值来表示,压力越低则真空度越高。在国际单位制中,压力以 Pa(帕)为单位,一个工程大气压约为 0.1MPa。在工程界,常用 Torr(托)作真空度的单位,1Torr=133.3Pa。通常真空灭弧室的真空度为 10^{-7}~10^{-4}Torr 之间,在这样的真空条件下,弧隙间自由电子很少,碰撞游离可能性大大减少,况且弧柱对真空的带电质点的浓度差和温度差很大,有利于扩散。真空的介质强度比空气约大 15 倍。由于真空具有较高的绝缘强度。如果将触头装在真空容器内,则在电弧电流过零时就能立即熄灭而不致复燃。真空断路器就是利用真空灭弧法的原理制造的。

② 采用特殊金属材料作灭弧触头。

采用熔点高、导热系数和热容量大的耐高温金属作触头材料,可以减少热电子发射和电弧中的金属蒸气,抑制弧隙介质的游离作用。同时,触头材料还要求有较高的抗电弧、抗熔焊能力。常用的触头材料有铜、钨合金和银、钨合金等。

③ 采用灭弧介质或电流磁场吹动拉长与冷却电弧。

在高压断路器中利用各种结构形式的灭弧室，使气体或油产生巨大的压力并有力地吹向弧隙，将使带电离子扩散和强烈地冷却而复合。空气断路器利用充入压力约为 2.3MPa（即 23 个工程大气压）的干燥压缩空气作为吹动电弧的灭弧介质。SF_6 断路器利用压力为 0.3～0.7MPa 的纯净 SF_6 气体作为灭弧介质在灭弧室吹动电弧，油断路器利用油和油在电弧作用下分解出的气体吹动电弧，真空断路器利用电弧电流产生的横向或纵向磁场吹动电弧使之冷却。

④ 提高断路器触头的分离速度。

迅速拉长电弧，可使弧隙的电场强度骤降，同时使电弧的表面突然增大，有利于电弧的冷却和带电质点向周围介质中扩散和离子复合。为此，在高压断路器中都装有强有力的分闸操动机构，以加快触头的分断速度。

⑤ 采用多断口灭弧。

每相采用两个或更多的断口串联，在断路器分闸时，由操动机构将断路器各个串联断口同时拉开，断口把电弧分割成多个小电弧段，把长弧变成短弧。在相等的触头行程下，多断口比单断口的电弧拉得长，而且电弧被拉长的速度也增加，加速了弧隙电阻的增大。同时，由于加在每个断口的电压降低，使弧隙恢复电压降低，亦有利于熄灭电弧。

某些电压等级较高的断路器采用多个灭弧室串联的多断口灭弧方式。

- 多断口将电弧分割成多段，在相同触头行程下，增加了电弧的总长度，弧隙电阻迅速增大，介质强度恢复速度加快。
- 使每个断口上的恢复电压减小，降低了恢复电压的上升速度和幅值，提高了灭弧能力。

加装并联电容，来解决各断口的电压分配不均衡的问题，如图 2-4 所示。

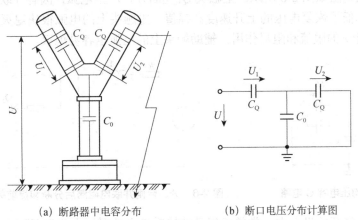

(a) 断路器中电容分布　　　　(b) 断口电压分布计算图

图 2-4　断路器加装并联电容

- 不装均压电容时

断口等效容抗：

$$X_Q = 1/(\omega C_Q) \tag{2-1}$$

两断口连接处对地的等效容抗：

$$X_0 = 1/(\omega C_0) \tag{2-2}$$

分配在两断口上的电压为（$C_Q \approx C_0$）：

$$U_1 = \frac{X_Q}{X_Q + X_Q // X_0} U = \frac{C_Q + C_0}{2C_Q + C_0} U \approx \frac{2}{3} U \tag{2-3}$$

$$U_2 = \frac{X_Q // X_0}{X_Q + X_Q // X_0} U = \frac{C_Q}{2C_Q + C_0} U = \frac{1}{3} U \tag{2-4}$$

可以看出，第一个断口的工作条件比第二个要恶劣，如其电弧不能熄灭，电压将全部加在第二断口上，它也将被击穿。

● 在断口上并联均压电容 C 时，如图2-5所示。

$C=2000\text{pF}$，远大于 C_0（几十 pF），则

$$U_1 = \frac{(C_Q + C) + C_0}{2(C_Q + C) + C_0} U = \frac{C_Q + C}{2(C_Q + C)} U = \frac{1}{2} U \tag{2-5}$$

$$U_2 = \frac{(C_Q + C)}{2(C_Q + C) + C_0} U = \frac{C_Q + C}{2(C_Q + C)} U = \frac{1}{2} U \tag{2-6}$$

可见并联均压电容后，断口上的电压分布均匀，在 i 过零后，两断口上的电弧可以同时熄灭。

⑥ 在断路器主触头两端加装低值并联电阻。

上述几种方法，着重于提高断路器介质强度的恢复上升速度。而系统恢复电压上升的速度及幅值，对交流电弧的熄灭具有决定性影响。为了降低恢复电压上升速度及熄弧时的过电压，通常在大容量发电机出口断路器及110kV以上的高压断路器，特别是特高压断路器上的断口处加装并联电阻如图2-6所示。主触头 Q_1 先断开，产生电弧，因有并联电阻，恢复电压为非周期性，降低了恢复电压的上升速度和幅值，主触头上的电弧很快熄灭。接着断开的辅助触头 Q_2，由于 r 的限流和阻尼作用，辅助触头上的电弧也容易熄灭。

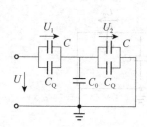

图2-5 并联均压电容 C 电路

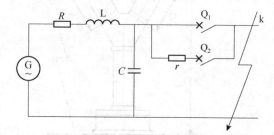

图2-6 分、合闸并联电阻滞后分断和提前关合的动作原理

在现代的电气开关设备中，常常根据具体情况综合地采用上列灭弧法来达到迅速灭弧的目的。

2.2 高压断路器

1. 高压断路器的作用

在电力系统中，把额定电压为3kV及以上，能够关合、承载和开断运行状态的正常电流，

并能在规定时间内关合、承载和开断规定的异常电流（如短路电流、过负荷电流）的开关电器称为高压断路器。

高压断路器基本结构示意图如图 2-7 所示。

高压断路器有多种类型，但基本结构类似，主要包括电路通断元件、绝缘支撑元件、操动机构及基座等几部分。电路开断元件由接线端子、导电杆、动/静触头及灭弧室组成，承担着接通和断开电路的任务。绝缘支柱则安装在基座上，起着固定开断元件的作用，并使其带电部分与地绝缘。操动机构起通断元件的作用，当操动机构接到合闸或分闸命令时动作，经中间传动机构驱动动触头，实现断路器的合闸或分闸。

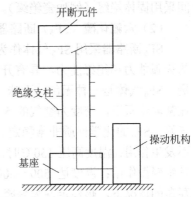

图 2-7 高压断路器基本结构示意图

高压断路器具有两方面的作用，一是控制作用，根据电网运行要求，将一部分电气设备及线路投入或退出运行状态，转为备用或检修状态。另外是保护作用，在电气设备或线路发生故障时，通过继电保护装置及自动装置使断路器动作，将故障部分从电网中迅速切除，防止事故扩大，保证电网的无故障部分得以正常运行。

高压断路器的功能包括导电，在正常的闭合状态时应为良好的导体，不仅对正常的电流，而且对规定的短路电流也应能承受其发热和电动力的作用，保持可靠地接通状态；绝缘，相与相之间、相对地之间及断口之间具有良好的绝缘性能，能长期耐受最高工作电压，短时耐受大气过电压及操作过电压；开断，在闭合状态的任何时刻，应能在不发生危险过电压的条件下，在尽可能短的时间内安全地开断规定的短路电流；关合，在开断状态的任何时刻，应能在断路器触头不发生熔焊的条件下，在短时间内安全地闭合规定的短路电流。

2. 对高压断路器的基本要求

（1）合闸状态为良好的导体，不但能通过正常的负荷电流，即使通过短路电流时，也不应因热和电动力的作用而损坏。

（2）分闸状态时应有良好的绝缘性。在规定的环境条件下，能承受相对地电压以及一相内断口间的电压。

（3）开断规定的短路电流时，应有足够的开断能力和尽可能短的开断时间。一般在开断临时性故障后，要求能进行重合闸。

（4）在接通规定的短路电流时，短时间内断路器的触头不能产生熔焊等情况。

（5）在制造厂的技术条件下，高压断路器要能长期可靠地工作，有一定的机械寿命和电气寿命。

（6）高压断路器还应有机构简单、安装、检修方便、体积小、质量轻等优点。

3. 高压断路器的分类

根据安装地点的不同，可分为户内型和户外型。根据灭弧介质的不同，高压断路器可以分为以下几种类型。

（1）油断路器

以具有绝缘能力的矿物油作为灭弧介质的断路器。

①多油断路器：断路器中的油除作为灭弧介质外，还作为触头断开后的间隙绝缘介质和

带电部分与接地外壳间的绝缘介质。

②少油断路器：油只作为灭弧介质和触头断开后的间隙绝缘介质，而带电部分对接地之间采用固体绝缘（例如瓷绝缘）。

(2) 六氟化硫（SF_6）断路器

SF_6断路器采用SF_6气体作为灭弧介质和触头断开后的间隙绝缘介质的断路器，具有优良的灭弧能力和绝缘能力，具有开断能力强、动作快、体积小等优点。但金属消耗多，价格较贵。SF_6气体是一种无色、无味、无毒、不燃的惰性气体，具有优良的灭弧性能和绝缘性能。在常温常压下，密度为空气的 5 倍；常温下压力不超过 2MPa 时仍为气态。热传导能力比空气好。SF_6的化学性质非常稳定。在干燥情况下，温度低于 110℃时，与铜、铝、钢等材料都不发生作用；温度高压 150℃时，与钢、硅钢开始缓慢作用；温度高于 200℃时，与铜、铝才发生轻微作用；温度达 500～600℃时，与银也不发生作用。SF_6的稳定性极好，但在有金属存在的情况下，热稳定性大为降低。

①绝缘性能：SF_6气体的绝缘性能稳定，不会老化变质。当气压增大时，其绝缘能力也随之提高。在 0.1MPa 下，绝缘能力超过空气的 2 倍；在 0.3MPa 时，其绝缘能力和变压器油相当。

②灭弧性能：SF_6在电弧的作用下分解成低氟化物，但需要的分解能却比空气高得多，因此，SF_6分子在分解时吸收的能量多，对弧柱的冷却作用强。当电弧电流流过零时，低氟化物则急速再结合成SF_6，故弧隙介质强度恢复过程极快。故SF_6气体的灭弧能力相当于同等条件下空气得 100 倍。

今后 110kV 以上的高压系统，SF_6断路器是主要发展方向。

(3) 真空断路器

以真空的高介质强度实现灭弧和绝缘的断路器。它的优点是可以频繁操作，维护工作量小，体积小等。真空断路器用于灭弧的动、静触头封在真空泡内，利用真空作为绝缘介质和灭弧介质，因而带来了其他类型断路器无法比拟的优点。国际上一些工业发达的国家，都致力于真空断路器的开发和应用。一些著名的电器制造公司，如美国的通用电气公司、德国的西门子公司，日本的东芝、日立公司，英国的通用电气公司等都有规模宏大的真空断路器研究机构和制造工厂。这些国家在中压等级的断路器中，真空断路器的生产量达到 50%以上。在我国真空断路器的生产和使用可以说是刚刚起步，就显示了强大的生命力，在电压等级较低（3～35kV）要求频繁操作、户内装设的场合，真空断路器作为今后一个时期的方向性产品，是毋庸置疑的。

(4) 空气断路器

采用压缩空气作为灭弧介质和触头断开后的间隙绝缘介质的断路器，具有灭弧能力强、动作迅速等优点。但结构复杂、工艺要求高、有色金属消耗多。因此，空气断路器用在 110kV 及以上的电力系统中。压缩空气断路器的灭弧性能与空气压力有关，空气压力愈高，绝缘强度愈高，灭弧性能也愈好，在 0.7MPa 压力下的绝缘强度与新鲜的绝缘油相当，我国一般选用的压力为 2MPa。

4. 高压断路器的技术参数

高压断路器的技术性能常用以下技术参数来表征。

(1) 额定电压 U_N

额定电压是指高压断路器长期正常工作的线电压有效值，该参数表征了断路器长期正常工作的绝缘能力。它是断路器长期工作的标准电压。我国的标准规定，高压断路器的额定电压有以下各级：3kV、6kV、10kV、20kV、35kV、60kV、110kV、220kV、330kV、500kV。

为了适应电力系统工作的要求，断路器又规定了与各级额定电压相应的最高工作电压。对 3~220kV 各级，其最高工作电压较额定电压约高 15%，对 330kV 及以上的最高工作电压较额定电压高 10%。断路器在最高工作电压下，应能长期可靠地工作。

（2）最高工作电压（kV）

通常规定，220kV 及以下设备，其最高工作电压为额定电压的 1.15 倍；对于 330kV 及以上的设备规定为额定电压的 1.1 倍。我国采用的最高电压有：3.6kV、7.2kV、12kV、40.5kV、72.5kV、126kV、252kV、363kV、550kV、800kV、1200kV 等。

（3）额定电流 I_N

额定电流是指高压断路器在规定条件下，可以长期通过的最大电流，该参数表征了断路器承受长期工作电流产生的发热量的能力。通过这一电流时，断路器各部分（如接触部分、端子及导体连接部分、与绝缘体接触的金属部分）的允许温度不超过国家标准规定的数值。

断路器在正常使用环境条件规定为：周围空气温度不高于 40℃，海拔不超过 1000m。当周围环境温度高于 40℃但不高于 60℃时，周围环境温度每增高 1℃，额定电流减少 1.8%；当周围环境温度低于 40℃时，周围环境温度每降低 1℃，额定电流增加 0.5%，但最大不超过 20%。

我国的高压断路器额定电流值为 200A、400A、630A、1000A、1250A、1600A、2000A、2500A、3150A、4000A、5000A、63000A、8000A、10000A、12500A、16000A、20000A 等。

（4）额定开断电流 I_{Nbr}

表征断路器开断性能的参数。在额定电压下，断路器能保证可靠开断的最大短路电流，称为额定开断电流。其数值用断路器触头分离瞬间短路电流周期分量的有效值表示，单位为 kA。该参数表征了断路器的灭弧能力。

我国规定的高压断路器的额定开断电流为：1.6kA、3.15kA、6.3kA、8kA、10kA、12.5kA、16kA、20kA、25kA、31.5kA、40kA、50kA、63kA、80kA、100kA 等。

（5）额定关合电流 i_{Ncl}

额定关合电流是指在规定条件下，断路器能关合不致产生触头熔焊及其他妨碍继续正常工作的最大电流峰值。断路器在接通电路时有可能会出现短路故障。此时需要关合很大的短路电流。可能会使触头熔焊，使断路器造成损伤。断路器能够可靠关合的电流最大峰值称为额定关合电流，与动稳定电流在数值上相等，二者都为冲击电流即为额定开断电流的 2.55 倍。

（6）热稳定电流和热稳定电流的持续时间

热稳定电流是指在断路器在合闸位置 t（单位为秒）时间所能承受的最大电流有效值，反映断路器承受短路电流热效应的能力。热稳定电流是指断路器处于合闸状态下，在一定的持续时间内，所允许通过电流的最大周期分量有效值。此时断路器不应因电流短时发热而损坏。热稳定电流等于开断电流。t 称为热稳定时间。

（7）动稳定电流 i_{es}

动稳定电流是指断路器在合闸位置所能承受的最大电流峰值，该参数表征了断路器承受短路电流电动力效应的能力。短路电流值为最大峰值，称为动稳定电流，又称为极限通过电流。额定动稳定电流大小等于额定关合电流，且等于额定短时耐受电流的 2.55 倍。

（8）合闸时间与分闸时间

表征断路器操作性能的参数。各种型号断路器的分、合闸时间不同，但要求迅速。

①合闸时间：从断路器操动机构合闸线圈接通到主触头接通这段时间。

②分闸时间：分闸时间是反映断路器开断过程快慢的参数。如图2-8所示。

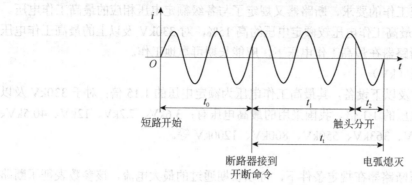

图2-8 分闸时间曲线

- 固有分闸时间 t_1，指断路器接到分闸命令起到灭弧触头刚分离时所经过的时间。
- 灭弧时间 t_2，触头分离到各相电弧完全熄灭所经过的时间。
- 全分闸时间 t_t，断路器从接到分闸命令起到断路器触头开断至三相电弧完全熄灭时所经过的时间间隔。它等于断路器固有分闸时间与灭弧时间之和。一般为0.06~0.12s。分闸时间小于0.06s的断路器，称为快速断路器。

（9）额定操作顺序

根据实际运行需要制定的对断路器的断流能力进行考核的一组标准的规定操作。

操作顺序分为两类，如下所述。

①无自动重合闸断路器的额定操作顺序分为：一种是发生永久性故障断路器跳闸后两次强送电的情况，即"分—180s—合分—180s—合分"；另一种是断路器合闸在永久故障线路上跳闸后强送电一次，即"合分—15s—合分"。

②能进行自动重合闸断路器的额定操作顺序为"分—0.3s—合分—180s—合分"。

5. 断路器的操动机构

（1）操动机构的用途和类型

断路器的操动机构是用来使断路器分闸、合闸并将断路器保持在合闸位置的设备。在断路器本体以外的机械操动装置称为操动机构。

① 操动机构的基本要求。

- 应具有足够的操作功率。在电网正常工作时，用操动机构使断路器关合，这时电路中流过的是工作电流，关合是比较容易的。但在电网事故情况下，如断路器关合到有预伏性短路故障时，情况要严重得多。因为断路器关合时，电路中出现的短路电流可到达几万安以上。断路器导电回路受到的电动力可达几千牛以上，另外，电动力又常常是阻碍断路器关合的，因此在关合有预伏性短路故障的电路时，由于电动力过大，断路器有可能出现触头不能关合，从而引起触头严重烧伤，油断路器出现严重喷油甚至爆炸等严重事故。因此，断路器应具有关合故障电路的能力。
- 要求动作迅速。通常要求快速断路器的全分闸时间不大于0.08s，近代高压和超高压断路器甚至要求为0.02~0.04s，在断路器全分闸时间中，固有分闸时间约占一半以上，它与操动机构结构有关。

- 要求操动机构工作可靠，结构简单，体积小，质量轻，操作方便等。

② 操动机构的类型。

操动机构依据能量形式的不同可分为以下几种。

- 手动操动机构（CS）。优点：结构简单、价廉；不需要合闸能源。缺点：不能遥控和自动合闸；合闸能力小；就地操作、不安全。应用：用于 12kV 以下，开断电流小的断路器。
- 电磁操动机构（CD）。优点：结构简单、加工容易；运行经验多。缺点：需要大功率的直流电源；耗费材料多。应用：过去 126kV 及以下的油断路器大部分采用电磁操动机构，但不是发展方向。
- 电动机操动机构（CJ）。优点：可用交流电源。缺点：要求电源的容量较大（但小于电磁操动机构）。应用：只用于容量较小的断路器，国内很少生产。
- 弹簧操动机构（CT）。优点：要求电源的容量小；交、直电源都可用；暂时失去电源时仍能操作一次。缺点：结构较复杂；零部件的加工精度要求高。应用：用于中小型断路器，是发展方向。
- 气动操动机构（CQ）。优点：不需要直流电源；暂时失去电源时仍能操作多次。缺点：需要空压设备；对大功率的操动机构，结构比较笨重。
- 液压操动机构（CY）。优点：不需要直流电源；暂时失去电源时仍能操作多次；功率大、动作快、操作平稳。缺点：加工精度要求高；价格较贵。应用：适用于 126kV 及以上的高压断路器，是未来发展方向。

（2）断路器的机械和电气寿命

断路器多次分合可造成触头及操动机构等可动部分的机械磨损，我国标准规定，在常温下连续进行 2000 次操作，试验中不允许进行任何机械调整及修理，但允许按照制造厂的规定进行润滑。对用于频繁操作的场所或有特殊要求的断路器，其试验次数程序由有关专业标准或用户同制造厂协商确定。当断路器分合大电流时，由于产生电弧，热能会使触头及喷口烧损，将使开断性能大大降低，这就有了断路器的电气使用寿命，也称电寿命的问题。

关于电气的使用寿命，在标准上规定只要满足一次标准循环即可。对于较重要的断路器，每次开断短路之后都进行停电检修是不太合适。因此，用户迫切希望具有一次动作循环以上的耐用性能。目前断路器电寿命试验主要依据用户技术条件要求进行。如，对于 12kV、31.5kA 级少油断路器一般做额定短路开断 3 次，这主要考虑油的劣化因而须检修换油。同一等级真空断路器开断额定短路电流 50 次。而我国对 220kVSF_6 断路器电寿命约做 20 次额定短路电流的开断。对于开断频度不很高的场合，基本上可以满足 10 年以上不检修。

6. 高压断路器的型号

高压断路器的类型很多，目前我国断路器的型号根据国家技术标准的规定，一般由文字符号和数字按以下方式组成：

$$1\ 2\ 3—4\ 5/6—7\ 8$$

其代表意义为：

1—产品字母代号，用下列字母表示，S—少油断路器；D—多油断路器；K—空气断路器；L—六氟化硫断路器；Z—真空断路器；Q—产气断路器；C—磁吹断路器。

2—装置地点代号，N—户内；W—户外。

3—设计序号,以数字1、2、3、4…表示。
4—额定电压,kV。
5—其他补充标志,C—手车式;G—改进型;W—防污型;Q—防震型;F—分相操作型。
6—额定电流(A)。
7—额定开断电流(kA)。
8—特殊环境代号。

2.3 少油断路器

2.3.1 少油断路器的结构类型

少油断路器的触头和灭弧系统放置在装有少量绝缘油的绝缘筒中,其绝缘油主要作为灭弧介质,只承受触头断开时断口之间的绝缘,不作为主要的绝缘介质。少油断路器中不同相的导电部分之间及导体与地之间是利用空气、陶瓷和有机绝缘材料来实现绝缘。其优点:油量少,体积小,质量轻,运输、安装、维修方便;结构简单,产品系列化强;主要技术参数比多油断路器好,动作快,可靠性高;价格优势很明显,适用于要求不高的场合。按安装地点分为户内式和户外式两种。

1. SN10-10型高压少油断路器

SN10-10系列少油断路器基本结构相似,SN10-10系列少油断路器的一相油箱内部结构如图2-9所示,均由框架、传动系统和箱体三部分组成。

框架上装:分闸弹簧31、支持绝缘子30、分闸限位器28和合闸缓冲器25。传动系统:转轴27和绝缘拉杆29。箱体中部装:灭弧室,采用纵横吹和机械油吹联合作用的灭弧装置,通常为三级横吹,一级纵吹。箱体的下部:球墨铸铁制成的基座22,基座内装有转轴、拐臂和连板组成的变直机构,变直机构连接导电杆。基座下部:装有分闸油缓冲器23和放油螺栓24,分闸油缓冲器在分闸时起缓冲作用,吸收分闸终了时的剩余能量。导电回路:电流由上接线座5引入,经过静触头7、导电杆20和滚动触头19,从下接线座18引出。

当断路器分、合闸时,操动机构通过主轴、绝缘拉杆和基座内的变直机构,使导电杆上下运动,实现断路器的分、合闸。

2. SW6-110、SW6-220系列户外少油断路器

户外少油断路器主要由底架、支柱绝缘子、传动系统、触头系统、灭弧系统、缓冲器及油位指示器等部分组成,如图2-10所示。

断路器各断口单元均为标准结构,每柱由底架、支柱瓷套、中间传动机构和两个断口组成,呈"Y"形布置。SW6-110型每相为一柱两个断口,SW6-220型每相由两柱四个断口串联组成。

底架:由型钢焊接而成,上面装有传动拐臂、油缓冲器和合闸保持弹簧。支柱瓷套:采用弹簧卡固固定,构成对地绝缘,内有绝缘油和提升杆。中间传动机构:位于支柱瓷套上部的三角箱内。灭弧室：主体是一个高强度环氧玻璃钢筒，它起压紧保护灭弧室瓷套的作用，也作为开断时高压力的承受件，筒内放有隔弧板，组成多油囊的纵吹灭弧室。为了均衡电压分布，在各断口上并联有均压电容器。触头座内装有压油活塞，以提高开断小电流的性能。导电部分装有铜钨合金触头、触指、保护环，以提高开断能力，延长使用周期。每相断路器配用一台液压操动机构操动，由电气实现三相机械联动。

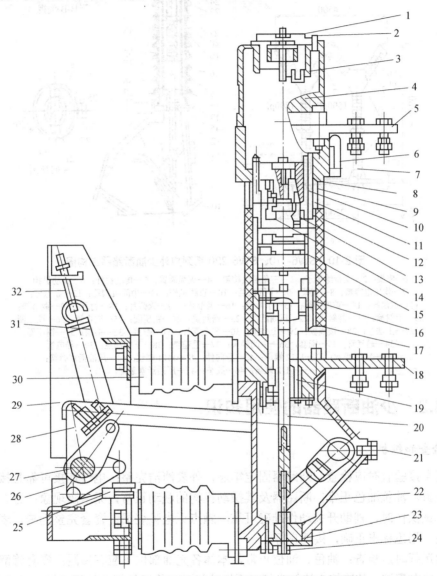

图 2-9　SN10-10 型高压少油断路器的一相油箱内部结构

1—排气孔盖；2—注油螺栓；3—回油阀；4—上帽装配；5—上接线座；6—油位指示计；7—静触座装配；8—逆止阀；9—弹簧片；10—绝缘套筒；11—上压环；12—绝缘环；13—触指；14—弧触指；15—灭弧室装配；16—下压环；17—绝缘筒装配；18—下接线座装配；19—滚动触头；20—导电杆装配；21—特殊螺栓；22—基座装配；23—油缓冲器；24—放油螺栓；25—合闸缓冲器；26—轴承座；27—主轴；28—分闸限位器；29—绝缘拉杆；30—支持绝缘子；31—分闸弹簧；32—框架装配

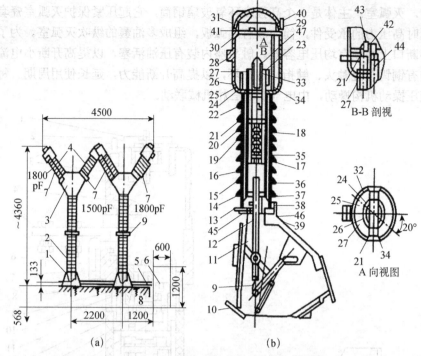

图 2-10　SW6-110、SW6-220 系列户外少油断路器结构图

1—座架；2—支持绝缘子；3—三角形机构箱；4—灭弧装置；5—传动拉杆；6—操动机构；
7—均压电容器；8—支架；9—卡固法兰；10—直线机构；11—中间机构箱；12—导电杆；
13—放油阀；14—玻璃钢筒；15—下衬筒；16—调节垫；17—灭弧片；18—衬环；19—调节垫；
20—上衬筒；21—静触头；22—压油活塞；23—密封垫；24—铝压圈；25—逆止阀；26—铁压圈；
27—上法兰；28—接线板；29—上盖板；30—安全阀片；31—帽盖；32—铝帽；33—铜压圈；
34—通气管；35—瓷套；36—中间触头；37—毛毡垫；38—下铝法兰；39—导电板；
40—M10 螺丝；41—M12 螺母；42—导向件；43—M14 螺丝；44—压油活塞弹簧；
45—M12 螺丝；46—胶垫；47—压油活塞装配

2.3.2　少油断路器的使用知识

1. 检查和维护

工程交接验收时应检查：断路器固定牢靠，外表清洁完整；电气连接可靠且接触良好；无渗油现象，油位油色正常；断路器及其操动机构的联动正常，无卡阻现象；分、合闸指示正确；调试操作时，辅助开关动作准确可靠，触点无电弧烧损；瓷套完整无缺，表面清洁；油漆完整，相色标志正确，接地良好。

正常运行时应检查：油色、油位正常，本体各充油部位不应有渗漏；瓷套管清洁，无破损裂纹、放电痕迹；各连接头接触良好，无发热松动；绝缘拉杆及拉杆绝缘子完好无缺；分、合闸机构指示正确；操动机构箱盖关闭严密；分合闸线圈无焦臭味，二次线部分无受潮、锈蚀现象。

2. 检修

检修周期：断路器一般每 3～4 年进行一次大修，新安装的断路器在投运一年后应进行一次大修。

大修项目：断路器的外部检查及修前试验，放油；导电系统和灭弧单元的分解检修；绝缘支撑系统（支持瓷套等）的分解检修；变直机构和传动机构的分解检修；基座的检修；更换密封圈、垫；操动机构的检修；复装及调整试验（包括机械特性试验和电气、绝缘试验）；除锈刷漆，绝缘油处理注油或换油；清理现场，验收。

小修项目：断路器外部的检查和清洁，渗漏油处理；消除运行中发现的缺陷；检查外部传动机构和弹簧等；检查所有螺栓、螺帽、开口销；清扫检查操动机构，加润滑油；预防性试验。

临时性检修：当发现断路器有危及安全运行的缺陷时（如回路电阻严重超标、接触部位有明显过热，多油断路器介质损耗因数值超标，少油断路器直流泄漏电流值超标，严重漏油等），或正常操作次数达到规定值时（达 200 次及以上时或达到规定的故障跳闸次数后），应进行临时性检修。

2.4 真空断路器

2.4.1 户内真空断路器

户内真空断路器的总体结构可分为：悬臂式和落地式。

按照总体结构特点可分为两类。

整体式：断路器本体与操动机构一起安装在箱形固定柜和手车柜中，即 ZN28-12 系列。ZN28-12 系列真空断路器采用中间封接式纵磁场真空灭弧室，ZN28A-12 固定开关柜专用分体式真空断路器，总体结构为悬臂式，结构如图 2-11 所示。

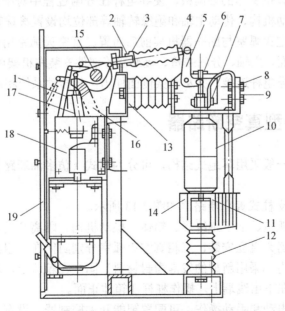

图 2-11 ZN28-12 系列真空断路器

1—开距调整垫片；2—触头压力弹簧；3—弹簧座；4—接触行程调整螺栓；5—拐臂；6—导向板；7—导电夹紧固螺栓；8—动支架；9—螺钉；10—真空灭弧室；11—真空灭弧室固定螺栓；12—绝缘子；13—绝缘子固定螺栓；14—静支架；15—主轴；16—分闸拉簧

分体式：断路器本体与操动机构分离安装在固定柜中，即 ZN28A-12 系列，特别适合于旧柜无油化改造工程。ZNA28-12 整体式真空断路器总体结构为落地式，结构如图 2-12 所示。

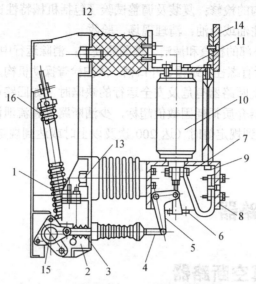

图 2-12　ZNA28-12 整体式真空断路器

1—开距调整垫片；2—触头压力弹簧；3—弹簧座；4—接触行程调整螺栓；5—拐臂；6—导向板；
7—导电夹紧固螺栓；8—动支架；9—螺钉；10—真空灭弧室；11—固定螺栓；12—绝缘子；
13—绝缘子固定螺栓；14—静支架；15—主轴；16—分闸拉簧；17—输出杆；18—机构；19—面板

每个真空灭弧室由一只落地绝缘子和一只悬挂绝缘子固定，真空灭弧室旁有一棒形绝缘子支撑。真空灭弧室上、下铝合金支架既是输出接线的基座又兼起散热作用。在灭弧室上支架的上端面，安装有黄铜制作的导向板，使导电杆在分闸过程中对中良好。触头弹簧装设在绝缘拉杆的尾部。操动机构、传动主轴和绝缘转轴等部位均设置滚珠轴承，用于提高效率。

主导电回路、真空灭弧室与断路器机架前后布置。真空灭弧室用两只水平布置的悬臂绝缘子固定在机架的前面，主轴、分闸弹簧、缓冲器等部件安装在机架内。主轴通过绝缘拉杆、拐臂与真空灭弧室动导电杆连接，并从机架侧面伸出，与传动系统相连。

2.4.2　户外型真空断路器

户外真空断路器一般采用落地式结构，可分为箱式（仿多油断路器结构）和支柱式（仿少油断路器结构）。

ZW32-12 型户外支柱式真空断路器如图 2-13 所示。

断路器由真空灭弧室、上下绝缘罩、箱体、操动机构、隔离开关、电流互感器及驱动部件等组合而成。断路器为直立安装，三相真空灭弧室分别封闭在三组绝缘罩内，绝缘罩（采用聚氨酯密封材料，内部采用新型的发泡灌封材料）固定在箱体上，箱体内安装弹簧操动机构，电流互感器安装在下出线端上，操作杠杆在箱体正面。

断路器同时具备电动和手动操作，可配置智能开关控制器，设有三段式过流保护、零序保护、重合闸、低电压、过电压保护等多种功能，支持多种通信协议，允许选用多种通信方式构成通信网，即可对开关进行本地手动或遥控操作，又可通过通信网实现远方控制。

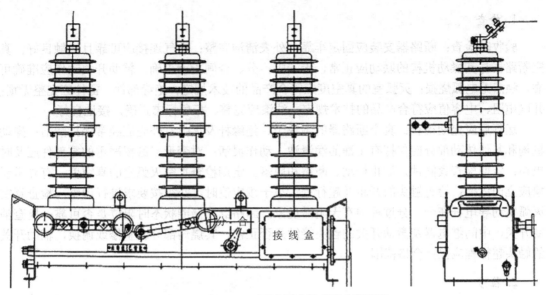

图 2-13　ZW32-12 型户外支柱式真空断路器

2.4.3　新型真空断路器简介

（1）标准型真空断路器短路，开断电流一般为 25～50kA。

（2）特大容量真空断路器，短路开断电流达 63～80kA 及以上，用于发电机保护。

（3）低过电压真空断路器，用于开断感性负荷，不用加过电压吸收装置，采用新开发触头材料，将过电压限制至常规值的十分之一。

（4）繁频操作断路器，操作次数 5 万～6 万次，用于投切电容的无重击穿真空断路器。超频繁型真空断路器，操作次数 10 万～15 万次。

（5）经济型真空断路器，开断电流 16～25kA，用于一般场合。

（6）多功能真空断路器，实现三工位（合—分—隔离）或四工位（合—分—隔离—接地）等功能。

（7）同步真空断路器又叫选相真空断路器或受控真空断路器，在电压或电流最有利时刻关合或开断。可降低电网瞬态过电压负荷，改善电网供电质量，提高断路器电寿命及性能，简化电网设计，降低整个系统费用。

（8）智能化真空断路器，把计算机加入机械系统，使开关系统有了"大脑"，再加入"传感器"采集信息，用光纤传导信息，使开关系统有了"知觉"，大脑根据"知觉"做出判断与决定，使系统有了"智能"。

2.4.4　真空断路器的使用知识

真空断路器通常采用整体安装，在安装前一般不需要进行拆卸和调整。真空断路器安装完毕，应按要求进行工频耐压试验、机械特性的测试和操动机构的动作试验。

1. 检查

验收时检查：断路器安装应固定牢靠，外表清洁完整；电气连接应可靠且接触良好；真空断路器与其操动机构的联动应正常，无卡阻；分、合闸指示正确，辅助开关动作应准确可靠，触点无电弧烧损；灭弧室的真空度应符合产品的技术规定；绝缘部件、瓷件应完整无损；并联电阻、电容值应符合产品的技术规定；油漆应完整、相色标志正确，接地良好。

运行后应定期检查：真空断路器的绝缘子、绝缘杆及灭弧室外壳应经常保持清洁；操动机构和其他传动部分应保持有干净的润滑油，动作灵活；对变形、磨损严重的零部件应及时更换；定期检查紧固件，防止松动、断裂和脱落。定期检查真空灭弧室的真空度，有异常现象应立即更换；检查触头的开距及超行程，小于规定值时，必须按要求进行调整；检查真空灭弧室动导电杆在合、分过程中有无阻滞现象，断路器在储能状态时限位是否可靠；检查辅助开关、中间继电器及微动开关的触头接触是否正常，其烧灼部分应整修或调换，辅助开关的触头超行程应保持合格范围。

2. 检修

真空断路器本体无须检修，真空灭弧室损坏或寿命终止时只能更换。更换灭弧室应该注意灭弧室的安装质量，以保证动导电杆与灭弧室轴线同轴；波纹管做开断与关合操作时，不受扭力，不应与任何部位相摩擦；动导电杆运动轨迹平直，任何时候不会在波纹管周围产生电火花；在安装和调整时须特别注意对波纹管的保护，波纹管的压缩拉伸量不得超过触头允许的极限开距；灭弧室端面上的压环各个方向上的受力要均匀。

3. 真空度的检测方法

火花检漏计法、观察法、交流耐压法、放电电流检测法、中间电位变化检测法、真空度测试仪测定等。

4. 真空断路器的调整

行程开距调整：真空断路器的触头开距可通过调节分闸限位螺钉的高度或缓冲垫的厚度，调节导电杆连接件长度，可以使导杆的总行程达到规定值。接触行程调整：通过调节绝缘拉杆连接头与真空灭弧室动导电杆的螺纹实现。三相同步性调整：用三相同步指示灯或其他仪器检查。分合闸速度调整：操作机构分合闸速度一般不需要做调整。分合闸速度用分闸弹簧来调整，弹簧力越大，分闸速度越快，合闸速度相应变慢；相反则反。

2.5 SF_6 断路器

2.5.1 SF_6 断路器的结构类型

1. 瓷柱式 SF_6 断路器

瓷柱式 SF_6 断路器结构如图 2-14 所示。

结构特点：灭弧室安装在高强度瓷套中，用空心瓷柱支承和实现对地绝缘。灭弧室和绝缘瓷柱内腔相通，充有相同压力的 SF_6 气体，通过控制柜中的密度继电器和压力表进行控制和监视。穿过瓷柱的绝缘拉杆把灭弧室的动触头和操动机构的驱动杆连接起来，通过绝缘拉杆带动触头完成断路器的分合操作。

优点：系列性强，结构简单，用气量少，单断口电压高、开断电流大、运动部件少、价格相对便宜，运行可靠性高和检修维护工作量小。缺点：重心高，抗震能力较差，且不能加装电流互感器，使用场所受到一定限制。

"I"形布置：一般用于 220kV 及以下的单柱单断口断路器。"Y"形布置：一般用于 220kV 及以上的单柱双断口断路器。"T"形布置：一般用于 220kV 及以上特别是 500kV 的单柱双断口断路器。

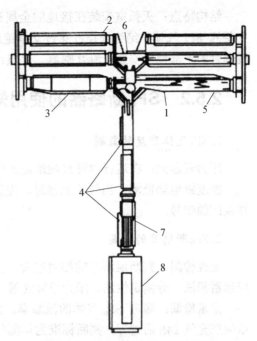

图 2-14 瓷柱式 SF_6 断路器结构图
1—并联电容；2—端子；3—灭弧室瓷套；4—支持瓷；
5—合闸电阻；6—灭弧室；7—绝缘拉杆；8—操动机构箱

2. 罐式 SF_6 断路器

罐式 SF_6 断路器结构如图 2-15 所示。

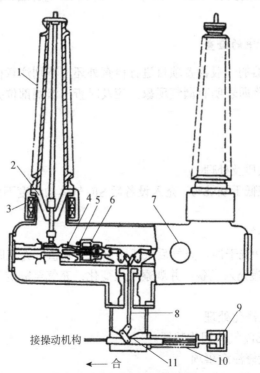

图 2-15 罐式 SF_6 断路器
1—套管；2—支持绝缘子；3—电流互感器；4—静触头；5—动触头；6—喷口工作缸；
7—检修窗；8—绝缘操作杆；9—油缓冲器；10—合闸弹簧；11—操作杆

结构特点：灭弧室安装在接地的金属罐中，高压带电部分用绝缘子支持，对箱体的绝缘主要靠 SF_6 气体。绝缘操作杆穿过支承绝缘子，把动触头与机构驱动轴连接起来，在两个出线套管的下部都可安装电流互感器。优点：结构重心低，抗震性能好。

2.5.2 SF_6 断路器的使用知识

1. SF_6 气体密度的监测

压力表监测：在运行中可直观地监测气体的压力的变化，监测平均压力是否异常。

密度继电器监测：当气体泄漏时，先发补气信号，继续泄漏，对断路器进行分闸闭锁，并发闭锁信号。

2. SF_6 断路器的检漏

定性检漏：判断泄漏率的相对程度。方法有：抽真空检漏、发泡液检漏、检漏仪检漏、局部蓄积法、分割定位法、压力下降法等。

定量检漏：测定 SF_6 气体的泄漏率。方法有：挂瓶法、扣罩法、局部包扎法等。定量测量应在充气 24h 后进行，判断标准为年漏气率不大于 1%。

3. SF_6 断路器的含水量监测

测量方法：重量法、电解法、露点法、电容法、压电石英振荡法、吸附量热法和气相色谱法。重量法是国际电工委员会（IEC）推荐的仲裁方法，电解法和露点法为其推荐的日常测量方法。

4. SF_6 断路器在运行中的检查

运行中除了按断路器的一般检查项目进行检查外还应特别注意检查气体压力是否保持在额定范围，发现压力下降即表明有漏气现象，应及时查出泄漏部位并进行消除。严格防止潮气进入断路器内部。

5. 检修

（1）SF_6 气体中的杂质及处理

SF_6 新气的纯度不应低于 99.8%，充入设备后 SF_6 气体的纯度不低于 97%，运行中 SF_6 气体的纯度不低于 95%。

（2）SF_6 断路器的补气

充气前，所有管路冲洗干净，充气后气压稍高于要求值。充气时，先开钢瓶阀门，再开减压阀，使 SF_6 气体缓慢充入设备，并观察气压变化；充气至额定气压后，先关减压阀，再关钢瓶气阀。

（3）SF_6 气体的回收净化处理

采用带有净化器的 SF_6 气体回收装置。

（4）SF_6 断路器的检修注意事项

断电源，气体回收，氮气洗，通风换气，白色粉末吸尘器或柔软卫生纸拭净，金属部件清洗剂或汽油清洗，绝缘件无水酒精或丙酮清洗，新密封圈使用，吸附剂更换，绝缘件干燥，避潮气。

2.5.3 特高压断路器

特高压断路器是指用于额定电压超过 750kV 电压等级的更高一级电压电网，通常为 1000kV 电压等级电网的断路器。随着电网容量的增大，特别是能源中心远离负荷中心，发展特高压输电，实现大容量、远距离、高效率输电成为输变电的发展方向，而特高压断路器是发展特高压输电的关键设备之一。

1. 降低开断和关合时的操作过电压

在特高压电网中，对线路和变电站设备绝缘水平与造价影响较大的过电压水平，不是如同中、高压电网的大气雷电过电压，而是操作过电压。为此，特高压断路器采用了加装分闸和合闸电阻措施，以降低断路器操作过程中的系统恢复电压。

2. 提高 GIS 中的 SF_6 气体绝缘性能

特高压 GIS 中，高额定电压及各种过电压值要求 SF_6 绝缘间隙和内部设备尺寸都较大。图 2-16 中的曲线为不同压力下的气体击穿电压特性。由图 2-16 可见，SF_6 气体含量 φ_{SF_6} 为 100% 时，在 0.5MPa 下的气体击穿电压比在 0.3MPa、0.1MPa 下的高很多，气体绝缘强度随压力的增加而增加。因此，工程应用中一般采用增加气体压力的方法，提高 GIS 间隙的击穿场强，缩小 GIS 内部电气设备的体积。然而，高的 SF_6 气压加大了 GIS 密封技术的难度，而且使 SF_6 在西北等高寒地区易液化，导致其绝缘能力减弱。

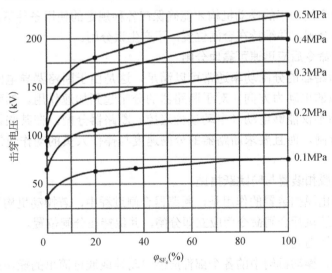

图 2-16 不同压力下的气体击穿电压特性

3. 提高单个断口电压

断路器的灭弧室由若干个断口组成，每个断口承受一定的电压，以积木式组成整个灭弧室。如果单个断口可以承受 250kV 时，则 500kV 断路器需要两个断口，1000kV 断路器需要四个断口。如果单个断口可以承受 500kV，则 1000kV 断路器只要两个断口。

4. 配置大功率高性能的操动机构

由于特高压断路器灭弧室运动质量大，且要求分闸速度高，操作过程中传动及支撑部分都受到较大冲击力，并且要满足 5000 次机械寿命要求。因而，操动机构必须大功率、平稳可靠。为满足特高压电网对开断的系统稳定性及操作过电压水平的要求，操动机构还必须能快速响应，同时分、合闸速度具有可调性能。

随着光电技术和微电子技术的飞速发展，光电式、电子式互感器的成功研制，使电气量的采集数字化，推动了断路器的智能化发展，使变电站自动化技术由二次系统向一次系统延伸为实现数字化变电站奠定了坚实基础。

2.6 高压断路器

操动机构是驱动断路器分合闸的重要配套设备，断路器的工作可靠性在很大程度上依赖于操动机构的动作可靠性。断路器的合闸、分闸动作是由操动机构和与此相互联系的传动机构来完成。

1. 对操动机构的要求

操动机构工作性能的优劣，对高压断路器的工作性能和可靠性有着极为重要的影响。操动机构的动作性能必须满足断路器的工作可靠性的要求。

（1）具有足够的合闸功率

只有足够大的合闸功率的操动机构才能确保在各种规定的使用条件下，按需求的合闸速度实现断路器可靠合闸，并维持在合闸位置，不产生误分闸。

（2）接到分闸命令后应迅速可靠地分闸

操动机构对断路器的分闸功率通常可以满足，这是由于断路器导电回路通过短路电流及触头结构所呈现的电动力方向，对于断路器的分闸起到加速作用。然而要求操动机构对断路器的分闸功能不仅能够电动（自动或受遥控）断路器分闸，在某些特殊情况下，还应该可以进行手动分闸，而且要求断路器的分闸速度与操作人员的动作快慢和下达命令的时间长短有关。

（3）具有自由脱扣装置与防跳跃措施

操动机构中自由脱扣装置的作用是，断路器合闸过程中，若操动机构又接到分闸命令，则操动机构不应继续执行合闸命令而应立即分闸，并保持在分闸位置。

（4）复位与闭锁功能

断路器分闸后，操动机构中的各个部件应能自动地或通过简单的操作后，回复到准备合闸的位置，以保证操动机构的动作可靠。

2. 操动机构的类型

根据所提供能源形式的不同，操动机构可分为手动操动机构（CS）、电磁操动机构（CD）、弹簧操动机构（CT）、气动操动机构（CQ）、液压操动机构（CY）等几种。其中，手动、电磁操动机构属于直动机构，弹簧、气动、液压操动机构属于储能机构。

（1）电磁操动机构

电磁操动机构是直接依靠电磁力合闸，可进行远距离控制和重合闸。其优点是结构简单，零件数少（约为120个），工作可靠，制造成本低。其缺点是合闸线圈消耗的功率太大，合闸电流可达数百安，而且对二次操作电源可能形成一定冲击，要求配用220/110V的大容量直流电源（如大容量蓄电池）。因而辅助设施投资大，维护费用高，机构本身笨重，由于电磁时间常数影响，使合闸时往往有一定延迟，故在真空断路器中使用已逐渐减少。

（2）弹簧操动机构

弹簧操动机构是以弹簧作为储能元件的机械式操动机构。弹簧的储能借助电动机通过减速装置来完成，并经过锁扣系统保持在储能状态。其分合闸操作采用两个螺旋压缩弹簧实现。合闸时锁扣借助磁力脱扣，合闸弹簧释放的能量一部分用来合闸，另一部分用来给分闸弹簧储能。合闸弹簧一释放，储能电动机立刻给其储能，储能时间不超过15s（储能电动机采用交直流两用电动机），因而可实现断路器的快速自动重合闸。运行时分合闸弹簧均处于压缩状态。

（3）气动操动机构

单一的压缩空气作动力的气动操动机构已淘汰，断路器当前采用的是以压缩空气作动力进行分闸操作，辅以合闸弹簧作为合闸储能元件的气动操动机构。压缩空气靠操动机构自备的压缩机进行储能，分闸过程中通过气缸活塞给合闸弹簧进行储能，同时经过机械传递单元使触头完成分闸操作，并经过锁扣系统使合闸弹簧保持在储能状态。合闸时，锁扣借助磁力脱扣，弹簧释放能量，经过机械传递单元使触头完成合闸操作。

（4）液压操动机构

液压操动机构将储存在储能器中的高压油作为驱动能传递媒体。储能器中的能量维持主要使用氮气，利用储压器中预储的能量，运用差动原理，间接推动操作活塞来实现断路器的分合闸操作。

3. 断路器操动机构发展趋势

目前，上述四种基本形式的操动机构都在不断改型，出现了不同原理的组合形式，如气动弹簧操动机构和液压弹簧操动机构，充分发挥了气动和弹簧、液压和弹簧两者的优势。电动机操动机构各单元之间的连接如图2-17所示。

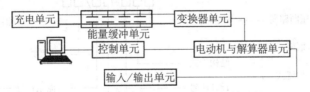

图2-17 电动机操动机构各单元之间的连接

2.7 低压断路器

低压断路器（low-voltage circuit-breaker，文字符号为QF），又称低压自动开关，它既能带负荷通断电路，又能在短路、过负荷和低电压（失压）下自动跳闸，其功能与高压断路器类似，其原理结构和接线如图2-18所示。低压断路器用于分配电能、保护线路，防止电源设备遭受过载、欠电压、短路、单相接地等故障的危害。比如，当线路上出现短路故障时，其过流脱扣器动作，使开关跳闸。如果出现过负荷时，其串联在一次电路上的加热电阻丝加热，使双金属片弯曲，也使开关跳闸。当线路电压严重下降或失压时，其失压脱扣器动作，同样使开关跳闸。如果按下脱扣按钮（图2-18中6或7），则可使开关远距离跳闸。

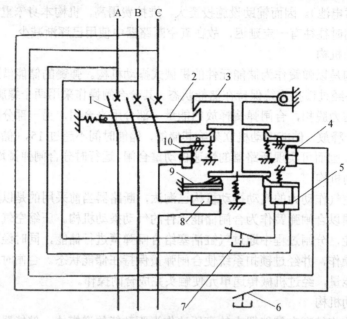

图2-18 低压断路器的原理结构和接线

1—主触头；2—跳钩；3—锁扣；4—分励脱扣器；5—失压脱扣器；
6、7—脱扣按钮；8—加热电阻丝；9—热脱扣器；10—过流脱扣器图

低压断路器分类如下：

低压断路器按灭弧介质分，有空气断路器和真空断路器；按用途分，有配电用断路器、电动机用断路器、照明用断路器和漏电保护用断路器等。配电用低压断路器按结构形式分，有万能式和塑料外壳式两大类。国产低压断路器全型号的表示和含义如图2-19所示。

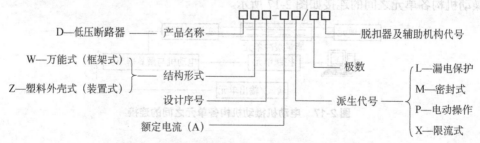

图2-19 国产低压断路器全型号的表示和含义

2.7.1 万能式低压断路器

万能式低压断路器又称框架式自动开关。它是敞开地装设在金属框架上的，而其保护方案和操作方式较多，装设地点也较灵活，故名"万能式"或"框架式"。

图2-20是DW16型万能式低压断路器的外形结构图。

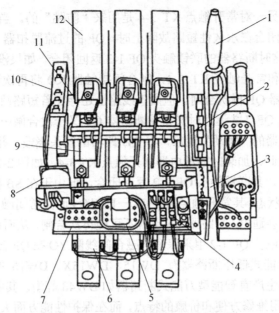

图 2-20　DW16 型万能式低压断路器

1—操作手柄（带电动操作机构）；2—自由脱扣机构；3—失压脱扣器；4—热继电器；
5—接地保护用小型电流继电器；6—过负荷保护用过流脱扣器；7—接地端子；8—分励脱扣器；
9—短路保护用过流脱扣器；10—辅助触头；11—底座；12—灭弧罩（内有主触头）

图 2-21 是 DW 型断路器的交直流电磁合闸控制回路。当断路器利用电磁合闸线圈 YO 进行远距离合闸时，按下合闸按钮 SB，使合闸接触器 KO 通电动作，于是电磁合闸线圈（合闸电磁铁）YO 通电，使断路器 QF 合闸。但是合闸线圈 YO 是按短时大功率设计的，允许通电的时间不得超过 1s，因此在断路器 QF 合闸后，应立即使 YO 断电。这一要求靠时间继电器 KT 来实现。在按下按钮 SB 时，不仅使接触器 KO 通电，而且同时使时间继电器 KT 通电。KO 线圈通电后，其触点 KO 1-2 在 KO 线圈通电 1s 后（QF 已合闸）自动断开，使 KO 线圈断电，从而保证合闸线圈 YO 通电时间不致超过 1s。

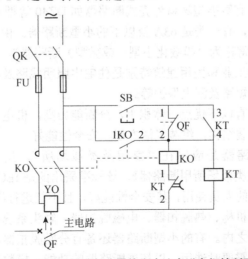

图 2-21　DW 型低压断路器的交直流电磁合闸控制回路

QF—低压断路器；SB—合闸按钮；KT—时间继电器；KO—合闸接触器；YO—电磁合闸线圈

时间继电器 KT 的另一对常开触点 KT 3-4 是用来"防跳"的。当按钮 SB 按下不返回或被粘住而断路器 QF 又闭合在永久性短路故障上时，QF 的过流脱扣器（图 2-21 上未示出）瞬时动作，使 QF 跳闸。这时断路器的联锁触头 QF 1-2 返回闭合。如果没有接入时间继电器 KT 及其常闭触点 KT 1-2 和常开触点 KT 3-4，则合闸接触器 KO 将再次通电动作，使合闸线圈 YO 再次通电，使断路器 QF 再次合闸。但由于线路上还存在着短路故障，因此断路器 QF 又要跳闸，而其联锁触头 QF 1-2 返回时又将使断路器 QF 又一次合闸⋯⋯断路器 QF 如此反复地跳、合闸，称为断路器的"跳动"现象，将使断路器的触头烧毁，并将危及整个供电系统，使故障进一步扩大。为此，加装时间继电器常开触点 KT 3-4，如图 2-21 所示。当断路器 QF 因短路故障自动跳闸时，其联锁触头 QF 1-2 返回闭合，但由于在 SB 按下不返回时，时间继电器 KT 一直处于动作状态，其常开触点 KT 3-4 一直闭合，而其常闭触点 KT 1-2 则一直断开，因此合闸接触器 KO 不会通电，断路器 QF 也就不可能再次合闸，从而达到了"防跳"的目的。

低压断路器的联锁触头 QF 1-2 用来保证电磁合闸线圈 YO 在 QF 合闸后不致再次误通电。

目前推广应用的万能式低压断路器有 DW15、DW15X、DW16 等型及引进技术生产的 ME、AH 等型，此外还生产有智能型万能式断路器如 DW48 等型。其中 DW16 型保留了过去 DW10 型结构简单、使用维修方便和价廉的特点，而在保护性能方面大有改善，是取代 DW10 型的新产品。

2.7.2 塑料外壳式低压断路器及模数化小型断路器

塑料外壳式低压断路器又称装置式自动开关，其全部机构和导电部分都装设在一个塑料外壳内，仅在壳盖中央露出操作手柄，供手动操作之用。它通常装设在低压配电装置之中。DZ-20 型塑料外壳式低压断路器的内部结构如图 2-22 所示。

DZ 型断路器可根据工作要求装设以下脱扣器：电磁脱扣器，只作短路保护；热脱扣器，只作过负荷保护；复式脱扣器，可同时实现过负荷保护和短路保护。

目前推广应用的塑料外壳式断路器有 DZX10、DZ15、DZ20 等型号及引进技术生产的 H、3VE 等型号，此外还生产有智能型塑料外壳式断路器如 DZ40 等型号。

塑料外壳式断路器中，有一类是 63A 及以下的小型断路器。由于它具有模数化结构和小型（微型）尺寸，因此通常称为"模数化小型（或微型）断路器"。它现在广泛应用在低压配电系统的终端，作为各种工业和民用建筑特别是住宅中照明线路及小型动力设备、家用电器等的通断控制和过负荷、短路及漏电保护等。

模数化小型断路器具有以下优点：体积小，分断能力高，机电寿命长，具有模数化的结构尺寸和通用型卡轨式安装结构，组装灵活方便，安全性能好。

由于模数化小型断路器是应用在"家用及类似场所"，所以其产品执行的标准为 GB 10963—1989《家用及类似场所用断路器》，该标准采用的是 IEC898 国际电工标准。其结构适用于未受过专门训练的人员使用，其安全性能好，且不能进行维修，即损坏后必须换新。模数化小型断路器由操作机构、热脱扣器、电磁脱扣器、触头系统和灭弧室等部件组成，所有部件都装在一塑料外壳之内。有的小型断路器还备有分励脱扣器、失压脱扣器、漏电脱扣器和报警触头等附件，供需要时选用，以拓展断路器的功能。模数化小型断路器的原理结构如图 2-23 所示。

第 2 章 高低压设备

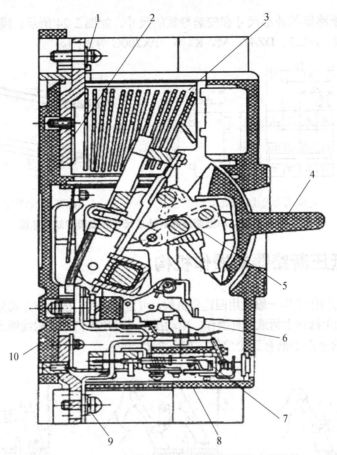

图 2-22 DZ-20 型塑料外壳式低压断路器的内部结构
1—引入线接线端子；2—主触头；3—灭弧室（钢片灭弧栅）；4—操作手柄；5—跳钩；
6—锁扣；7—过流脱扣器；8—塑料外壳；9—引出线接线端子；10—塑料底座

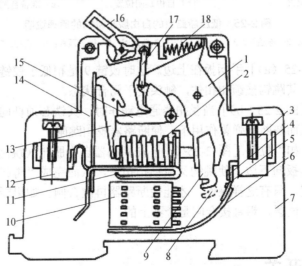

图 2-23 模数化小型断路器的原理结构
1—动触头杆；2—瞬动电磁铁（电磁脱扣器）；3—接线端子；4—主静触头；5—中线静触头；6—弧角；7—塑料外壳；
8—中线动触头；9—主动触头；10—灭弧栅片（灭弧室）；11—弧角；12—接线端子；13—锁扣；14—双金属片（热脱扣器）；
15—脱扣钩；16—操作手柄；17—连接杆；18—断路弹簧

模数化小型断路器的外形尺寸和安装导轨的尺寸,如图 2-24 所示。模数化小型断路器常用的型号有 C45N、DZ23、DZ47、M、K、S、PX200C 等系列。

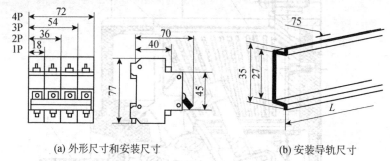

(a) 外形尺寸和安装尺寸　　　　　　(b) 安装导轨尺寸

图 2-24　模数化小型断路器的外形尺寸和安装导轨示意图

2.7.3　低压断路器的操作机构

低压断路器的操作机构一般采用四连杆机构,可自由脱扣。按操作方式分,有手动和电动两种。手动操作是利用操作手柄或杠杆操作,电动操作是利用专门的电磁线圈或控制电动机操作。低压断路器的操作手柄有三个位置,如图 2-25 所示。

(a) 合闸位置　　　　　(b) 自由跳闸位置　　　　(c) 准备合闸的"再扣"位置

图 2-25　低压断路器的自由脱扣机构的原理说明

1—操作手柄；2—静触头；3—动触头；4—脱扣器线圈；5—铁芯顶杆；6—连杆；7、8、9—铰链

合闸位置 [图 2-25 (a)] 手柄扳在上边。这时铰链 9 是稍低于铰链 7 与 8 的连接直线,处于"死点"位置,其跳钩被锁扣扣住,触头处于闭合状态。

自由跳闸位置 [图 2-25 (b)] 当脱扣器通电动作时,其铁芯顶杆向上运动,使铰链 9 移开"死点"位置,从而在断路弹簧作用下,使断路器脱扣跳闸。

准备合闸的"再扣"位置 [图 2-25 (c)] 在断路器自由脱扣(跳闸)后,如果要重新合闸,必须将操作手柄扳向下边,使跳钩又被锁扣扣住,从而完成"再扣"的操作,使铰链 9 又处于"死点"位置。只有这样操作,才能使断路器再次合闸。如果断路器自动跳闸后,不将手柄扳向"再扣"位置,想直接合闸是合不上的。

2.8　隔离开关

隔离开关没有专门的灭弧装置,不能用来接通或切断负荷电流和短路电流,否则,将产生强烈的电弧，造成人身伤亡，设备损坏或引起相间短路故障。

隔离开关的作用。

（1）隔离电源。在检修电气设备时，为了安全，需要用隔离开关将停电检修的设备与带电运行的设备隔离，形成明显可见的断口。隔离电源是隔离开关的主要用途。

（2）倒闸操作。在双母线接线倒换母线或接通旁路母线时，某些隔离开关可以在"等电位"的情况下进行分、合闸，配合断路器完成改变运行方式的倒闸操作。

（3）关合与开断小电流电路。关合和开断电压互感器、避雷器电路、电容电流、空载电力线路、空载变压器等。

12kV 的隔离开关，容许关合和开断 5km 以下的空载架空线路；

40.5kV 的隔离开关，容许关合和开断 10km 以下空载架空线路和 1000kV·A 以下的空载变压器；

126kV 的隔离开关，容许关合和开断 320kV·A 以下的空载变压器。

对隔离开关的基本要求。

（1）有明显的断开点。

（2）断口应有足够可靠的绝缘强度。

（3）具有足够的动、热稳定性。

（4）结构简单，分、合闸动作灵活可靠。

（5）隔离开关与断路器配合使用时，应具有机械或电气的连锁装置，以保证正常的操作顺序。

（6）主闸刀与接地闸刀之间设有机械的或电气的连锁装置，保证二者之间的动作顺序。

2.8.1 隔离开关的型号与结构

隔离开关的形式较多，按装设地点可分为屋内式（GN 型）和屋外式（GW 型）；按绝缘支柱的数目可分为单柱式、双柱式和三柱式；按极数屋内式可分为单极和三极式。按主闸刀和动触头的运动方式划分可分为单柱剪刀式、单柱上下伸缩式、双柱水平伸缩式、双柱合抱式、三柱型中柱旋转式等。

高压隔离开关全型号的表示和含义如图 2-26 所示。

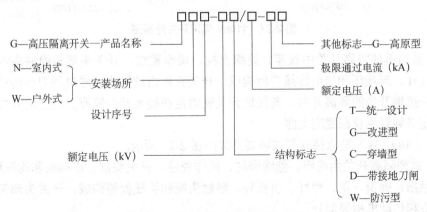

图 2-26 高压隔离开关型号及含义

GN19—10/630，表示户内隔离开关，设计序号 19，额定电压 10kV，额定电流 630A。

(1) 屋内隔离开关

屋内式隔离开关有单极的和三极的，且都是闸刀式。屋内隔离开关的可动触头（闸刀）在关合时与支持绝缘子的轴垂直，并且大多数是线接触。

(2) 屋内式隔离开关的结构

由底座、支持瓷瓶、静触头、闸刀、操作瓷瓶和转轴等构成。三相隔离开关装在同一底架上。操动机构通过连杆带动转轴完成分、合闸操作。闸刀采用断面为矩形的铜条，并在闸刀上设有"磁锁"，用来防止外部短路时，闸刀受短路电动力的作用从静触头上脱离。

(3) 屋外隔离开关

GW5 系列双柱水平开启式隔离开关由三个单极组成，每个单极主要由底座、支持绝缘子、接线座、右触头、左触头、接地静触头、接地闸刀和接线夹几部分组成。两个棒式支柱绝缘子固定在一个底座上，交角为 50°，呈 V 形结构。闸刀做成两半，可动触头成楔形连接。操动机构动作时，两个棒式绝缘子各做顺时针和反时针转动，两个闸刀同时在与绝缘子轴线成垂直的平面内转动，使隔离开关断开或接通。闸刀转至 90°角时终止。

GW5-110D 双柱水平开启式隔离开关外形图如图 2-27（a）所示，GW4-110D 型隔离开关如图 2-27（b）所示，GW6 系列单柱隔离开关如图 2-28 所示。

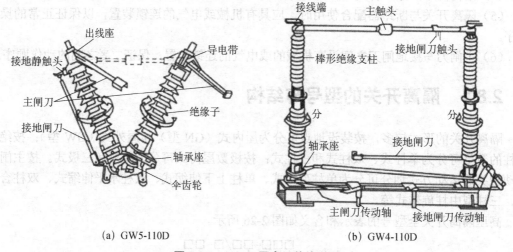

(a) GW5-110D   (b) GW4-110D

图 2-27 110kV 隔离开关外形图

GW6 系列单柱隔离开关由底座、绝缘支柱、操作瓷柱、开关头部和静触头等构成。静触头由静触杆、屏蔽环和导电连接件所构成。开关头部由动触头、导电闸刀和传动机构等部分构成。带接地开关的隔离开关，其接地开关就固定在隔离开关底座上，接地开关和隔离开关之间的连锁装置也设在底座上面。

GW12-220D（W）型双柱立开式隔离开关如图 2-29 所示。

GW12 系列隔离开关由底座、绝缘瓷柱、操作瓷柱、开关头部、静触头和均压环等构成。静触头由触指、弹簧、罩、滑杆、引弧环、静触头座和接线板等构成。开关头部包括导电闸刀、动触头和传动机构等部分。

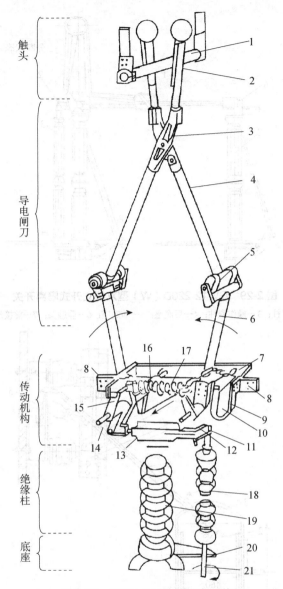

图 2-28 GW6 系列单柱隔离开关

1—静触头；2—动触头；3—连接臂；4—闸刀上管；5—活动肘节；6—闸刀下管；7—导电联板；
8—出线板；9—软连接；10—右转动臂；11—转臂；12—挡块；13—弹性装置；14—转轴；15—左转动臂；
16—反向连接；17—平衡弹簧；18—操作瓷瓶；19—支持瓷瓶；20—底座；21—操动轴

2.8.2 隔离开关操动机构

隔离开关操动机构有手动杠杆操动机构、手动涡轮操动机构、电动机操动机构、气动操动机构。CJ2 型电动机操动机构如图 2-30 所示。

操动机构 1 的电动机构转动时，通过齿轮和蜗杆传动，使涡轮 2 转动。涡轮上装有传动杆 3，传动杆 3 通过牵引杆 4 与隔离开关轴上的传动杆 5 连接。

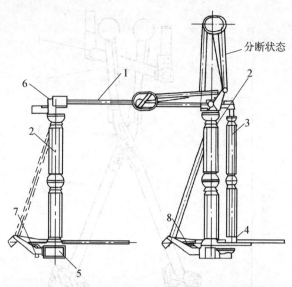

图 2-29 GW12-220D（W）型双柱立开式隔离开关

1—导电闸刀；2—绝缘瓷柱；3—操作瓷柱；4—后底座；5—前底座；6—静触头；7—前接地开关；8—后接地开关

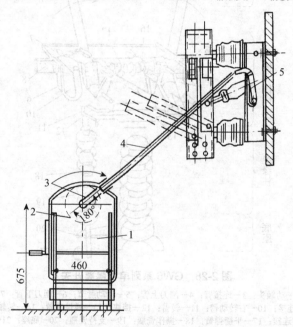

图 2-30 CJ2 型电动机操动机构

2.8.3 隔离开关的使用

1. 隔离开关正常巡视项目

（1）瓷瓶绝缘是否完整，有无裂纹和放电现象；

（2）操动机构的操动连杆及部件，有无开焊、变形、锈蚀、松动、脱落现象，连接轴销子、紧固螺母等是否完好；

(3) 闭锁装置是否完好，销子是否锁牢，辅助触点位置是否正确且接触良好，机构外壳接地是否良好；

　　(4) 隔离开关合闸后，两触头是否完全进入刀嘴内，触头接触是否良好，无过热现象；

　　(5) 隔离开关通过短路电流后，应检查隔离开关的绝缘子有无破损和放电痕迹，以及动静触头、接头有无熔化现象；

　　(6) 检查隔离开关三相一致，机构终点位置与辅助接点位置相对应；

　　(7) 新投入及检修后的刀闸应进行检查，并进行两次拉合试验，要求灵活，接触良好，闭锁可靠。

2. 隔离开关操作

　　(1) 一定要仔细核对其编号，检查断路器三相确在断开位置，检查地刀确在断开位置，接地线已拆除；

　　(2) 送电时，先推母线侧刀闸，再推负荷侧刀闸，停电时相反；

　　(3) 操作过程中，发现误合刀闸时，不准将误合的刀闸拉开，只有在明了情况下并采取了安全措施后，才允许将误合刀闸拉开；发现拉误刀闸时，不准把已拉开的刀闸重新合上；

　　(4) 严禁带负荷拉刀闸，所装电气和机械防误闭锁装置不能随意退出；当刀闸电气操作失灵时，严禁用顶接触器的方法操作刀闸，更不允许手动操作；

　　(5) 隔离开关操作完毕后，应断开其动力电源。

3. 隔离开关发热处理

　　(1) 汇报调度立即设法减小或转移负荷，加强监视；

　　(2) 10kV母线侧或线路侧隔离刀闸发热到比较严重的程度时，应用旁路断路器代其运行；

　　(3) 高压室内的发热刀闸，在监视期间，应采取通风降温措施；

　　(4) 汇报上级，将该刀闸停电，做好安全措施，等候处理。

4. 刀闸拒合时处理

　　(1) 核对设备编号及操作程序是否有误，检查断路器是否在断开位置；

　　(2) 若无上述问题，应检查接地刀闸是否完全拉开到位，将接地刀闸拉开到位后，可继续操作；

　　(3) 无上述问题时，应检查机构卡滞部位，如属于机构不灵活，缺少润滑，可加注机油，多转动几次，然后再合闸，如果是传动部分问题，无法自行处理，应利用旁路断路器代路的方法，先恢复供电，汇报上级，刀闸能停电时，由检修人员处理。

5. 误拉刀闸时处理

　　(1) 拉开瞬间若发现弧光很大，应立即推上；

　　(2) 若全部拉开后，即使误拉刀闸，也不得推上，只有在断开断路器后，再做相应处理。

2.9 负荷开关

高压负荷开关具有简单的灭弧装置,因而能通断一定的负荷电流和过负荷电流。但是它不能断开短路电流。负荷开关断开后,与隔离开关一样,也有明显可见的断开间隙,因此也具有隔离高压电源、保证安全检修的功能。开断和关合作用,负荷开关有一定的灭弧能力,可用来开断和关合负荷电流和小于一定倍数(通常为3~4倍)的过载电流;也可以用来开断和关合比隔离开关允许容量更大的空载变压器,更长的空载线路,有时也用来开断和关合大容量的电容器组。负荷开关与限流熔断器串联组合(负荷开关-熔断器组合电器)可以代替断路器使用,即由负荷开关承担开断和关合小于一定倍数的过载电流,而由限流熔断器承担开断较大的过载电流和短路电流。熔断器可以装在负荷开关的电源侧,也可以装在负荷开关的受电侧。

目前,国内外的环网供电单元和预装式变电站,广泛使用"负荷开关+熔断器"的结构形式,用它保护变压器比用断路器更为有效,其切除故障时间更短,不易发生变压器爆炸事故。

1. 负荷开关在结构上应满足的要求

(1)负荷开关在分闸位置时要有明显可见的间隙。

(2)负荷开关要能经受尽可能多的开断次数,而无须检修触头和调换灭弧室装置的组成元件。

(3)负荷开关要能关合短路电流,并承受短路电流的动稳定性和热稳定性的要求(对负荷开关-熔断器组合电器无此要求)。

(4)现代负荷开关有两个明显的特点,一是具有三工位,即合闸—分闸—接地;二是灭弧与载流分开,灭弧系统不承受动热稳定电流,而载流系统不参与灭弧。

高压负荷开关的类型较多,这里主要介绍一种应用最广的室内压气式高压负荷开关。

图 2-31 是 FN3-10RT 型室内压气式负荷开关的外形结构图。

由图 2-31 可以看出,上半部为负荷开关本身,外形与高压隔离开关类似,实际上它也就是在隔离开关的基础上加一个简单的灭弧装置。负荷开关上端的绝缘子就是一个简单的灭弧室,该绝缘子不仅起支柱绝缘子的作用,而且内部是一个气缸,装有由操作机构主轴传动的活塞,其作用类似打气筒。绝缘子上部装有绝缘喷嘴和弧静触头。

当负荷开关分闸时,在闸刀一端的弧动触头与绝缘子上的弧静触头之间产生电弧。由于分闸时主轴转动而带动活塞,压缩气缸内的空气而从喷嘴往外吹弧,使电弧迅速熄灭。当然分闸时还有迅速拉长电弧及电流回路本身的电磁吹弧的作用,加强了灭弧。但总的来说,负荷开关的断流灭弧能力是很有限的,只能分断一定的负荷电流和过负荷电流,因此负荷开关不能配置短路保护装置来自动跳闸,但可以装设热脱扣器用于过负荷保护。

FN3-10 型高压负荷开关的压气式灭弧装置工作示意图如图 2-32 所示。

高压负荷开关全型号的表示和含义如图 2-33 所示。

上述负荷开关一般配用 CS2 等型手动操作机构进行操作。图 2-34 是 CS2 型手动操作机构的外形及其与 FN3 型负荷开关配合的一种安装方式。

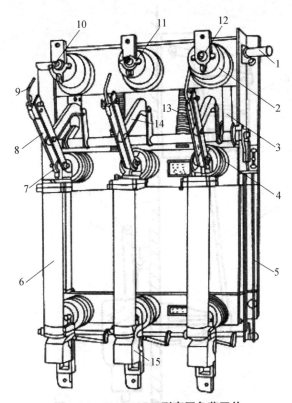
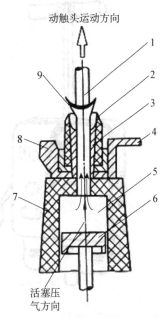

图 2-31 FN3-10RT 型高压负荷开关

1—弧动触头；2—绝缘喷嘴；3—弧静触头；
4—接线端子；5—气缸；6—活塞；
7—上绝缘子；8—主静触头；9—电弧

图 2-32 FN3-10 型高压负荷开关的压气式灭弧装置工作示意图

1—主轴；2—上绝缘子兼气缸；3—连杆；4—下绝缘子；
5—框架；6—RN1 型高压熔断器；7—下触座；
8—闸刀；9—弧动触头；10—绝缘喷嘴(内有弧静触头)；
11—主静触头；12—上触座；13—断路弹簧；
14—绝缘拉杆；15—热脱扣器

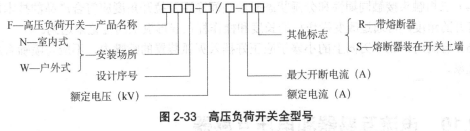

图 2-33 高压负荷开关全型号

2. 负荷开关的使用

（1）负荷开关合闸时，应使辅助刀闸先闭合，主刀闸后闭合；分闸时，应使主刀闸先断开，辅助刀闸后断开。

（2）在负荷开关合闸时，主固定触头应可靠地与主刀片接触；分闸时，三相灭弧刀片应同时跳离固定灭弧触头。

（3）灭弧筒内产生气体的有机绝缘物应完整无裂纹，灭弧触头与灭弧筒的间隙应符合要求。

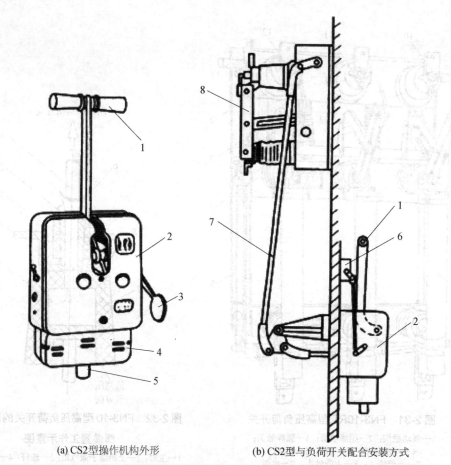

(a) CS2型操作机构外形　　　　　(b) CS2型与负荷开关配合安装方式

图 2-34　CS2 型手动操作机构的外形及其与 FN3 型负荷开关配合的一种安装方式
1—操作手柄；2—操作机构外壳；3—分闸指示牌（掉牌）；4—脱扣器盒；5—分闸铁芯；
6—辅助开关（联动触头）；7—传动连杆；8—负荷开关

（4）三相触头接触同期性和分闸状态时触头间净距及拉开角度应符合产品的技术规定。刀闸打开的角度，可通过改变操作杆的长度和操作杆在扇形板上的位置来达到。

（5）合闸时，在主刀闸上的小塞子应正好插入灭弧装置的喷嘴内，不应与喷嘴有剧烈碰撞的现象。

2.10　电流互感器和电压互感器

互感器是电力系统中一次系统和二次系统之间的联络元件，用以变换电压或电流，分别为测量仪表、保护装置和控制装置提供电压或电流信号，反映电气设备的正常运行和故障情况，分为电压互感器（TV）和电流互感器（TA）。电流互感器（又称为仪用变流器）。电压互感器（Voltage Transformer 或 Potential）又称为仪用变压器。它们合称仪用互感器，简称互感器。从基本结构和原理来说，互感器就是一种特殊变压器。

互感器的作用体现在以下几个方面。

（1）将一次回路的高电压和大电流变为二次回路的标准值。电压互感器的额定二次电压为100V或$100/\sqrt{3}$V，电流互感器的额定二次电流为5A、1A或0.5A。二次设备的绝缘水平可按低压设计，使测量仪表和继电保护装置标准化、小型化，结构轻巧、价格便宜。

（2）所有二次设备可用低电压、小电流的控制电缆来连接，使配电屏内布线简单、安装方便；便于集中管理，可以实现远距离控制和测量。

（3）二次回路不受一次回路的限制，接线灵活方便。对二次设备进行维护、调换以及调整试验时，不须中断一次系统的运行。

（4）使一次设备和二次设备实电气隔离。使二次设备和工作人员与高电压部分隔离，保证了设备和人身安全。二次设备出现故障也不会影响到一次侧，提高了一次系统和二次系统的安全性和可靠性。

（5）取得零序电流、电压分量供反应接地故障的继电保护装置使用。

2.10.1 电流互感器

1. 电流互感器的基本结构原理和接线方案

电流互感器的基本结构原理如图 2-35 所示。

结构特点：一次绕组匝数很少，导体相当粗，有的电流互感器（例如母线式）还没有一次绕组，而是利用穿过其铁芯的一次电路（如母线）作为一次绕组（相当于匝数为 1）；其二次绕组匝数很多，导体较细。接线特点：一次绕组串联在被测的一次电路中，而二次绕组则与仪表、继电器等的电流线圈串联，形成一个闭合回路。由于这些电流线圈的阻抗很小，因此电流互感器工作时其二次回路接近于短路状态。

电流互感器的一次电流 I_1 与其二次电流 I_2 之间有下列关系：

$$I_1 \approx \frac{N_2}{N_1} I_2 \approx K_i I_2 \qquad (2-7)$$

式中，N_1、N_2 分别为电流互感器一、二次绕组匝数；K_i 为电流互感器的电流比，一般表示为其一、二次的额定电流之比，即 $K_i = \dfrac{I_{1N}}{I_{2N}}$，例如 100A/5A。

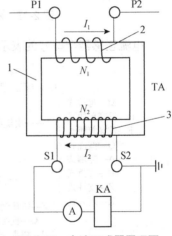

图 2-35 电流互感器原理图
1—铁芯；2——次绕组；3—二次绕组

电流互感器在三相电路中的几种常见接线方案如图 2-36 所示。

一相式接线 [图 2-36（a）]：电流线圈通过的电流，反映一次电路相应的电流。通常用于负荷平衡的三相电路如低压动力线路中，供测量电流、电能或接过负荷保护装置之用。

三相星形接线 [图 2-36（b）]：这种接线中的三个电流线圈，正好反映各相的电流，广泛用在负荷一般不平衡的三相四线制系统如低压 TN 系统中，也用在负荷可能不平衡的三相三线制系统中，作三相电流、电能测量和过电流继电保护之用。

两相 V 形接线 [图 2-36（c）]：也称为两相不完全星形接线。在继电保护装置中称为两相两继电器接线。这种接线在中性点不接地的三相三线制电路中（如 6~10kV 电路中），广泛用于测量三相电流、电能及作为过电流继电保护之用。由图 2-37 所示的相量图可知，两相

V形接线的公共线上的电流为 $I_a+I_b=-I_b$，反映的是未接电流互感器的一相电流。

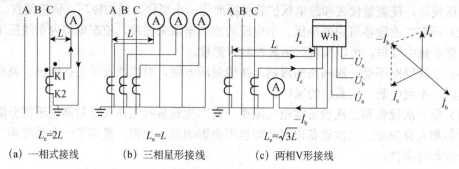

(a) 一相式接线　　　(b) 三相星形接线　　　(c) 两相V形接线

图 2-36　电流互感器的接线方案

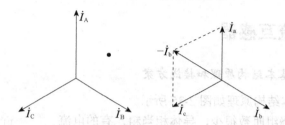

图 2-37　两相V形接线电流互感器的一、二次侧电流相量图

电流互感器全型号的表示和含义如图 2-38 所示。

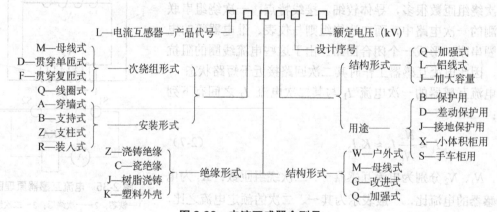

图 2-38　电流互感器全型号

（1）干式和浇注绝缘互感器

干式互感器适用于室内、低电压的互感器。

浇注式互感器广泛用于 10～20kV 级电流互感器。

例如：

① LDZ1-10、LDZJ1-10 型环氧树脂浇注绝缘单匝式电流互感器；

② LMZ1-10、LMZD1-10 型环氧树脂浇注绝缘单匝母线式电流互感器；

③ LFZB-10 型环氧树脂浇注绝缘有保护级复匝式电流互感器；

④ LQZ-35 型环氧树脂浇注绝缘线圈式电流互感器。

（2）油浸式电流互感器

5kV 及以上户外式电流互感器多为油浸式结构，主要由底座（或下油箱）、器身、储油柜

（包括膨胀器）和瓷套四大件组成。油浸式电流互感器的绝缘结构分：链型绝缘和电容型绝缘。链型绝缘用于63kV及以下互感器；电容型绝缘用于220kV及以上互感器。

例如：

① LCW-110型户外油浸式瓷绝缘电流互感器；

② LCLWD3-220型户外瓷箱式电流互感器；

③ L-110型串级式电流互感器。

（3）SF_6气体绝缘电流互感器

SF_6电流互感器有两种结构形式，一种是与SF_6组合电器（GIS）配套用的，另一种是可单独使用的，通常称为独立式SF_6电流互感器，这种互感器多做成倒立式结构。

（4）新型电流互感器简介

新型电流互感器按耦合方式可分为无线电电磁波耦合、电容耦合和光电耦合式。

光电式电流互感器性能最好，基本原理是利用材料的磁光效应或光电效应，将电流的变化转换成激光或光波，通过光通道传送，接收装置将收到的光波转变成电信号，并经过放大后供仪表和继电器使用。

非电磁式电流互感器的共同缺点是输出容量较小，需要较大功率的放大器或采用小功率的半导体继电保护装置来减小互感器的负荷。

2. 电流互感器的准确级

（1）测量用电流互感器的准确级

测量用电流互感器有一般用途和特殊用途（S类）两类。对于工作电流变化范围较大的线路及高压、超高压电网中，推荐采用带有S类测量级二次绕组的电流互感器。表2-1所示为测量用电流互感器在规定的二次负荷变化范围为（0.25～1）S_{2N}时的准确级和误差限值。

表2-1 测量用电流互感器准确级和误差限值

准确级	电流误差(±%) 在下列一次额定电流(%)时				相位差(±′) 在下列一次额定电流(%)时			
	1	5	20	100R120	1	5	20	100R120
0.2S	0.75	0.35	0.2	0.2	30	15	10	10
0.5S	1.5	0.75	0.5	0.5	90	45	30	30
0.1	—	0.4	0.2	0.1	—	15	8	5
0.2	—	0.75	0.35	0.2	—	30	15	10
0.5	—	1.5	0.75	0.5	—	90	45	30
1	—	3.0	1.5	1.0	—	180	90	60
3	在50%～120%额定电流时，电流误差为±3%，相位差不作规定							
5	在50%～120%额定电流时，电流误差为±5%，相位差不作规定							

（2）保护用电流互感器的准确级

保护用电流互感器按用途可分为稳态保护用（P）和暂态保护用（TP）两类。

① P类电流互感器。

通常220kV及以下系统，一般保护宜选用不考虑瞬态误差而只保证稳态误差的稳态保护用电流互感器（P 类）。

它的误差有两条要求：一是额定一次电流和额定二次负荷下的电流误差和相位差不超过规定值；二是在额定准确限值一次电流下的复合误差不超过规定限值。

复合误差 ε 定义为二次电流瞬时值 $K_i i_2$（已归算到一次侧）与一次电流瞬时值 I_1 之差的有效值，通常以一次电流有效值 I_1 的百分数表示，即

$$\varepsilon\% = \frac{100}{T} \sqrt{\frac{1}{T}\int_0^T \left(K_i i_2 - i_1\right)^2 \mathrm{d}t} \tag{2-8}$$

稳态用的 P 类包括 P、PR 类型。其中 PR 类是一种限制剩磁系数的"低剩磁保护级"电流互感器，常用于 220kV 变压器差动保护和 100～200MW 发电机变压器组及大容量电动机差动保护用的电流互感器。电流互感器的准确级常用的有 5P、10P 和 5PR、10PR。

标准规定：复合误差等于准确级限值的一次短路电流称为额定准确限值一次电流。而额定准确限值一次电流与额定一次电流的比值，称为额定准确限值系数，该系数标准值为 5、10、15、20、30 等，如某电流互感器的保护准确级表示为 5P 或 10P，而在误差限值之后可紧接着标出额定准确限值系数，如 5P15 与 10P20 中的 15 和 20。

P 类稳态保护电流互感器的误差限值如表 2-2 所示。

表 2-2　P 类稳态保护电流互感器的误差限值

准确级	电流误差(±%)	相位差(±′)	复合误差(%)
	在额定一次电流下		在额定准确限值一次电流下
5P、5PR	1.0	60	5.0
10P、10PR	3.0	—	10.0

② TP 类电流互感器。

暂态保护用 TP 类电流互感器的准确级常用的有 TPX、TPY、TPZ 三个级别，且 TP 类电流互感器的铁芯比 P 类的铁芯截面大许多倍，才能保证在瞬态过程中有一定的准确度。

TPX 级暂态保护型电流互感器在其环形铁芯中不带气隙，由于是闭合铁芯，静态剩磁较大，在短路暂态过程中，特别是在重合闸后的重复励磁下，铁芯容易饱和，致使二次电流畸变，暂态误差显著增大，故超高压系统主保护一般不采用 TPX 级，但因价廉，可用于某些后备保护。

TPY 级互感器的铁芯带有小气隙，气隙长度约为磁路平均长度的 0.05%，由于气隙使铁芯不易饱和，有利于直流分量的快速衰减，与 TPX 级电流互感受器相比，稳态误差略高，采用相应措施可达到同时满足稳态与暂态误差要求。因而，它在 330～500kV 线路保护、高压侧为 330～500kV 的降压变压器差动保护和 300MW 及以上发电机变压器组差动保护等回路中得到了最广泛的应用。

TPZ 级互感器的铁芯有较大气隙，气隙长度约为磁路平均长度的 0.1%，由于铁芯气隙较大，一般不易饱和，可显著改善互感器暂态特性，因此特别适合于有快速重合闸（无电流时间间隙不大于 0.3s）的线路上使用。TPZ 级互感器通常适用于仅反应交流分量的保护，由于不保证低频分量误差及励磁阻抗低，一般不宜用于主设备保护和断路器失灵保护。TP 类暂态保护电流互感器误差限值如表 2-3 所示。

表 2-3 TP 类暂态保护电流互感器误差限值

准确级	电流误差(%) 在额定一次电流下	相位差(′)	在准确限值条件下最大峰值瞬时误差(%)
TPX	±0.5	±30	10
TPY	±1	±60	10
TPZ	±1	180±18	10*

3. 电流互感器使用注意事项

（1）电流互感器在工作时其二次侧不得开路

电流互感器正常工作时，由于其二次回路串联的是电流线圈，阻抗很小，因此接近于短路状态。根据磁动势平衡方程式 $\dot{I}_1 N_1 - \dot{I}_2 N_2 = \dot{I}_0 N_1$ 可知，其一次电流 I_1 产生的磁动势 $I_1 N_1$，绝大部分被二次电流 I_2 产生的磁动势 $I_2 N_2$ 所抵消，所以总的磁动势 $I_0 N_1$ 很小，励磁电流（即空载电流）I_0 只有一次电流 I_1 的百分之几，很小。但是，当二次侧开路时，$I_2=0$，这时迫使 $I_0=I_1$，而 I_1 是一次电路的负荷电流，只决定于一次电路的负荷，与互感器二次负荷变化无关，从而使 I_0 要突然增大到 I_1，比正常工作时增大几十倍，使励磁磁动势 $I_0 N_1$ 也增大几十倍。这样将产生如下严重后果：①铁芯由于磁通量剧增而过热，并产生剩磁，降低铁芯准确度级；②由于电流互感器的二次绕组匝数远比一次绕组匝数多，所以在二次侧开路时会感应出危险的高压，危及人身和设备的安全。因此电流互感器工作时二次侧不允许开路。在安装时，其二次接线要求牢固可靠，且其二次侧不允许接入熔断器和开关。

（2）电流互感器的二次侧有一端必须接地

互感器二次侧有一端接地，是为了防止其一、二次绕组间绝缘击穿时，一次侧的高电压窜入二次侧，危及人身和设备的安全。

（3）电流互感器在连接时，要注意其端子的极性

按照规定，我国互感器和变压器的绕组端子，均采用"减极性"标号法。

所谓"减极性"标号法，就是互感器或变压器按图 2-39 所示接线时，一次绕组接上电压 U_1，二次绕组感应出电压 U_2。这时将一、二次绕组一对同名端短接，则在其另一对同名端测出的电压为 $U = |U_1 - U_2|$。

用"减极性"法所确定的"同名端"，实际上就是"同极性端"，即在同一瞬间，两个对应的同名端同为高电位，或同为低电位。

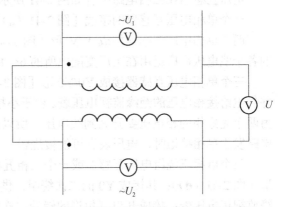

图 2-39 互感器和变压器的"减极性"判别法
U_1—输入电压；U_2—输出电压

GB 1208—2006《电流互感器》规定：一次绕组端子标 P1、P2，二次绕组端子标 S1、S2，其中 P1 与 S1、P2 与 S2 分别为对应的同名端。如果一次电流 I_1 从 P1 流向 P2，则二次电流 I_2 从 S2 流向 S1。

在安装和使用电流互感器时，一定要注意其端子的极性，否则其二次仪表、继电器中流过的电流就不是预想的电流，甚至可能引起事故。

2.10.2 电压互感器

1. 电压互感器的基本结构原理和接线方案

电压互感器的基本结构原理如图 2-40 所示。结构特点：一次绕组匝数很多，二次绕组匝数较少，相当于降压变压器。接线特点：一次绕组并联在一次电路中，而二次绕组则并联仪表、继电器的电压线圈。由于电压线圈的阻抗一般都很大，所以电压互感器工作时其二次侧接近于空载状态。二次绕组的额定电压一般为 100V。

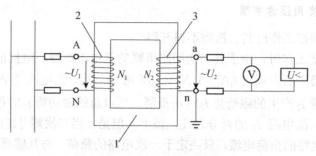

图 2-40 电压互感器原理图
1—铁芯；2——次绕组；3—二次绕组

电压互感器的一次电压 U_1 与其二次电压 U_2 之间有下列关系：

$$U_1 \approx \frac{N_1}{N_2}U_2 \approx K_u U_2 \tag{2-9}$$

式中，N_1、N_2 分别为电压互感器一、二次绕组的匝数；K_u 为电压互感器的电压比，一般表示为其额定一、二次电压比，即 $K_u = \dfrac{U_{1N}}{U_{2N}}$，例如 10000V/100V。

电压互感器在三相电路中有如图 2-41 所示的几种常见的接线方案。

一个单相电压互感器的接线 [图 2-41 (a)]：供仪表、继电器接于一个线电压。

两个单相电压互感器接成 V/V 形 [图 2-41 (b)]：供仪表、继电器接于三相三线制电路的各个线电压，广泛用在工厂变配电所的 6~10kV 高压配电装置中。

三个单相电压互感器接成 Y0/Y0 形 [图 2-41 (c)]：供电给要求线电压的仪表、继电器，并供电给接相电压的绝缘监视电压表。由于小接地电流电力系统在一次电路发生单相接地时，另两个完好相的相电压要升高到线电压，所以绝缘监视电压表要按线电压选择，否则在一次电路发生单相接地时，电压表有可能被烧毁。

三个单相三绕组电压互感器或一个三相五芯柱三绕组电压互感器接成 Y0 / Y0 /开口三角形 [图 2-41 (d)]：其接成 Y0 的二次绕组，供电给接线电压的仪表、继电器及接相电压的绝缘监视用电压表；接成开口三角形的辅助二次绕组，接电压继电器。一次电压正常时，由于三个相电压对称，因此开口三角形两端的电压接近于零。但当某一相接地时，开口三角形两端将出现近 100V 的零序电压，使电压继电器动作，发出信号。

电压互感器全型号的表示和含义如图 2-42 所示。

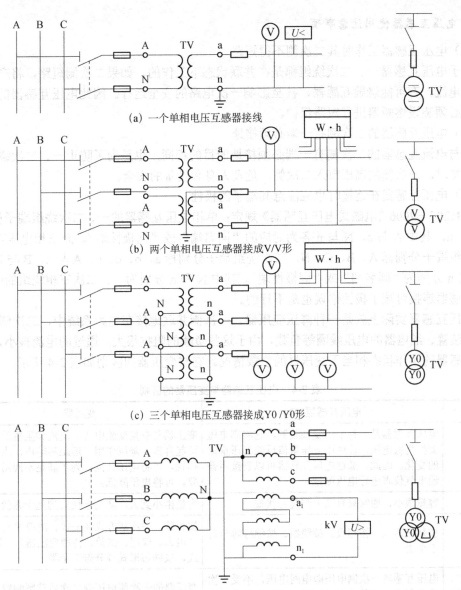

(a) 一个单相电压互感器接线

(b) 两个单相电压互感器接成V/V形

(c) 三个单相电压互感器接成Y0/Y0形

(d) 三个单相三绕组电压互感器或一个三相五芯柱三绕组电压互感器接成Y0/Y0/开口三角形

图 2-41 电压互感器的接线方案

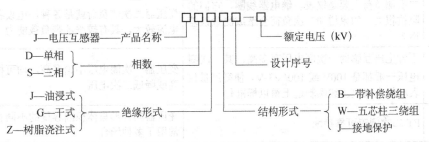

图 2-42 电压互感器全型号

2. 电压互感器使用注意事项

（1）电压互感器工作时其二次侧不得短路

由于电压互感器一、二次绕组都是在并联状态下工作的，如果二次侧短路，将产生很大的短路电流，有可能烧毁互感器，甚至影响一次电路的安全运行。因此电压互感器的一、二次侧都必须装设熔断器进行短路保护。

（2）电压互感器的二次侧有一端必须接地

这与电流互感器的二次侧有一端必须接地的目的相同，也是为了防止一、二次绕组间的绝缘击穿时，一次侧的高压窜入二次侧，危及人身和设备的安全。

（3）电压互感器在连接时也应注意其端子的极性

GB1207—2006《电磁式电压互感器》规定：单相电压互感器的一、二次绕组端子标以 A、N 和 a、n，其中 A 与 a、N 与 n 各为对应的"同名端"或"同极性端"。而三相电压互感器，一次绕组端子分别标 A、B、C、N，二次绕组端子分别标 a、b、c、n，A 与 a、B 与 b、C 与 c、N 与 n 分别为"同名端"或"同极性端"。其中 N 和 n 分别为一、二次三相绕组的中性点。电压互感器连接时端子极性错误也是不行的。

电压互感器实际上就是一种降压变压器。一次侧并联地接在电力系统中，二次侧可并接仪表、装置、继电器的电压线圈等负载，由于这些负载的阻抗很大，通过的电流很小，因此，电压互感器的工作状态相当于变压器的空载情况。它与变压器的区别如表 2-4 所示。

表 2-4 电压互感器与变压器的区别

区别	电压互感器(PT)	变压器
作用	电压互感器是一种电压变换装置，它将高电压变换为低电压，以便用低压量值反映高压量值的变化。因此，通过电压互感器可以直接用普通电气仪表进行电压测量	变压器是变换交流电压、电流和阻抗的器件。可起升压、降压作用（远距离输电，为了降低损耗，可将电压升高；为了满足不同用户的需要，可将电压降低）
容量	容量很小，通常只有几十到几百伏安	容量由小到大，从几十伏安到几十兆伏安不等
类型	按装设地点、按相数、按绕组、按绝缘等分若干个类	按相数、按冷却方式（干式、油浸式）、按用途（电力、仪用、试验、特种变压器）、按绕组形式、按铁芯形式等分若干个类
是否受二次负荷影响	电压互感器一次侧电压即电网电压，不受二次负荷影响，并且大多数情况下二次负荷是恒定的	变压器的一次侧电压受二次负荷影响较大，负荷大时系统电压会受到影响
二次侧负荷类型	二次侧负荷主要是仪表、继电器线圈，它们的阻抗很大。如果增加二次负荷会造成测量误差增大	变压器二次侧负荷就是各种用电设备，通过的电流较大，具有较强的带负载能力
二次侧电压	不管电压互感器一次侧电压有多高，其二次侧电压一般都是 100V 或 $100/\sqrt{3}$ V，使得测量仪表和继电器电压线圈制造上得以标准化	变压器一次侧电压不论多高，均可根据需要升高或降低二次电压
其他	PT 二次侧应可靠接地	变压器的外形与体积因容量的不同有时很大，常用于多种场合

复习思考题 2

1. 什么是一次设备？什么是二次设备？一次设备包括哪些？二次设备包括哪些？
2. 电弧产生的根本原因及条件。
3. 产生电弧的游离方式有哪几种？
4. 熄灭交流电弧的基本方法有哪些？
5. 简述高压断路器的作用。
6. 高压断路器应具有哪些基本功能？
7. 高压断路器有哪几类？
8. 高压断路器的技术参数有哪些？
9. 简述六氟化硫断路器的优缺点和使用要点。
10. 简述少油断路器的基本特点和使用要点。
11. 真空断路器的检查项目有哪些？
12. 高压隔离开关的用途是什么？
13. 断路器和隔离开关在结构和作用上有什么区别？
14. 当发生带负荷拉合隔离开关的误操作时，应如何处理？
15. 负荷开关和隔离开关在结构和作用上有什么区别？
16. 负荷开关在结构上应满足哪些要求？如何调整负荷开关以满足其要求？
17. 什么叫互感器，其作用是什么？
18. 电流互感器的特点是什么？运行中的电流互感器二次侧为什么不允许开路？
19. 电压互感器的特点是什么？运行中的电压互感器二次侧为什么不允许短路？
20. 电流互感器常见的接线方式有几种？各有何用途？

第3章 发电、变电和输电的电气部分

本章首先介绍300MW发电机电气主接线的特点及主要设备的性能，然后讲述了600MW发电机电气主接线的特点及主要设备的性能，1000MW发电机电气主接线的特点、主要设备的性能，数字化发电厂。最后在高压交流输变电系统中叙述了电网电压等级不断发展的原因，以及介绍我国500kV输变电系统、750kV超高压输变电工程、1000kV特高压输变电试验工程。

3.1 发电厂的电气部分

3.1.1 300MW发电机组电气部分

1. 电气主接线

300MW发电机组，采用发电机-变压器单元接线，如图3-1所示。变压器高压侧，经引线接入220kV系统。

300MW发电机组具有以下特点。

① 由图3-1发电机与主变压器的连接采用发电机-变压器单元接线，无发电机出口断路器和隔离开关。

② 在主变压器低压侧引接一台高压厂用变压器，供给厂用电。

③ 在发电机出口侧，通过高压熔断器接有三组电压互感器和一组避雷器。

④ 在发电机出口侧和中性点侧，每相装有电流互感器4只。

⑤ 发电机中性点接有中性点接地变压器。

⑥ 高压厂用变压器高压侧，每相装有电流互感器4只。

发电机和主变压器之间的连接母线及厂用分支母线均采用全连离相封闭母线。其具有以下优点。

① 供电可靠。封闭母线有效地防止了绝缘遭受灰尘等污秽和外物造成的短路。

② 运行安全。由于母线封闭在外壳中，且外壳接地，工作人员不会触及带电导体。

③ 基本消除了母线周围钢构件的发热。因为金属外壳的屏蔽作用，母线相间电动力大为减少。

④ 施工安装简便，运行维护工作量小。

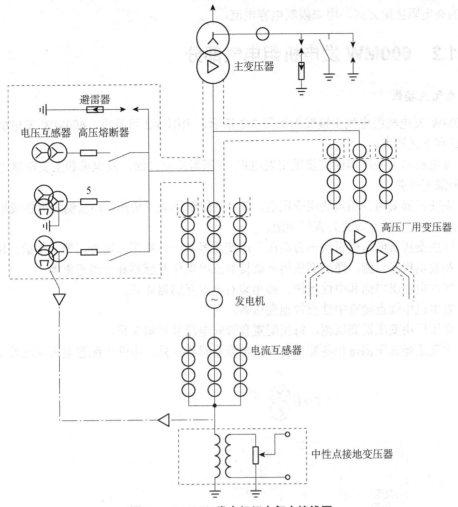

图 3-1　300MW 发电机组电气主接线图

2. 主要电气设备

（1）发电机，额定功率 300MW，额定电压 20kV，额定电流 10189A，$\cos\phi$=0.85，额定转速 3000r/min。

（2）主变压器，额定容量 360MV·A，额定电压 242±2×2.5%/20（kV），额定电流 858.9/10392.3（A），连接组号为 YNd11，ΔP_0=177kW，I_0%=0.3，ΔP_K=809kW，U_K%=11。

（3）高压厂用变压器，额定容量 40/20-20（MV·A），额定电压 20±2×2.5%/6.3-6.3（kV），连接组号为 Dd12-d12。

（4）电压互感器，JDZJ-20 型，变比 $\frac{20}{\sqrt{3}}/\frac{0.1}{\sqrt{3}}/\frac{0.1}{3}$（kV），JDZ-20 型，变比 $\frac{20}{\sqrt{3}}/\frac{0.1}{\sqrt{3}}$（kV）。

（5）高压熔断器，RN4-20 型，额定电压 20kV，额定电流 0.35A，最大开断电流有效值 20kA，三相最大开断容量 4500MV·A。

（6）电流互感器，LRD-20 型，变比 12000/5（A）。

（7）中性点接地变压器，形式为干式、单相，额定电压 20kV/0.23kV，额定容量 25kV·A，二次侧负载电阻为 0.5～0.6Ω，换算到变压器一次侧电阻值为 3781～4537Ω，可见发电机中性点实际为高电阻接地方式,用来限制电容电流。

3.1.2 600MW 发电机组电气部分

1. 电气主接线

600MW 发电机组电气主接线图如图 3-2 所示。由图 3-2 可看出,600MW 发电机组电气主接线具有下述特点。

① 发电机与主变压器的连接采用发电机-变压器单元接线,发电机和主变压器之间没有断路器和隔离开关。

② 主变压器采用三相双绕组变压器,低压侧绕组接成三角形,高压侧绕组接成星形。变压器高压侧中性点接地方式为直接接地。

③ 在主变压器低压侧引接一台高压厂用变压器和一台高压公用变压器,供给厂用电。

④ 在发电机出口侧,通过高压熔断器接有三组电压互感器和一组避雷器。

⑤ 在发电机出口侧和中性点侧,每相装有电流互感器 4 只。

⑥ 发电机中性点接有中性点接地变压器。

⑦ 高压厂用变压器高压侧,每相配置套管式电流互感器 3 只。

⑧ 主变压器高压侧每相各配置套管式电流互感器 3 只,中性点配置电流互感器 1 只。

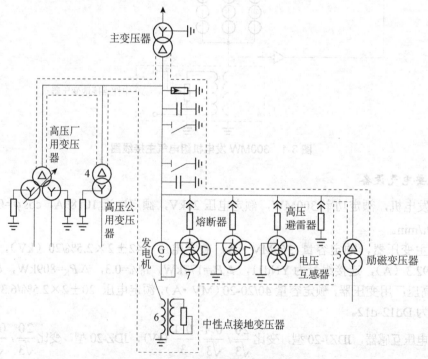

图 3-2 600MW 发电机组电气主接线图

变压器高压侧经引线接入 500kV,500kV 侧采用一个半断路器接线。由于额定电流为 19245A,单机容量为 600MW 的发电机采用全连离相封闭母线,主电路封闭母线为 $\phi 900\text{mm} \times 15\text{mm}$ 的圆管形铝导体,屏蔽外壳为 $\phi 450\text{mm} \times 10\text{mm}$ 的铝管,相间距离为 1800mm。厂用分支封闭母线为 $\phi 200\text{mm} \times 10\text{mm}$ 的圆管形铝导体,屏蔽外壳为 $\phi 750\text{mm} \times 5\text{mm}$ 的铝管,相间距离为1000mm。电压互感器及避雷器分支封闭母线为$\phi 150mm \times 10mm$的圆管形铝导体，屏蔽外壳为$\phi 750mm \times 5mm$的铝管，相间距离为1200mm。发电机回路电流互感器均套在发电机出线套管上，并吊装在发电机的出线罩上。

2. 主要电气设备

（1）发电机，额定功率600MW，额定电压20kV，额定电流19245A，$\cos\phi=0.9$，额定转速3000r/min。

（2）主变压器，三相双绕组变压器，额定容量720MV·A，额定电压550/20kV，调压范围$550/\sqrt{3}$（1-3×2.5%）(kV)，额定电流755.8/20784.6（A）(高压/低压)，连接组号为YNd11，ΔP_0=278.4kW，I_0%=0.12，ΔP_K=1280kW，U_K%=13.5。

（3）高压厂用变压器，额定容量50/31.5-31.5（MV·A），额定电压20±8×1.25%/6.3-6.3（kV），连接组号为Dyn1-yn1。

（4）电压互感器，JDZJ-20型，变比$\frac{20}{\sqrt{3}}/\frac{0.1}{\sqrt{3}}/\frac{0.1}{3}$（kV），JDZ-20型，变比$\frac{20}{\sqrt{3}}/\frac{0.1}{\sqrt{3}}$（kV）。

（5）高压熔断器，RN4-20型，额定电压20kV，额定电流0.35A，最大开断电流有效值20kA，三相最大开断容量4500MV·A。

（6）电流互感器，LRD-20型，变比12000/5A。

（7）中性点接地变压器，形式为干式、单相，额定电压20kV/0.23kV，额定容量25kV·A，二次侧负载电阻为0.5~0.6Ω，换算到变压器一次侧电阻值为3781~4537Ω，发电机中性点实际为高电阻接地方式，用来限制电容电流。

（8）避雷器，FCD2-20型。

3.1.3 1000MW发电机组电气部分

1. 电气主接线

1000MW发电机组，采用发电机-变压器单元接线，如图3-3所示。变压器高压侧，经隔离开关和引线接入500kV系统，500kV侧采用一个半断路器接线方式。

由图3-3可看出，1000MW发电机组电气主接线具有下述特点。

① 发电机与主变压器的连接采用发电机-变压器单元接线，发电机和主变压器之间没有断路器和隔离开关，但在主母线上设有可拆连接点。

② 发电机出口主封闭母线上有接地刀闸，母线接地刀闸能承受主回路动、热稳定的要求。接地刀闸附近有观察接地刀闸位置的窥视孔。

③ 主变压器采用三台单相双绕组油浸式变压器，低压侧绕组接成三角形，高压侧绕组接成星形。变压器高压侧中性点接地方式为直接接地。

④ 在主变压器低压侧引接两台容量相同的高压厂用变压器，供给厂用电。

⑤ 在发电机出口主封闭母线有短路试验装置，主回路T接引至电压互感器柜，通过高压熔断器接有三组三相电压互感器和一组避雷器。

⑥ 在发电机出口侧和中性点侧，每相装有套管式电流互感器4只。

⑦ 发电机中性点经隔离开关接有中性点接地变压器。

⑧ 高压厂用变压器高压侧，每相配置套管式电流互感器3只。

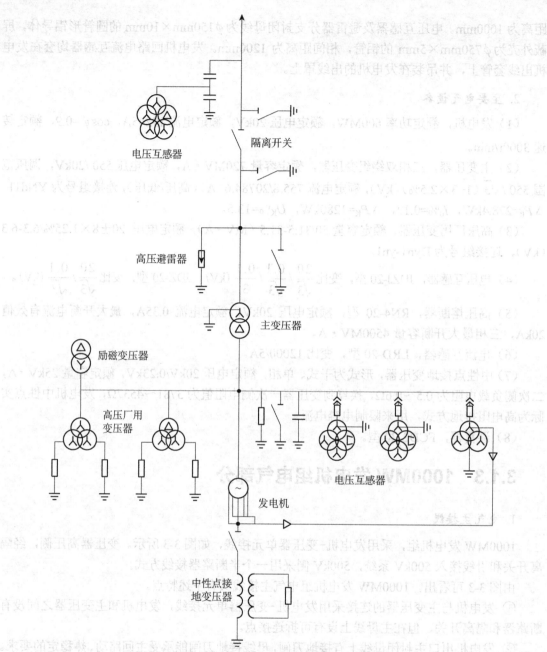

图 3-3 1000MW 发电机组电气主接线图

⑨ 主变压器高压侧每相各配置套管式电流互感器 4 只,中性点配置电流互感器 2 只。

2. 主要电气设备

(1) 发电机,额定功率 1008MW,额定电压 27kV,额定电流 23949A,$\cos\phi=0.9$ 滞后,额定转速 3000r/min。

(2) 主变压器,单相双绕组,额定容量 3×380(MV·A),额定电压 525/27(kV),额定电流 1254/14074(A)(高压/低压),调压范围 $525/\sqrt{3}$ (1±2×2.5%)(kV),连接组号为 YNd11, $\Delta P_0=125$kW, $I_0\%=0.15$, $\Delta P_K=396$kW, $U_K\%=18$。

(3)高压厂用变压器,额定容量 68/34-34MV·A,额定电压 27±2×2.5%/10.5-10.5(kV),连接组号为 Dyn1-yn1。

(4)电压互感器,TEMP-500IU 型单相、油浸、户外、电容式,变比 $\frac{500}{\sqrt{3}}/\frac{0.1}{\sqrt{3}}/\frac{0.1}{\sqrt{3}}/\frac{0.1}{\sqrt{3}}/0.1$ (kV),JDZJ-27 型,变比 $\frac{27}{\sqrt{3}}/\frac{0.1}{\sqrt{3}}/\frac{0.1}{\sqrt{3}}/\frac{0.1}{\sqrt{3}}$ (kV)。

(5)高压熔断器,RN4-20 型,额定电压 20kV,额定电流 0.35A,最大开断电流有效值 20kA,三相最大开断容量 4500MV·A。

(6)电流互感器,LRD-20 型,变比 30000/5A。

(7)中性点接地变压器,形式为干式、单相,额定电压 27kV/0.23kV,额定容量 100kV·A,二次侧负载电阻为 0.3Ω,用来限制电容电流。

3. 超超临界发电机组的特点与问题

前述 300MW 发电机组为亚临界火力发电机组,600MW 发电机组为超临界火力发电机组,1000MW 发电机组为超超临界火力发电机组。

超超临界火力发电机组和常规发电机组相比,具有无可比拟的优越性。但是,发展超超临界机组,在设计和制造方面还有许多关键技术问题有待解决,例如开发新材料就是关键的问题。

3.1.4 数字化发电厂

数字化发电厂是采用数字方式映射的物理电厂,把庞大的发电厂通过数字 0、1 精确地显示在电脑的桌面上。也就是说,从电厂前期可行性研究、设计、基建开始,到生产运营、企业管理的全过程,全部采用数字描述和数字化存储。

1. 数字化发电厂模式

数字化发电厂的模式有以下 5 种。

(1)基于上层网络模式(信息网络)

在仿真技术基础上,将生产实时数据、办公管理数据汇总,进行数字信息深度挖掘应用。

(2)基于下层网络模式(FCS 网络)

将发电机组大量测控功能下放到智能化现场总线控制系统(FCS)层面,从发电设备上直接采集设备数据工艺数据,上层采用工业以太网技术互联。厂级大连锁、大闭环、厂级控制、一键启动等仍然要采用 DCS 系统技术支撑,成组、机组、厂级优化需要在上层系统平台上实现。

(3)基于控制网络模式(DCS 网络)

现代发电厂几乎离不开 DCS 技术。传统的 DCS 基于热工自动化而发展,而新的 DCS 技术能够成功覆盖到电气领域,可以直接实现电厂"炉、机、电、辅"一体化网络控制,为基于 DCS 网络的数字化电厂模式打下了基础。基于 DCS 网络的数字化电厂的各项技术趋向成熟,预计近年会有实质性突破。

(4)上、中、下网络合一模式(3 层网络)

该模式具有 3 个网络层、2 个支持系统的数字化发电厂结构模型,其本质就是基于 DCS

网络的数字化电厂模式。3个网络层分别是直接控制层、管理一体化层和生产经营辅助决策层，2个支持系统是数据库支持系统和计算机网络支持系统。

（5）数字化发电厂5层网络模型

模型的基础技术是计算机技术，支持系统是信息化管理系统，每个层次的技术功能可以扩充、调整。

数字化发电厂的5层网络模型如下所述。

① 一次设备层：本层为发电厂"炉、机、电、辅"一次设备层。采用成熟的FCS数字化仪表或装置，直接采集发电厂主、辅设备状态数据和工艺系统的数据，在发电厂设备层直接数字化。

② DCS层：控制系统。本层为二次系统层。采用DCS控制系统，完成"锅炉、汽轮机、电气、辅机、网控"一体化网络控制系统，有效保持发电厂的生产监控、安全运营。

③ SIS层：优化增值。SIS有实时数据处理、机组厂级性能计算和优化分析2个核心功能。在生产数据层面采用运营优化技术，实现运营能效优化，建立科学数据评价系统，做到精细化运营管理，提供增值服务。

④ MIS层：高端信息。MIS的目标是建设覆盖全厂的计算机网络系统，形成一个数字化的传输网络，实现信息资源共享。在信息高端层面实现对电厂资产、常规运行的高端管理，对发电厂日常的采购、生产、销售进行实时的管理。

⑤ Internet层：网络媒体。数字化发电厂的最终目标是通过科学运营调度、竞价上网管理，降低生产成本，提高经济效益，增强市场竞争能力。电厂决策层可以随时随地（或异地）关注电厂运营情况，实时决策。

2. 实现数字化发电厂的核心技术

（1）采用成熟的FCS数字化仪表或装置。具有FCS功能的热工、电气、辅机仪表或装置有3个特征：智能内置在一次设备；在一次设备内开始数字化；通信采用现场总线技术。FCS将智能前移到生产设备层，就地完成设备和工艺系统数据测控功能，测控结果上传至上层网络。

（2）发电厂"炉、机、电、辅"DCS一体化控制和数字化升压站NCS。我国具有独树一帜的自主的数字化变电站技术，把这项数字化变电站技术引入到发电厂中将有助于实现数字化发电厂。

（3）数字化CCTV（工业）网络图像监视技术。CCTV图像监控给电厂控制提供了大量的生产现场的信息，还具有图像存档、火灾报警、红外成像测温、图像识别报警等功能，为发电厂的安全运营提供保障。

（4）厂级运营优化增值服务技术。数字化发电厂在原架构的SIS网络基础上，在厂级生产数据中心增加厂级运营优化增值服务功能，通过专用软件模块，做到厂级、系统级、设备级的耗差分析和能效对比，提高各个班组的运行水平，提升电厂运营的生产能效。

（5）信息层面的数字化高端应用。信息高端应用主要实现发电厂的资产管理、运行管理，以达到降低生产成本科学运营调度和竞价上网管理的目的。

（6）系统工程、软件技术、流程技术和先进的计算机辅助设计（CAD）、三维技术（3D）等其他技术。

3.2 高压交流输变电

3.2.1 高压交流输变电概述

影响输电电压等级的发展主要有以下原因。

1. 长距离输送电能

我们使用的电压是 220V,而输电网上的电压却远远高于这个数字,全世界目前使用的主干电网电压 500~750kV 超高压技术,它的传输距离是 700~1000km,输出端电压升得越高,传输的距离就越远,输送的电量就越大,传输途中电力的损耗也越小。技术专家们一直在寻求一种技术,让电网能够承载更高负荷的电压,即所谓的特高压,把发电厂发出的电压升到 1000kV 传输出去,将它的传输距离提升到 2000~3000km,相当于从新疆到山东的距离。有了特高压输电技术,就可能将现在长途跋涉运送的煤炭留在它的原产地,在当地就近建设发电厂,将电从空中运输到它的使用地。由于大容量发电厂的建设地点远离负荷中心,如果采用低压输电,势必造成输送功率的巨大浪费和电能质量的下降,因此,提高输电电压等级就成为必然的选择。不同电压等级的输送功率和输送距离的关系如表 3-1 所示。

表 3-1 不同电压等级的输送功率和输送距离

电压等级 (kV)	输送功率 (MW)	输送距离 (km)	电压等级 (kV)	输送功率 (MW)	输送距离 (km)
10	0.2~2	20~6	330	200~800	600~200
35	2~10	50~20	500	1000~1500	850~150
110	10~50	150~50	750	2000~2500	500 以上
220	100~500	300~100	1000	4000~5000	500 以上

从表 3-1 中可以看出,输电电压等级在逐步提高,由 10kV、35kV、110kV、220kV 到超高压 330kV、500kV,再到特高压 1000kV 电网。

2. 大容量输送电能

随着电力系统发电容量的增大,特别是大型坑口电站和核电站的投产,虽然输电距离不长,但输送容量很大,也需要采用较高的电压等级。

3. 节省基建投资和运行费用

如果以输送每千米每千瓦电力的线路造价作为单位造价,则在各级电压相应的经济输送容量范围内,线路的单位造价将随输送电压等级的升高而降低。在相同的输送容量和距离的条件下,输电线的总损耗(包括电阻损耗和电晕损耗)随输电电压等级的升高而降低。如表 3-2 所示,750kV 线路的线损率约为 330kV 线路的 1/2。

此外,输送相同容量电力的线路走廊的宽度,也随着采用电压等级的升高而降低。走廊用地在线路总造价中所占比重较大(如美国本部地区 500kV 线路占 15%~30%),为减少走廊占地费用,采用超高压输电也就在所难免。

表 3-2 电压等级与线损率的关系

电压等级(kV)	导线截面(mm²)	输送容量(MW)	线损率(%)
220	1×570	250	2.75
330	2×270	700	1.30
500	4×570	1200	0.95
750	4×570	2500	0.70

4. 电力系统互连

电力系统的发展，必然会打破历史形成的地方电力系统的局面，逐渐连成大区域或跨区域的联合电力系统。为了增强电网输送能力，提高系统的运行稳定性，大区电网间的连接多采用 500kV 或 750kV 超高压电压等级，甚至采用 1150kV 的特高压电压等级。

3.2.2 500kV 输变电系统

1. 500kV 变电站电气主接线

由于 500kV 变电站在电力系统中的地位非常重要，因此对 500kV 变电站可靠性要求较高。目前，我国 500kV 变电站的电气接线一般采用双母线四分段带专用旁路母线和 3/2 断路器两种接线方式。如图 3-4 所示，两组母线 W1 和 W2 间有两串断路器，每一串的三组断路器之间接入两个回路引出线，如 WL1、WL2，处于每串中间部位的断路器称为联络断路器（如 QF12），由于平均每条引出线装设一台半断路器，故称为一台半断路器接线。

2. 500kV 变电站主要电气设备

500kV 超高压变电站的主要电气设备有以下几项。

（1）主变压器

对于单机容量为 600MWD 的发电机组，采用发电机-变压器组单元接线，变压器容量约 700MV·A 并采用三相变压器，或接成三相组。

500kV 变电站的升压变压器主要技术数据如下。

① 形式：户外油浸三相变压器。
② 额定容量：755MV·A。
③ 额定电压：525±2×2.5%/20（kV）。
④ 额定电流：830/21800A（高压/电压/低压）。
⑤ 阻抗电压：13.32%。
⑥ 空载电流：0.114%。
⑦ 空载损耗：298.6kW。
⑧ 允许温升：绕组 60℃，油 55℃。
⑨ 冷却方式：强迫油循环风冷式。
⑩ 连接组号：YNd11。
⑪ 变压器质量：总质量 494t，油质量 8.7t，铁芯和绕组质量 347t，器身质量 6.0t。

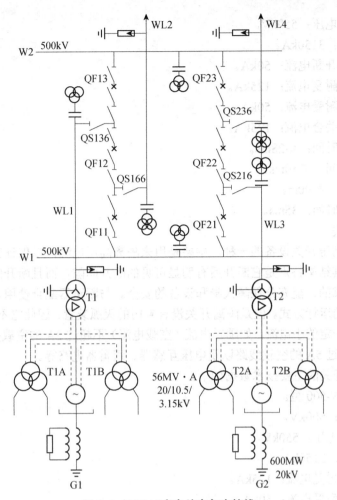

图 3-4　500kV 变电站电气主接线

（2）断路器

断路器文字符号为 QF，主要作用是不仅能通断正常的负荷电流，而且能接通和承受一定时间的短路电流，并能在保护装置作用下自动跳闸，切除短路故障，保证电力系统的可靠运行。

高压断路器按其采用的灭弧介质分，有油断路器、真空断路器、六氟化硫（SF_6）断路器及压缩空气断路器等。其中油断路器又分多油和少油两大类。多油断路器的油量多，其油一方面作为灭弧介质，另一方面又作为相对地（外壳）甚至相与相之间的绝缘介质。少油断路器的油量很少（一般只有几千克），其油只作为灭弧介质，其外壳通常是带电的。过去，35kV及以下的室内配电装置中大多采用少油断路器。而现在大多采用真空断路器，也有的采用六氟化硫断路器，压缩空气断路器一直应用很少。SF_6 断路器灭弧能力强，开断容量大，熄弧性能好，在超高压输电网占据了绝对领先的地位，目前，我国 500kV 断路器全部使用 SF_6 断路器。下面分别介绍我国以往广泛应用的典型的 SN10-10 型室内少油断路器及现在应用日益广泛的真空断路器和六氟化硫断路器。

500kV SF_6 断路器的主要技术数据如下。

① 型号：LW6-500 型。

② 额定电压：500kV。

③ 最高工作电压：550kV。
④ 额定电流：3150kA。
⑤ 额定短路开断电流：50kA。
⑥ 额定峰值耐受电流：125kA。
⑦ 额定短时耐受电流：50kA。
⑧ 额定短路关合电流：125kA。
⑨ 固有分闸时间：≤28ms。
⑩ 全开断时间：≤50ms。
⑪ 合闸时间：≤90ms。
⑫ 金属短接时间：35ms。

（3）隔离开关

隔离开关是高压开关设备的一种，主要是用来隔离高压电源，以保证其他设备和线路的安全检修。因此其结构特点是它断开后有明显可见的断开间隙，而且断开间隙的绝缘及相间绝缘都是足够可靠的，能充分保障人身和设备的安全。与断路器配合使用，进行倒闸操作，以改变系统接线的运行方式。但是隔离开关没有专门的灭弧装置，因此它不允许带负荷操作。然而可用来通断一定的小电流，如励磁电流（空载电流）不超过 2A 的空载变压器，电容电流（空载电流）不超过 5A 的空载线路以及电压互感器、避雷器电路等。

500kV 隔离开关的主要技术数据如下。

① 型号：GW-500 型。
② 额定电压：500kV。
③ 最高工作电压：550kV。
④ 额定电流：3150kA。
⑤ 额定峰值耐受电流：125kA。
⑥ 额定短时耐受电流：50kA。
⑦ 开断容性电流：2A。
⑧ 分、合闸时间：6.4s±1s。

（4）电压互感器

电压互感器又称为仪用变压器，是将高电压转换成低电压，供各种设备和仪表用的设备。主要用途有：供电量结算用，要求 0.2 级准确度等级，但输出容量不大；用作继电保护的电压信号源，要求准确度等级一般为 0.5 级及 3P 级，输出容量一般较大；用作合闸或重合闸检查同期、检测无压信号，要求准确度等级一般为 1.0 级和 3.0 级。电压互感器分为电磁式和电容式两大类。500kV 使用的电容式电压互感器最多。电压互感器一般可做到四绕组式，同时具有上述三种功能。

（5）电流互感器

电流互感器是专门用作变换电流的特种变压器。又称为仪用变流器。其一次绕组串联在输电线路中，线路的电流就是互感器的一次电流，二次绕组接有测量仪表和保护装置，作为二次绕组的负荷。二次绕组输出电流额定值一般为 5A 或 1A。

互感器的功能是用来使仪表、继电器等二次设备与主电路绝缘，这既可避免主电路的高电压直接引入仪表、继电器等二次设备，又可防止仪表、继电器等二次设备的故障影响主电路，提高一、二次电路的安全性和可靠性，并有利于人身安全；用来扩大仪表、继电器等二次设备的应用范围。例如用一只 5A 的电流表,通过不同变流比的电流互感器就可测量任意大的电流。同样,用一只 100V 的电压表,通过不同电压比的电压互感器就可测量任意高的电压。而且由于采用了互感器,可使二次仪表、继电器等设备的规格统一,有利于设备的批量生产。

(6) 避雷器

高压避雷器分为阀型避雷器、管型避雷器和氧化锌避雷器,前两种统称为碳化硅避雷器。高压避雷器是用来限制作用于线路绝缘和变电所绝缘上的大气过电压。避雷器的主要元件是火花间隙,它把工作导线和地隔开。幅值很高的进行波使火花间隙动作,从而把过电压波截断。同时它还要熄灭随着冲击波击穿而流过火花间隙的工频续流电弧。

氧化锌避雷器具有无间隙、无续流、残压低等优点,500kV 系统大量采用氧化锌避雷器作为过电压保护。

3.2.3 750kV 超高压输变电工程

超高压输电包括 500kV 输变电系统,此外,还包括 330kV 和 750kV 输电网。

1972 年我国第一回 330kV 线路正式投入运行,该线路经甘肃泰安变电站至陕西省关中地区汤峪变电站,全长 534km,是为了使刘家峡水电厂的电力送入西北电力系统,揭开了我国超高压输电史的第一页。以刘家峡水电厂为中心的西北 330kV 系统,不仅使我国的输电电压等级从高压跃升到超高压,而且促进了我国电力设备制造和运行管理水平的提高,为后来的 500kV 和 750kV 输变电发展打下了坚实的基础。

由河南省姚孟电厂经双河向武汉送电的我国第一回 500kV 线路[平(顶山)武(汉)线],全长 595km,于 1981 年在华中电力系统建成并投入运行。随后东北、华北、华东等大区电力系统也相继建设了多条 500kV 线路,在消化引进国外 500kV 输电技术的基础上,我国已能成批生产 500kV 输变电设备。目前我国已经建成的华中、华东、华北、东北、南方电力系统,都是以 500kV 网络作为其主干网络,跨大区电力系统互联也采用 500kV 交流输电技术。

2005 年 9 月 26 日,西北 750kV 官亭至兰州东输变电工程正式投产运行,标志着我国电网建设和输变电设备制造水平跨入世界先进行列。

750kV 输变电示范工程主要包括 750kV 青海官亭至甘肃兰州东输变电线路工程、750kV 青海官亭变电站新建工程和 750kV 甘肃兰州变电站新建工程。750kV 输变电示范工程示意图如图 3-5 所示。

750kV 官亭—兰州东输电线路:线路起自 750kV 官亭变电站,经过青海、甘肃,止于兰州东变电站,为单回线路架设,全长 140.708km,导线采用 6*LGJ—400/50 钢芯铝绞线和 6*LGJK—300/50 钢芯铝绞线(扩经导线)。

750kV 兰州东变电站:主变压器容量为 1*1500MV·A,750kV 出线一回,330kV 出线 5 回,66kV 低压电抗器 2*60Mvar;750kV 系统采用一个半断路器接线,一线一变,线变组接线,安装一台断路器,出线装设隔离开关。

750kV 官亭变电站:主变压器容量为 1*1500MV·A,另设备用相一台;750kV 出线一回,750kV 高压电抗器 1*300Mvar,另设备用相一台;330kV 出线 8 回;66kV 低压电抗器 2*60Mvar。750kV 系统采用一个半断路器接线,一线一变,线变组接线,安装一台断路器,出线装设隔离开关。

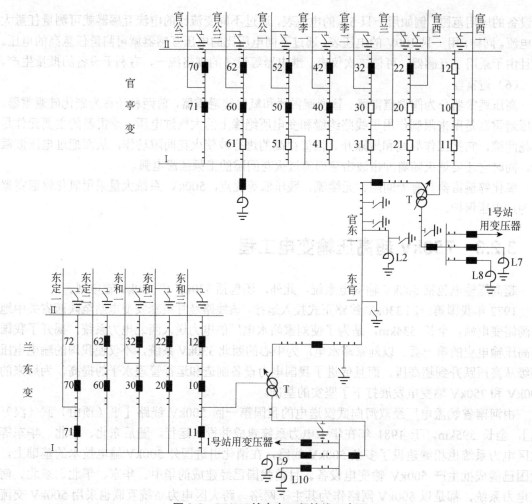

图 3-5 750kV 输变电工程接线示意图

超高压输变电网的发展，进一步显示了超高压的作用。750kV 官亭至兰州东输变电示范工程的建成运行，不仅是我国电网输变电电压等级的一次历史性跨越，而且对加强西电东送北通道建设，加快黄河水电和新疆、宁夏、陕北火电外送起到重要作用；进一步提高了电网输送能力，提高了系统运行稳定性，在大区电力系统内各省网之间、跨大区电力系统间起到了电力余缺调节、水电和火电互补、事故时互相支援的作用。此外，通过在山西、内蒙古等省（区）煤炭基地建设坑口发电厂，变输煤为输电，大大减轻铁路运输压力，对国民经济发展具有深远的意义。

3.2.4 1000kV 特高压输变电试验工程

1. 1000kV 特高压试验工程规模

2006 年 8 月 19 日，特高压试验示范工程 1000kV 晋东南—南阳—荆门工程正式奠基，这是我国首个特高压交流试验示范工程。该试验示范工程包括三站两线，起于山西长治境内的晋东南变电站，经河南南阳境内的南阳开关站，止于湖北荆门境内的荆门变电站，线路全长

653.8km。系统额定电压为1000kV，最高运行电压1200kV，自然输送功率约500万kW。

2. 1000kV 特高压电网的主要特点

（1）输送容量大，送电距离长。1000kV 交流线路输送的自然功率约为 500kV 线路的 5 倍，接近 500 万 kW，输送能力强。1000kV 交流线路的送电距离在输送相同功率的情况下，可以达到 500kV 线路的 4 倍，送电距离长。采用 1000kV 特高压输电，可以实现长距离大容量输电，促进跨大区、跨流域水火互济和更大范围资源优化配置提供网架支持。

（2）工程投资省，节省土地资源，线路损耗低。根据有关部门的统计，使用 1000kV 特高压输电方案的单位输送容量综合造价约为 500kV 超高压输电方案的 73%，节省工程投资的效益显著。对于 1000kV 交流特高压输电，考虑电磁环境影响后，单位走廊输送能力约为同类型 500kV 交流线路的 3 倍，可大大提高利用率，节省土地资源。在导线总截面、输送容量均相同的情况下，1000kV 特高压输电线路的电阻损耗是 500kV 超高压输电线路的 1/4。因此，在距离为 1000km 左右的大容量输电条件下，1000kV 特高压输电网的经济性优于 500kV 超高压输电网。

（3）联网能力强。建设大型同步互联电网，可增强电网承受失去大电源和大直流系统闭锁等的冲击能力，避免出现 500kV 交流线路连接大区电网存在的低频振荡问题。

（4）可解决 500kV 电网短路电流超标问题。

（5）特高压同步电网覆盖范围大，连接多个电源基地和负荷中心，潮流方式变化大，运行控制和安全稳定控制相对比较复杂，技术要求高。

特高压同步电网形成规模后，可以取得良好的经济效益和社会效益，并且具有抑制电价上涨的作用。因此，良好的经济性是推动特高压交流输电技术在我国应用的重要因素。

3. 特高压输电具有良好的经济效益

（1）减少装机，节约投资。建设 1000kV 特高压骨干网架，在华北、华中和华东地区形成交流同步电网，通过发挥互为备用、水火互济等联网效益，与 500kV 电网相比，可减少装机容量约为 2000 万 kW，节约社会投资约 800 亿元。

（2）降低燃煤成本。由于煤炭基地与用电负荷中心煤价不同，与各负荷中心直接发电相比，在煤炭基地发电通过特高压送往负荷中心使得全社会每年燃煤成本降低约 240 亿元。

（3）降低短路电流，避免更换 500kV 断路器。根据计算分析，如不建设特高压电网，到 2020 年，华北、华中和华东电网的多座变电站需要大量更换断路器等变电设备。建成特高压电网后，500kV 电网短路水平大幅下降，可避免大量更换断路器等设备，减少投资。

（4）充分利用水电资源，减少弃水。建成特高压电网，形成华北—华中—华东同步电网，可以充分利用水电资源，避免弃水，减少发电燃煤消耗，降低电力成本。

（5）特高压输电将抑制电价上涨。晋陕蒙宁煤炭基地通过特高压交流输电到京津冀、华中和华东的电价均低于受电地区的平均上网电价，也就是说，各电力负荷中心地区通过特高压交流电网向煤炭基地购电比本地购电更便宜，有效抑制电价上涨。

4. 特高压输电将取得巨大的社会效益

（1）节约土地资源。近年来，站址、输电线路走廊越来越紧张，输变电工程建设拆迁等本体建设以外的费用大幅增长。一条交流 1000kV 特高压线路的传输能力相当于 4~5 条交流

500kV 超高压线路的传输能力，从土地资源的利用率来看，特高压单位走廊输送能力约为同类型 500kV 线路的 3 倍，可显著地减少输电线路回路数，节约了宝贵的土地资源。

（2）有利于煤炭资源的集约化开发和利用。目前，我国煤炭采出率低，煤质差，煤炭入洗率有待提高，同时还存在煤炭产业集中度低、产业链短等问题。建设特高压电网有利于解决煤炭行业目前存在的问题。

（3）减少环境造成的经济损失，取得环保效益。燃煤电厂的大气污染排放对环境造成的损失与所在地区的人口、经济发展状况有关，人口密度大、经济水平高造成的损失也越大。建设特高压电网，将西南水电和晋陕蒙宁煤电，大规模向中东部负荷中心送电相应减少中东部煤电建设，有利于改善人口密集地区的环境质量。

（4）减轻铁路运输压力，有效缓解煤电运输紧张的局面。电网是能源输送的空中运输网络，铁路是交通运输的地面网络，二者在空间上存在互补性。

复习思考题 3

1. 什么是电气主接线？什么是配电装置？
2. 简述 300MW 发电机组电气接线的特点及主要设备的功能。
3. 简述 600MW 发电机组电气接线的特点及主要设备的功能。
4. 简述 1000MW 发电机组电气接线的特点。
5. 简述 500kV 变电站电气主接线形式及其特点。
6. 简述交流 750kV 输变电工程的特点及作用。
7. 影响输电电压等级发展的因素有哪些？

第4章 导体的发热与电动力

本章首先讲述了导体的发热与电动力常用计算的基本理论和方法，短路引起的效应，载流导体的发热、电动力理论；然后叙述导体载流量和短时发热温度的计算方法，并分别对三相导体的受力进行分析，得出中间导体受到的电动力为最大的结论；最后说明导体共振对电动力的影响。

4.1 导体发热和散热的计算

供电系统中发生短路时，短路电流是相当大的。如此大的短路电流通过电器和导体，一方面要产生很大的电动力，即电动效应；另一方面要产生很高的温度，即热效应。这两种短路效应，对电器和导体的安全运行威胁极大，因此这里要研究短路电流的效应及短路稳定度的校验问题。

1. **引起导体和电器发热的原因**
① 当电流通过导体时，在导体电阻中所产生的电阻损耗。
② 绝缘材料在电压作用下所产生的介质损耗。
③ 导体周围的金属构件，特别是铁磁物质，在电磁场作用下，产生的涡流和磁滞损耗。

2. **发热对导体和电气设备的影响**
① 使绝缘材料的绝缘性能降低。有机绝缘材料长期受到高温作用，将逐渐老化，以致失去弹性和降低绝缘性能。
② 使金属材料的机械强度下降。当使用温度超过规定允许值后，由于退火，金属材料机械强度将显著下降。
③ 使导体接触部分的接触电阻增加。

3. **最高允许温度**
为了保证导体在长期发热和短时发热作用下能可靠、安全地工作，应使其发热的最高温度不超过导体的长期发热和短时发热最高允许温度。
① 导体的正常最高允许温度，一般不超过+70℃。
在计及太阳辐射（日照）的影响时，钢芯铝绞线及管形导体，可按不超过+80℃来考虑；

当导体接触面处有镀（搪）锡的可靠覆盖层时，允许提高到+85℃；当有银的覆盖层时，可提高到95℃。

② 导体通过短路电流时，短时最高允许温度可高于正常最高允许温度，对硬铝及铝锰合金可取200℃，硬铜可取300℃。

导体发热和散热的计算过程。

1. 导体发热的计算

发热包括导体电阻损耗热量的计算和太阳日照热量的计算。

（1）导体电阻损耗产生的热量

单位长度（1m）导体的交流电阻：

$$R_{ac} = R_{dc} K_f = \frac{\rho[1+\alpha_t(\theta_W-20)]}{S} K_f \quad (4-1)$$

式中，θ_W 为导体的运行温度；R_{dc} 为 1000m 长导体在 20℃的直流电阻；S 为导体截面积；ρ 为材料电阻率。

材料电阻率 ρ 与电阻温度系数见表 4-1。

表 4-1　电阻率 ρ 及电阻温度系数

材料名称	ρ（Ω·mm²/m）	α_t（℃⁻¹）
纯铝	0.02800	0.00410
铝锰合金	0.03790	0.00420
铝镁合金	0.04580	0.00420
铜	0.01790	0.00385
钢	0.13900	0.00455

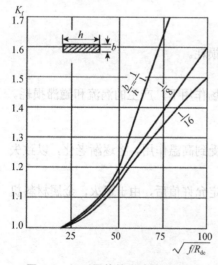

图 4-1　矩形导体的集肤效应系数

导体的集肤效应系数 K_f 与电流的频率、导体的形状和尺寸有关。矩形截面导体的集肤效应系数，如图 4-1 所示，图中 f 为电流频率。

圆柱及圆管导体的集肤效应系数 K_f 如图 4-2 所示。其中 f 为电源频率，R_{dc} 为 1000m 长导体的直流电阻。

单位长度（1m）的导体，通过母线电流有效值为 I_W（A）的交流电流时，由电阻损耗产生的热量，可用式（4-2）计算：

$$Q_R = I_W^2 R_{dc} \quad (4-2)$$

（2）太阳日照（辐射）的热量

太阳照射（辐射）的热量也会造成导体温度升高，安装在屋外的导体，一般应考虑日照的影响，圆管形导体吸收的太阳日照热量：

$$Q_S = E_S A_S D \quad (4-3)$$

我国取太阳辐射功率密度 $E_S=1000\text{W/m}^2$；取铝管导体的吸收率 $A_S=0.6$；D 为导体的直径（m）。

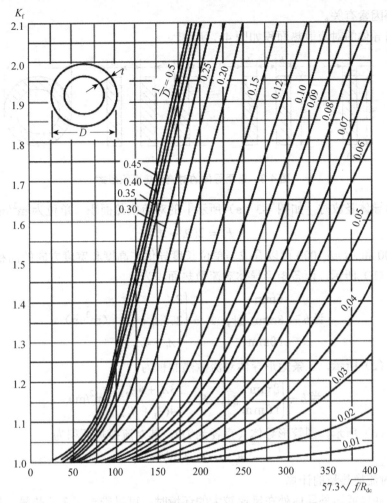

图 4-2 圆柱及圆管导体的集肤效应系数

2. 导体散热的计算

热量传递有三种方式：对流、辐射和传导。导体的散热过程主要是对流和辐射。空气的热传导能力很差，导体的传导散热可忽略不计。

（1）对流换热量的计算

由气体各部分发生相对位移将热量带走的过程，称为对流。由传热学可知，对流换热量与导体对周围介质的温升及换热面积成正比：

$$Q_C = \alpha_C (\theta_w - \theta_0) F_C \tag{4-4}$$

对流换热系数 α_C 的计算如下。

① 自然对流换热量的计算。

屋内空气自然流动或屋外风速小于 0.2m/s，属于自然对流换热。此种情况的对流换热系数计算如下。

$$\alpha_C = 1.5(\theta_w - \theta_0)^{0.35} \tag{4-5}$$

单位长度导体的对流换热面积 F_C 是指有效面积，它与导体形状、尺寸、布置方式和多条导体的间距等因素有关。

几种常用导体的对流散热面积如图 4-3 所示。

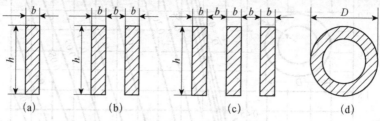

图 4-3 常用导体的对流散热面积形式

单条矩形导体竖放时［如图 4-3（a）所示］的对流换热面积（单位为 m^2/m）为

$$F_C = 2(A_1 + A_2) \tag{4-6}$$

$A_1 = h/1000$ 和 $A_2 = b/1000$ 可以看成是单位长度导体在高度和宽度方向的面积。

如图 4-3（b）所示，两条矩形导体对流散热面积为

$$当 b = \begin{cases} 6mm \\ 8mm \\ 10mm \end{cases} 时，F_1 = \begin{cases} 2A_1 \\ 2.5A_1 + 4A_2 \\ 3A_1 + 4A_2 \end{cases} (m^2/m) \tag{4-7}$$

如图 4-3（c）所示，三条矩形导体对流散热面积为

$$当 b = \begin{cases} 8mm \\ 10mm \end{cases} 时，F_1 = \begin{cases} 3A_1 + 4A_2 \\ 4(A_1 + A_2) \end{cases} (m^2/m) \tag{4-8}$$

如图 4-3（d）所示，圆管形导体（直径为 D），其对流换热面积为

$$F_C = \pi D \ (m^2/m) \tag{4-9}$$

② 强迫对流换热量的计算。

屋内人工通风或屋外导体处在风速较大的环境时，可以带走更多的热量，属于强迫对流换热。圆管形导体的对流换热系数为

$$\alpha_C = \frac{N_u \lambda}{D} \beta = 0.13 \left(\frac{VD}{\nu}\right)^{0.65} \times \frac{\lambda}{D} \beta \tag{4-10}$$

当空气温度为 20℃时，空气的导热系数为

$$\lambda = 2.52 \times 10^{-2} \tag{4-11}$$

当空气温度为 20℃时，空气的运动黏度系数（ν 读"纽"）为

$$\nu = 15.7 \times 10^{-6} \tag{4-12}$$

式中，V 为风速（m/s）。

风向与导体不垂直的修正系数 $\beta = A + B(\sin\phi)^n$。

当 $0° < \phi \leq 24°$ 时，$A=0.42$，$B=0.68$，$n=1.08$；

当 $24° < \phi \leq 90°$ 时，$A=0.42$，$B=0.58$，$n=0.9$。

单位长度圆管形导体的对流换热面积 $F_C = \pi D$。

（2）辐射换热量的计算

根据斯蒂芬-玻尔兹曼定律，导体向周围空气辐射的热量为

$$Q_\tau = 5.7\varepsilon\left[\left(\frac{273+\theta_W}{100}\right)^4 - \left(\frac{273+\theta_0}{100}\right)^4\right]F_\tau \qquad (4\text{-}13)$$

式中，θ_W、θ_0——导体温度和周围空气温度（℃）；

ε——导体材料的辐射系数（又称黑度系数），磨光的表面小，粗糙或涂漆的表面大见表 4-2；

F_τ 为单位长度导体的辐射换热热表面积（m^2/m），计算时参见图 4-4。

表 4-2 导体材料的黑度系数

材　料	辐射系数	材　料	辐射系数
绝对黑体	1.00	氧化了的钢	0.80
表面磨光的铝	0.040	有光泽的黑漆	0.82
氧化了的铝	0.20~0.30	无光泽的黑漆	0.91
氧化了的铜	0.60~0.70	各种颜色的油漆，涂料	0.92~0.96

如图 4-4（a）所示，单条矩形导体的辐射散热表面积为

$$F_\tau = 2(A_1 + A_2) \qquad (4\text{-}14)$$

如图 4-4（b）所示，两条矩形导体内侧缝隙间的面积仅有一部分能起向外辐射作用。故两条矩形导体的辐射散热表面积为

$$F_\tau = 2A_1 + 4A_2 + 2A_1(1-\phi) \qquad (4\text{-}15)$$

三条矩形导体的辐射表面积，可按两条导体相同理由求得

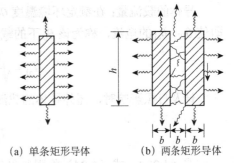

(a) 单条矩形导体　　(b) 两条矩形导体

图 4-4　导体的辐射散热形式

$$F_\tau = 2A_1 + 6A_2 + 4A_1(1-\phi) \qquad (4\text{-}16)$$

圆管导体的辐射散热表面积为

$$F_\tau = \pi D \qquad (4\text{-}17)$$

4.2　导体的长期发热与载流量

依据能量守恒定律，导体发热过程中一般的热量平衡关系为

发热量=导体升高温度所需热量+散热量

即

$$Q_R + Q_S = Q_C + Q_\tau \qquad (4\text{-}18)$$

式中，Q_R 为单位长度导体电阻损耗的热量（W/m）；Q_S 为单位长度导体吸收太阳辐射的热量（W/m）；Q_C 为单位长度导体的对流散热量（W/m）；Q_τ 为单位长度导体向周围介质辐射的散热量（W/m）。研究长期发热的目的是计算导体的载流量。

1. 长期发热的特点

长期发热的特点是导体产生的热量与散失的热量相等，其温度不再升高，能够达到某一个稳定温度。不计太阳日照热量，导体长期发热过程中的热量平衡关系为

$$Q_R = Q_C + Q_\tau \tag{4-19}$$

用一个总换热系数来代替两种换热的作用：

$$I^2 R = Q_C + Q_\tau = \alpha(\theta_W - \theta_0)F \tag{4-20}$$

则在空气温度 θ_0 下，使导体稳定温度等于 θ_W 的容许电流值为

$$I = \sqrt{\frac{Q_C + Q_\tau}{R}} = \sqrt{\frac{\alpha F(\theta_W - \theta_0)}{R}} \tag{4-21}$$

在环境温度 θ_0 下，导体中通过电流 I 所引起导体升高的温度 θ_W 为

$$\theta_W = \theta_0 + I^2 R / (\alpha F) \tag{4-22}$$

2. 导体的载流量

导体的载流量：在额定环境温度 θ_0 下，使导体的稳定温度正好为长期发热最高允许温度，即使 $\theta_W = \theta_{al}$ 的电流，称为该 θ_0 下的载流量（或长期允许电流），即

$$I_{al} = \sqrt{\frac{Q_C + Q_\tau}{R}} = \sqrt{\frac{\alpha F(\theta_{al} - \theta_0)}{R}} \tag{4-23}$$

计及日照影响时，屋外导体的载流量为

$$I_{al} = \sqrt{\frac{Q_C + Q_\tau - Q_S}{R}} \tag{4-24}$$

式（4-23）、式（4-24）将限制导体长期工作电流的条件从温度转化为电流。我国生产的各类导体截面已标准化，有关部门已经计算出其载流量，选用导体时只须查表即可。

当实际环境温度 θ 与额定环境温度 θ_0 不同时，应对导体的载流量进行修正，如：

$$I_{al\theta} = \sqrt{\frac{Q_C + Q_\tau}{R}} = \sqrt{\frac{\alpha F(\theta_{al} - \theta)}{R}} \tag{4-25}$$

将式（4-23）、式（4-24）两边相除，可得出实际环境温度为 θ 时的载流量为

$$I_{al\theta} = I_{al} \sqrt{\frac{\theta_{al} - \theta}{\theta_{al} - \theta_0}} \tag{4-26}$$

提高导体载流量的措施。
① 减小导体电阻，用铜代替铝。
② 增大导体的散热面积。在相同截面下，矩形、槽形比圆形导体的表面积大。
③ 提高散热系数。矩形导体竖放散热效果好，屋内导体（屋外导体表面要光，不涂漆）表面涂漆可以提高辐射散热量并用以识别相序（黄 A、绿 B、红 C）。
④ 提高长期发热最高允许温度。在导体接触面镀（搪）锡等。

例 4-1 计算屋内配电装置中 125mm×8mm 矩形导体的载流量，长期发热最高允许温度为 70℃，周围空气温度为 25℃。

解：

（1）计算单位长度的交流电阻，查表 4-1 得，铝导体温度为 20℃时的直流电阻率 $\rho = 0.028$ $\Omega \cdot \text{mm}^2/\text{m}$，电阻温度系数 $\alpha_\text{t} = 0.0041$，1000m 长导体的直流电阻为

$$R_\text{dc} = 1000 \times \frac{\rho[1+\alpha_\text{t}(\theta_\text{w}-20)]}{S} = 1000 \times \frac{0.028+0.0041 \times (70-20)}{125 \times 8} = 0.0337 \text{（}\Omega\text{）}$$

由

$$\sqrt{\frac{f}{R_\text{dc}}} = \sqrt{\frac{50}{0.0337}} = 38.52$$

及

$$\frac{b}{h} = \frac{8}{125} = \frac{1}{15.625}$$

查图 4-1 得 $K_\text{f} = 1.08$。

$$R_\text{ac} = K_\text{f} R_\text{dc} = 1.08 \times 0.0337 \times 10^{-3} = 0.0364 \times 10^{-3} \text{（}\Omega/\text{m）}$$

（2）对流换热量

对流换热面积为

$$F_\text{C} = 2(A_1 + A_2) = 2 \times 125/1000 + 2 \times 8/1000 = 0.266 \text{（m}^2/\text{m）}$$

对流换热系数为

$$\alpha_\text{C} = 1.5(\theta_\text{w} - \theta_0)^{0.35} = 1.5 \times (70-25)^{0.35} = 5.685$$

对流换热量为

$$Q_\text{C} = \alpha_\text{C}(\theta_\text{w} - \theta_0)F_\text{C} = 5.685 \times (70-25) \times 0.266 = 68.05 \text{（W/m）}$$

（3）辐射换热量

辐射换热面积为

$$F_\tau = 2(A_1 + A_2) = 0.266 \text{（m}^2/\text{m）}$$

因导体表面涂漆，取 $\varepsilon = 0.95$，辐射换热量为

$$Q_\tau = 5.7 \times 0.95 \times \left[\left(\frac{273+70}{100}\right)^4 - \left(\frac{273+25}{100}\right)^4\right] \times 0.266 = 85.77 \text{（W/m）}$$

（4）导体的载流量

竖放时为

$$I_\text{al} = \sqrt{\frac{Q_\text{C}+Q_\tau}{R}} = \sqrt{\frac{68.05+85.77}{0.0364 \times 10^{-3}}} = 2056 \text{（A）}$$

4.3 导体的短时发热

载流导体短路时发热计算的目的：确定短路时导体的最高温度 θ_h，它不应超过所规定的导体短时发热允许温度。当满足这个条件时则认为导体在流过短路电流时具有热稳定性。

4.3.1 短时发热最高温度的计算

1. 短时发热的特点

① 发热时间很短,电流比正常工作电流大得多,导体产生的热量来不及散失到周围介质中去,全部用来使导体温度升高,散热量可以忽略不计。

② 在短时间内,导体的温度快速升高,其电阻和比热容(温度变化1℃,单位质量物体吸热量的变化量)不再是常数而是温度的函数。

2. 导体短路时发热特点

① 短路电流大,持续时间短,导体内产生的热量来不及向周围介质散布,可认为在短路电流持续时间内所产生的全部热量都用来升高导体自身的温度,即认为是一个绝热过程。

② 短路时导体温度变化范围很大,它的电阻和比热容不能再视为常数,而应为温度的函数。

根据短路时导体发热的特点,可列出热平衡方程式:电阻损耗产生的热量=导体的吸热量即

$$Q_R = Q_W \tag{4-27}$$

短时发热过程中,导体的电阻和比热容与温度的函数关系为

$$R_\theta = \rho_0(1+\alpha\theta)\frac{1}{S}$$

$$c_\theta = c_0(1+\beta\theta)$$

由热平衡微分方程,得

$$i_{kt}^2 R_\theta dt = mc_\theta d\theta \tag{4-28}$$

将导体的电阻和比热容及 $m = \rho_W S$ 代入得

$$i_{kt}^2 \rho_0(1+\alpha\theta)\frac{1}{S}dt = \rho_W S c_0(1+\beta\theta)d\theta$$

式中,i_{kt} 为 t 时刻短路全电流瞬时值(A);

S 为导体的截面积(m²);

ρ_W 为导体材料的密度,铝为 $2.7 \times 10^3 \text{kg/m}^3$;

ρ_0 和 c_0 分别为导体在0℃时的电阻率(Ω·m)和导体在0℃时的比热容 [J/(kg·℃)];

α 和 β 分别为 ρ_0 和 c_0 的温度系数(℃$^{-1}$)。

整理得

$$\frac{1}{S^2}i_{kt}^2 dt = \frac{c_0 \rho_W}{\rho_0}\left(\frac{1+\beta\theta}{1+\alpha\theta}\right)d\theta \tag{4-29}$$

对上式两边积分,时间从0到 t_k,温度对应从 θ_i 升到 θ_f,得

$$\frac{1}{S^2}\int_0^{t_k} i_{kt}^2 dt = \frac{c_0 \rho_W}{\rho_0}\int_{\theta_i}^{\theta_f}\frac{1+\beta\theta}{1+\alpha\theta}d\theta$$

$$= \frac{c_0 \rho_W}{\rho_0}\left[\frac{\alpha-\beta}{\alpha^2}\ln(1+\alpha\theta_f) + \frac{\beta}{\alpha}\theta_f\right] - \frac{c_0 \rho_W}{\rho_0}\left[\frac{\alpha-\beta}{\alpha^2}\ln(1+\alpha\theta_i) + \frac{\beta}{\alpha}\theta_i\right] \tag{4-30}$$

上式改写为

$$\frac{1}{S^2}Q_K = A_f - A_i \tag{4-31}$$

其中，$Q_k = \int_0^{t_k} i_{kt}^2 dt$，$Q_k$ 称为短路电流热效应，它是在 0 到 t_k 时间内，电阻为 1Ω 的导体中所放出的热量（单位为 $A^2 \cdot s$）；t_k 是短路切除时间。

$$A_f = \frac{c_0 \rho_W}{\rho_0}\left[\frac{\alpha - \beta}{\alpha^2}\ln(1+\alpha\theta_f) + \frac{\beta}{\alpha}\theta_f\right] \quad A_i = \frac{c_0 \rho_W}{\rho_0}\left[\frac{\alpha - \beta}{\alpha^2}\ln(1+\alpha\theta_i) + \frac{\beta}{\alpha}\theta_i\right]$$

A 值与导体材料和温度 θ 有关。为了简化 A_f 和 A_i 计算，有关部门给出了常用材料 $\theta = f(A)$ 曲线，如图 4-5 所示。短路终了时的 A 值为

$$A_f = A_i + \frac{1}{S^2}Q_k \tag{4-32}$$

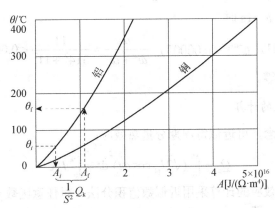

图 4-5 $\theta = f(A)$ 曲线

根据 $\theta = f(A)$ 曲线计算短时发热最高温度的方法：
① 由短路开始温度 θ_i（短路前导体的工作温度），查出对应的 A_i 值；
② 如已知短路电流热效应 Q_k，可按式（4-32）计算出 A_f；
③ 再由 A_f 查出短路终了温度 θ_f，即短时发热最高温度。如果 $\theta_f < \theta_{al}$，导体不会因短时发热而损坏，称之满足热稳定要求。

4.3.2 短路电流热效应的计算

短路全电流瞬时值的表达式为

$$i_{kt} = \sqrt{2}I_{pt}\cos\omega t + i_{np0}e^{-\frac{t}{T_a}} \tag{4-33}$$

式中，短路电流非周期分量起始值 $i_{np0} = -\sqrt{2}I''$，I'' 为短路电流次暂态周期分量的有效值；I_{pt} 为 t 时刻的短路电流周期分量有效值（kA），也随 t 变化；T_a 为非周期分量衰减时间常数。代入短路电流热效应得

$$Q_k = \int_0^{t_k} i_{kt}^2 dt = \int_0^{t_k}(\sqrt{2}I_{pt}\cos\omega t + i_{np0}e^{-\frac{t}{T_a}})^2 dt$$

$$= \int_0^{t_k}(\sqrt{2}I_{pt}\cos\omega t)^2 dt + \int_0^{t_k} i_{np0}^2 e^{-\frac{2t}{T_a}} dt + \int_0^{t_k} 2(\sqrt{2}I_{pt}\cos\omega t)(i_{np0}e^{-\frac{t}{T_a}}) dt$$

$$\approx \int_0^{t_k}(\sqrt{2}I_{pt}\cos\omega t)^2 dt + \int_0^{t_k} i_{np0}^2 e^{-\frac{2t}{T_a}} dt = Q_p + Q_{np} \tag{4-34}$$

Q_k（单位为 $kA^2 \cdot s$）为周期分量热效应 Q_p 与非周期分量热效应 Q_{np} 之和。这是因为第三项积分数值很小，可以略去不计。假定 $I_{pt} = I''e^{-\frac{t}{T}}$，$T$ 为周期分量衰减时间常数，则

$$\int_0^{t_k} 2(\sqrt{2}I''e^{-\frac{t}{T}}\cos\omega t)(-\sqrt{2}I''e^{-\frac{t}{T_a}}) dt = -4I''^2 \int_0^{t_k} \cos\omega t \, e^{-\frac{T_a+T}{T_a T}t} dt$$

$$= -4I''^2 \left[\frac{e^{-\alpha t_k}}{\omega^2+\alpha^2}(\omega\sin\omega t_k - \alpha\cos\omega t_k) + \frac{\alpha}{\omega^2+\alpha^2}\right]$$

其中，$\alpha = (T_a+T)/(T_a T)$

当 $T_a=0.1s$，$T=1s$，$t_k=1s$ 时

$$\alpha=11, \quad e^{-\alpha t_k} < 0.00005, \quad \frac{\alpha}{\omega^2+\alpha^2} = \frac{11}{314^2+11^2} < 0.0005$$

故第三项积分接近零。

1. 周期分量热效应的计算

由电流的有效值概念，可近似得周期分量热效应：

$$Q_p = \int_0^{t_k}(\sqrt{2}I_{pt}\cos\omega t)^2 dt = \int_0^{t_k} I_{pt}^2 dt \tag{4-35}$$

我国的周期分量热效应的计算采用近似数值积分法，对任意函数 $y=f(x)$ 的定积分，可采用辛普生法近似计算，即

$$\int_a^b f(x)dx = \frac{b-a}{3\times 2}(y_0+4y_1+y_2) = \frac{b-a}{6}(y_0+4y_1+y_2) \tag{4-36}$$

式（4-36）中的积分区间被二等分，每个等分为（$b-a$）/2。如果把整个区间 n（偶数）等分，y_i 为函数值（$i=0, 1, 2, \cdots, n$），对每个等分用辛普生公式，累加后得到复化辛普生公式为

$$\int_a^b f(x)dx = \frac{b-a}{3n}[y_0+y_n+2(y_2+y_4+\cdots+y_{n-2})+4(y_1+y_3+\cdots+y_{n-1})]$$

取 $n=4$，并近似认为 $\frac{y_1+y_3}{2} = y_2$，则

$$\int_a^b f(x)dx = \frac{b-a}{3\times 4}[y_0+y_4+2y_2+4(y_1+y_3)] = \frac{b-a}{12}(y_0+10y_2+y_4)$$

将 $y_0 = I''^2$，$y_2 = I_{t_k/2}^2$，$y_4 = I_{t_k}^2$ 和 $b-a=t_k$ 代入，得

$$Q_p = \int_0^{t_k} I_{pt}^2 dt = \frac{t_k}{12}(I''^2+10I_{t_k/2}^2+I_{t_k}^2) \tag{4-37}$$

2. 非周期分量热效应的计算

$$Q_{np} = \int_0^{t_k} i_{np0}^2 e^{-\frac{2t}{T_a}} dt = \frac{T_a}{2}(1-e^{-\frac{2t_k}{T_a}})i_{np0}^2 = T_a(1-e^{-\frac{2t_k}{T_a}})I''^2 = TI''^2 \tag{4-38}$$

其中，T 为非周期分量等效时间（s），其值可由表 4-3 查得。

表 4-3 非周期分量等效时间 T

短路点	T/s	
	≤0.1	>0.1
发电机出口及母线	0.15	0.2
发电机升高电压母线及出线 发电机电压电抗器后	0.08	0.1
变电站各级电压母线及出线	0.05	

当 t_k>1s 时，导体的发热主要由周期分量热效应来决定，非周期分量热效应可略去不计。

例 4-2 某变电所汇流母线，采用矩形铝导体，型号为 LMY—63×8，集肤系数为 1.03，导体的正常工作温度为 50℃，短路切除时间为 2.6s，短路电流 I''=15.8kA，$I_{1.3}$=13.9kA，$I_{2.6}$=12.5kA，试计算导体的短路电流热效应和短时发热最高温度。

解：（1）短路电流热效应

$$Q_p = \int_0^{t_k} I_{pt}^2 dt = \frac{t_k}{12}(I''^2 + 10I_{t_k/2}^2 + I_{t_k}^2)$$

$$= \frac{2.6}{12} \times (15.8^2 + 10 \times 13.9^2 + 12.5^2) = 506.56 \ [(kA)^2 \cdot s]$$

$$Q_{np} = TI'' = 0.05 \times 15.8^2 = 12.482 \ [(kA)^2 \cdot s]$$

$$Q_k = Q_p + Q_{np} = 506.56 + 12.482 = 519.042 \ [(kA)^2 \cdot s]$$

（2）短时发热最高温度

由导体的正常工作温度为 50℃，查图 4-5 曲线可得 A_i=0.4×10^{16}J/（Ω·m^4）。

$$A_f = A_i + \frac{1}{S^2}Q_k K_s = \left[0.4 \times 10^{16} + \frac{519.042 \times 10^6 \times 1.03}{(0.063 \times 0.008)^2}\right]$$

$$= 0.61 \times 10^{16} J/(\Omega \cdot m^4)$$

查图 4-5 曲线可得 θ_f=80℃<200℃，导体不会因短时发热而损坏，满足热稳定要求。

4.4 导体短路的电动力

供电系统短路时，短路电流特别是短路冲击电流将使相邻导体之间产生很大的电动力，有可能使电器和载流部分遭受严重破坏。为此，要使电路元件能承受短路时最大电动力的作用，电路元件必须具有足够的电动稳定度。故必须进行短路电动力的计算，保证其不超过允许值。

4.4.1 两平行导体间的电动力

毕奥-沙瓦定律：如图4-6所示，长度为L的导体中，流过电流i，磁感应强度为B处的元线段dL上所受电动力dF为

$$dF = iB\sin\beta dL \tag{4-39}$$

dF的方向由左手定则确定。根据式（4-39），载流导体2在dL上所受的电动力为

$$F = \int_0^L iB\sin\beta dL \tag{4-40}$$

两平行无限细长导体的电动力计算如下：

设两条平行细长导体长度为L，中心距离为a，两条导体通过的电流分别为i_1和i_2，且二者方向相反，如图4-7所示。当$L \gg a$和$a \gg d$（d为导体直径）时，可以认为导体中的电流集中在各自的轴线上流过。

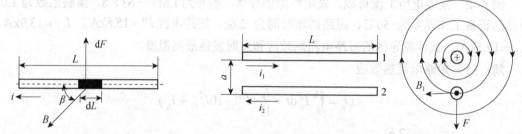

图4-6 磁场对载流导体的电动力　　图4-7 两平行细长载流导体间的电动力

为了利用式（4-40）来确定两条载流导体间的电动力，可以认为一条导体处在另一条导体的磁场里。设载流导体1中的电流i_1在导体2处所产生的磁感应强度为

$$B_1 = \mu_0 H_1 = \mu_0 \frac{i_1}{2\pi a} = 2\times 10^{-7}\frac{i_1}{a}$$

根据式（4-39），载流导体2在dL上所受的电动力为

$$dF = i_2 B_1 \sin\alpha dL = 2\times 10^{-7}\frac{i_1 i_2}{a}\sin\alpha dL$$

由于导体2与磁感应强度的方向垂直，故$B_1=90°$，$\sin\alpha=1$，作用在载流导体2全长上的电动力为

$$F = \int_0^L 2\times 10^{-7}\frac{i_1 i_2}{a}dL = 2\times 10^{-7}\frac{i_1 i_2}{a}L \tag{4-41}$$

当考虑截面的因素时，常乘以形状系数K（形状系数表示实际形状导体所受的电动力与细长导体电动力之比）。这样，实际电动力为

$$F = 2\times 10^{-7} K \frac{L}{a} i_1 i_2 \tag{4-42}$$

形状系数K已绘成曲线。对于矩形导体，如图4-8所示。K是$\dfrac{a-b}{h+b}$和$\dfrac{b}{h}$的函数。图中表

明 $\frac{b}{h}<1$，即导体竖放时，$K<1$；当 $\frac{b}{h}>1$ 时，即导体平放时，$K>1$；当 $\frac{b}{h}=1$ 时，即导体截面为正方形时，$K\approx1$。当 $\frac{a-b}{h+b}$ 增大时（即加大导体间的净距），K 趋近于 1；当 $\frac{a-b}{h+b}\geqslant2$ 时，即导体间的净距等于或大于截面周长时，$K=1$，可以不考虑截面形状对电动力的影响，直接应用式（4-42）计算两母线间的电动力。

对于圆形、管形导体，形状系数 $K=1$。对于槽形导体，在计算相间和同相条间的电动力时，一般均取形状系数 $K\approx1$。

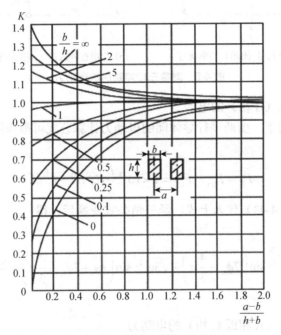

图 4-8 矩形截面形状系数曲线

4.4.2 三相导体短路的电动力

1. 三相短路电动力的计算

不计短路电流周期分量衰减时的三相短路电流为

$$i_A^{(3)} = I_m\left[\sin(\omega t + \phi_A) - e^{-\frac{t}{T_a}}\sin\phi_A\right]$$

$$i_B^{(3)} = I_m\left[\sin(\omega t + \phi_A - \frac{2}{3}\pi) - e^{-\frac{t}{T_a}}\sin(\phi_A - \frac{2}{3}\pi)\right]$$

$$i_C^{(3)} = I_m\left[\sin(\omega t + \phi_A + \frac{2}{3}\pi) - e^{-\frac{t}{T_a}}\sin(\phi_A + \frac{2}{3}\pi)\right] \tag{4-43}$$

式中，$I_m=\sqrt{2}I''$；ϕ_A 为 A 相短路电流的初相角；T_a 为非周期分量衰减时间常数（s）。

布置在同一平面的三相导体的短路电动力的计算，利用两平行导体的电动力计算公式与力的合成。假设电流的方向如图 4-9（a）所示，中间相受到两个边相（A、C 相）的作用力 F_{BA} 和 F_{BC}，布置在同一平面的导体三相短路时，外边相（A 相或 C 相）受力情况一样，故只需分析中间相（B 相）和外边相（A 相或 C 相）两种情况。

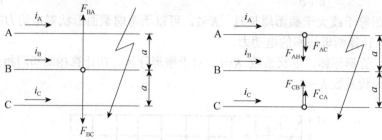

(a) 作用在中间相（B相）的电动力　　　(b) 作用在外边相（A相或C相）的电动力

图 4-9　对称三相短路时的电动力

（1）作用在中间相（B 相）的电动力

在假定电流正方向下，由两平行导体间的电动力计算公式可得作用在中间相（B 相）的电动力为

$$F_B = F_{BA} - F_{BC} = 2 \times 10^{-7} \frac{L}{a}(i_B^{(3)} i_A^{(3)} - i_B^{(3)} i_C^{(3)})$$

将短路电流公式（4-43）代入上式，经三角公式变换后，得

$$F_B = 2 \times 10^{-7} \frac{L}{a} I_m^2 \left[\frac{\sqrt{3}}{2} e^{-\frac{2t}{T_a}} \sin\left(2\phi_A - \frac{4}{3}\pi\right) - \sqrt{3} e^{-\frac{t}{T_a}} \sin\left(\omega t + 2\phi_A - \frac{4}{3}\pi\right) + \frac{\sqrt{3}}{2} \sin\left(2\omega t + 2\phi_A - \frac{4}{3}\pi\right) \right]$$

（4-44）

（2）作用在外边相（A 相或 C 相）的电动力

外边相如 A 相，受到 B 相和 C 相的作用力分别为 F_{AB} 和 F_{BC}，故

$$F_A = F_{AB} + F_{AC} = 2 \times 10^{-7} \frac{L}{a}(i_A^{(3)} i_B^{(3)} + 0.5 i_A^{(3)} i_C^{(3)})$$

$$= 2 \times 10^{-7} \frac{L}{a} I_m^2 \left[\frac{3}{8} + \frac{3}{8} - \frac{\sqrt{3}}{4} \cos(2\phi_A + \frac{\pi}{6}) \right] e^{-\frac{2t}{T_a}} - \left[\frac{3}{4} \cos\omega t - \frac{\sqrt{3}}{2} \cos(\omega t + 2\phi_A + \frac{\pi}{6}) \right] e^{-\frac{t}{T_a}}$$

$$- \frac{\sqrt{3}}{4} \cos(2\omega t + 2\phi_A + \frac{\pi}{6})$$

（4-45）

由式（4-45）可知，F_A 由四个分量组成，如图 4-10 所示。不衰减的固定分量，如图 4-10（a）所示；按时间常数 $T_a/2$ 衰减的非周期分量，如图 4-10（b）所示；按时间常数 T_a 衰减的工频分量，如图 4-10（c）所示；不衰减的二倍工频分量，如图 4-10（d）所示。这四部分之和为 F_A，如图 4-10（e）所示。

2. 三相系统电动力的最大值

三相短路的电动力能否达到最大值，与短路发生瞬间的短路电流初相角有关，使电动力为最大的短路电流初相角称为临界初相角。

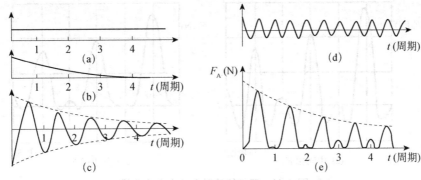

图 4-10 三相短路时 A 相电动力的各分量及其合力

在短路发生瞬间，F_B 中的非周期分量为最大时，F_B 才会出现最大值。此时

$$\sin(2\phi_A - \frac{\pi}{3}) = \pm 1$$

即

$$2\phi_A - \frac{\pi}{3} = \pm(n - \frac{1}{2})\pi$$

其中，n 为正整数，临界初相角 ϕ_A 为 75°、165°、255° 和 345° 等。
将临界初相角 ϕ_A=75°，T_a=0.05s 代入电动力表示式（4-44），得

$$F_B = 2 \times 10^{-7} \frac{L}{a} I_m^2 (\frac{\sqrt{3}}{2} e^{-\frac{2t}{0.05}} - \sqrt{3} e^{-\frac{t}{0.05}} \cos\omega t + \frac{\sqrt{3}}{2} \cos 2\omega t) \tag{4-46}$$

在短路发生瞬间，F_A 中的固定分量与非周期分量之和为最大时，F_A 才会出现最大值。此时 $\cos(2\phi_A + \frac{\pi}{6}) = -1$

即

$$2\phi_A + \frac{\pi}{6} = (2n-1)\pi$$

式中，n 为正整数，临界初相角 ϕ_A 为 75° 和 255° 等。
将临界初相角 ϕ_A=75°，T_a=0.05s 代入式（4-45），得

$$F_A = 2 \times 10^{-7} \frac{L}{a} I_m^2 \left(\frac{3}{8} + \frac{3+2\sqrt{3}}{8} e^{-\frac{2t}{0.05}} - \frac{3+2\sqrt{3}}{4} e^{-\frac{t}{0.05}} \cos\omega t + \frac{\sqrt{3}}{4} \cos 2\omega t \right) \tag{4-47}$$

F_A 和 F_B 的变化曲线，如图 4-11 所示。

在短路发生后最初半个周期，短路电流的幅值最大，此 t=0.01s，冲击流 $i_{sh}^{(3)} = 1.82 I_m$。代入式（4-44）和式（4-45），便可分别得 B 相及 A 相的最大电动力：

$$F_{Bmax} = 1.73 \times 10^{-7} \frac{L}{a} \left[i_{sh}^{(3)} \right]^2 \tag{4-48}$$

$$F_{Amax} = 1.616 \times 10^{-7} \frac{L}{a} \left[i_{sh}^{(3)} \right]^2 \tag{4-49}$$

比较此二式可知 $F_{Bmax} > F_{Amax}$，故计算最大电动力时应取 B 相的值。

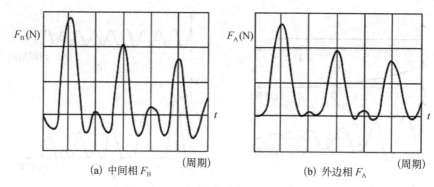

(a) 中间相 F_B （周期）   (b) 外边相 F_A （周期）

图 4-11 三相短路时电动力变化曲线

再进一步比较两相短路和三相短路时的电动力，由于 $\dfrac{I''^{(2)}}{I''^{(3)}}=\dfrac{\sqrt{3}}{2}$，故两相短路时的冲击电流为 $i_{sh}^{(2)}=\dfrac{\sqrt{3}}{2}i_{sh}^{(3)}$。当两相导体中流过此冲击电流时，其最大电动力为

$$F_{max}^{(2)}=2\times10^{-7}\dfrac{L}{a}\left(i_{sh}^{(2)}\right)^2=2\times10^{-7}\dfrac{L}{a}\left(\dfrac{\sqrt{3}}{2}i_{sh}^{(3)}\right)^2=1.5\times10^{-7}\dfrac{L}{a}i_{sh}^2 \tag{4-50}$$

最后，比较 F_{Amax}、F_{Bmax} 和 $F_{max}^{(2)}$，三个电动力中，仍以 F_{Bmax} 为最大，故求最大电动力时，应取：

$$F_{max}=1.73\times10^{-7}\dfrac{L}{a}i_{sh}^2 \tag{4-51}$$

3. 导体共振对电动力的影响

（1）硬导体、支持绝缘子及固定绝缘子的支架组成一个可以振动的弹性系统。

自由振动或固有振动：在初始外力扰动消失后，除受阻力外，弯曲的导体系统在自身弹性恢复力的作用下，以一定频率在其平衡位置两侧发生的往复运动。

自振频率或固有频率：自由振动的频率，由系统结构和材料决定。

强迫振动：导体在周期性短路电动力的持续作用下而发生的振动。

机械共振：强迫振动的频率接近或等于导体系统的自振频率时，将发生机械共振，其振幅特别大，导致材料的应力增加，有可能使导体及支持绝缘子损坏。

（2）出现共振的频率：由于电动力中有工频（50Hz）和两倍工频（100Hz）两个分量，故当导体系统的自振频率接近这两个频率之一时，就会出现共振现象。

（3）对于重要回路，如发电机、主变压器回路及配电装置中的汇流母线等，需要考虑共振的影响。工程上常采用"振动系数法"来考虑共振的影响。

① 计算硬导体系统的一阶固有频率。

导体和绝缘子均参加的振动称为双频振动系统，当绝缘子的固有频率远大于导体的固有频率时，共振可按只有导体参加振动的单频振动系统计算，导体的一阶固有频率为

$$f_1=\dfrac{N_f}{L^2}\sqrt{\dfrac{EI}{m}} \tag{4-52}$$

式中，L 为绝缘子跨距（m）；N_f 为频率系数，具体见表 4-4；E 为材料的弹性模量（Pa），铝

为 $E = 7 \times 10^{10}$ Pa；m 为导体质量（kg/m），矩形导体为 $m = bh\rho$。

圆管形导体

$$m = \pi(D^2 - d^2)\rho / 4$$

式中，D、d 为外径和内径，铝的密度取 $\rho = 2700$ （kg/m）。

I 为导体断面二次矩（m^4），矩形导体单条、双条和三条平放分别为

$$I_x = bh^3/12, \quad I_x = bh^3/6 \text{ 和 } I_x = bh^3/4$$

矩形导体单条、双条和三条竖放分别为

$$I_y = b^3h/12, \quad I_y = 2.167b^3h \text{ 和 } I_y = 8.25b^3h$$

圆管形导体为

$$I = \pi(D^4 - d^4)/64$$

表 4-4　导体在不同固定方式下的频率系数 N_f 值

跨数及支承方式	
单跨、两端简支	1.57
单跨、一端固定、一端简支、两等跨、简支	2.45
单跨、两端固定，多等跨简支	3.56
单跨、一端固定、一端活动	0.56

② 当导体的自振频率无法避开产生共振的频率范围时，最大电动力必须乘以一个动态应力系数，以求得共振时的最大电动力，即

$$F_{\max} = 1.73 \times 10^{-7} \frac{L}{a} i_{sh}^2 \beta \tag{4-53}$$

式中，β 称为动态应力系数，为动态应力与静态应力之比值，它可根据固有频率，由图 4-12 查得。当固有频率在 30～160Hz 以外时，可不考虑共振的影响，取 $\beta = 1$。

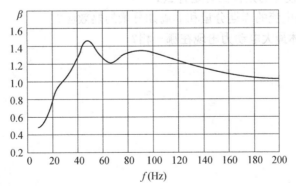

图 4-12　动态应力系数

例 4-3　某变电站变压器 10kV 引出线，每相单条铝导体尺寸为 100mm×10mm，三相水平布置平放，支柱绝缘子距离为 L=1.2m，相间距离 a=0.7m，三相短路冲击电流 i_{sh}=39kA，试求导体的固有频率、动态应力系数 β 和最大电动力。

解：导体断面二次矩

$$I_x = \frac{bh^3}{12} = \frac{0.01 \times 0.1^3}{12} = 8.33 \times 10^{-7} \text{ (m}^4\text{)}$$

对于多等跨简支,由表 4-4 查得 $N_f=3.56$,导体的固有频率为

$$f_1 = \frac{N_f}{L^2}\sqrt{\frac{EI}{m}} = \frac{3.56}{1.2^2} \times \sqrt{\frac{7 \times 10^{10} \times 8.33 \times 10^{-7}}{0.1 \times 0.01 \times 2700}} = 363 \text{ (Hz)}$$

固有频率在 30~160Hz 以外,故 $\beta=1$,最大电动力为

$$F_{\max} = 1.73 \times 10^{-7} \frac{L}{a} i_{sh}^2 \beta$$

$$= 1.73 \times 10^{-7} \times \frac{1.2}{0.7} \times 39000^2 \times 1 = 451.1\text{(N)}$$

复习思考题 4

1. 短路电流电动力效应对电气设备有何危害?它应该采用哪一个短路电流来计算?
2. 短路电流热效应对电气设备有何危害?
3. 为什么要规定导体和电气设备的发热允许温度?短时发热允许温度和长期发热允许温度是否相同,为什么?
4. 屋内配电装置中安装有 100mm×10mm 的矩形铝导体,导体正常运行温度为 $\theta_W=70℃$,周围空气温度为 $\theta_0=25℃$,试计算该导体的载流量。
5. 为什么要计算导体短时发热最高温度?如何计算?
6. 电动力对导体和电气设备的运行有何影响?
7. 导体的动态应力系数含义是什么?在什么情况下才考虑动态应力?
8. 对一般开关电器,其短路动稳定度和热稳定度校验的条件各是什么?对母线,其短路动稳定度和热稳定度校验的条件又各是什么?
9. 如何计算短路电流的周期分量和非周期分量的热效应?
10. 三相平行导体最大电动力出现在哪一相?

第 5 章　电气主接线及设计

本章首先介绍了对电气主接线的基本要求、电气主接线的设计程序；然后重点讲述了典型电气主接线的基本接线形式、运行方式以及倒闸操作方法、主要设备配置原则；最后叙述了发电厂和变电所主变压器的选择计算方法，以及限制短路电流的措施。

5.1　电气主接线设计原则和程序

电气主接线也称为电气主系统或电气一次接线。它是由电气一次设备按电力生产的顺序和功能要求连接而成的接收和分配电能的电路，是发电厂、变电所电气部分的主体，也是电力系统网络的重要组成部分。电气主接线反映了发电机、变压器、线路、断路器和隔离开关等有关电气设备的数量，各回路中电气设备的连接关系，发电机、变压器和输电线路及负荷间的连接方式。

电气主接线图：用国家规定的电气设备图形与文字符号详细表示电气主接线组成的电路图。电气主接线图一般用单线图表示（即用单相接线表示三相系统），但对三相接线不完全相同的局部图面（如各相中电流互感器的配置）则应画成三线图。

5.1.1　电气主接线的基本要求

1. 可靠性

分析电气主接线的可靠性时，要考虑发电厂和变电站在系统中的地位和作用、用户的负荷性质和类别、设备制造水平及运行经验等诸多因素，具体如下：

① 发电厂或变电站在电力系统中的地位和作用；
② 负荷性质和类别；
③ 设备的制造水平；
④ 长期实践运行经验。

主接线可靠性的基本要求通常包括以下几个方面：

① 断路器检修时，不宜影响对系统供电；
② 线路、断路器或母线故障时以及母线或母线隔离开关检修时，尽量减少停运出线回路

数和停电时间,并能保证对全部Ⅰ类及全部或大部分Ⅱ类用户的供电;
③ 尽量避免发电厂或变电站全部停电的可能性;
④ 大型机组突然停运时,不应危及电力系统稳定运行。

2. 灵活性

灵活性包括以下几个方面。
(1) 操作的方便性

可以方便地停运断路器、母线及其二次设备进行检修,而不致影响电网的运行和对其他用户的供电。应尽可能地使操作步骤少,便于运行人员掌握,不易发生误操作。
(2) 调度的方便性

能按照调度的要求,方便而灵活地投切机组、变压器和线路,调配电源和负荷,以满足在正常、事故、检修等运行方式下的切换操作要求。
(3) 扩建的方便性

能根据扩建的要求,方便地从初期接线过渡到远景接线;在不影响连续供电或停电时间最短的情况下,投入新机组、变压器或线路而不互相干扰,对一次设备和二次设备的改造为最少。

3. 经济性

主接线应在满足可靠性和灵活性的前提下,做到如下。
(1) 节省一次投资

主接线应力求简单清晰,节省断路器、隔离开关等一次电气设备;要使相应的控制、保护不过于复杂,节省二次设备与控制电缆等;能限制短路电流,以便于选择价廉电气设备和轻型电器等;一次设计,分期投资建设、投产。
(2) 占地面积少

主接线的形式影响配电装置的布置和电气总平面的格局,主接线方案应尽量节约配电装置占地和节省构架、导线、绝缘子及安装费用;在运输条件许可的地方,应采用三相变压器而不用三台单相变压器组。
(3) 电能损耗少

电能损耗主要由变压器引起,因此要合理选择主变压器的形式、容量和台数及避免两次变压而增加损耗。

5.1.2 电气主接线的设计程序

发电厂和变电站基本建设的程序一般分为:初步可行性研究、可行性研究、初步设计、施工图设计四个阶段。

电气主接线设计在各阶段中随着要求、任务的不同,其深度、广度也有所差异,但总的设计原则、方法和步骤基本相同。其设计步骤和内容如下。

1. 对原始资料分析

(1) 工程情况

工程情况包括发电厂类型(凝汽式火电厂,热电厂,堤坝式、引水式、混合式水电厂等),

设计规划容量，单机容量及台数，最大负荷利用小时数及可能的运行方式等。

发电厂容量的确定是与国家经济发展计划、电力负荷增长速度、系统规模和电网结构以及备用容量等因素有关。发电厂的装机容量标志着电厂的规模和在店里系统中的地位和作用，在设计时，可优选用大型机组。但是，最大单机容量不宜大于系统总容量的 10%，以保证该机在检修或事故情况下系统的供电可靠性。当前我国情况，单机 300MW、600MW 容量的机组已形成电网的主力机组，1000MW 级的核电、火电机组已相继投入运行。

发电厂的运行方式及年利用小时数，直接影响着主接线的设计。一般承载峰荷的发电厂在 3000h 以下。不同的发电厂其工作特性有所不同，核电厂或单机容量 300MW 及以上的火电厂等应优先承担基荷，相应主接线应以供电可靠为主选择接线形式。水电厂是电力系统中最灵活的机动能源，启、停方便，多承担系统调峰、调相任务。根据水能利用及库容的状态可酌情担负基荷、腰荷及峰荷。因此，其主接线应以供电调度灵活为主选择接线形式。

（2）电力系统情况

电力系统情况包括电力系统近期及远景发展规划（5～10 年），发电厂或变电站在电力系统中的地位（地理位置和容量大小）及作用，本期工程的近期和远景与电力系统连接方式，以及各级电压中性点接地方式等。

发电厂的总容量与电力系统容量之比，若大于 15%时，则该厂就可以认为是在系统中处于比较重要地位的电厂，应选择可靠性较高的主接线形式。因为它的装机容量已经超过了电力系统的事故备用容量，一旦全厂停电，会影响系统供电可靠性。

为简化网络结构及电厂主接线，减少电压等级，电厂接入系统电压不应超过两级，容量为 100MW～300MW 机组宜接入 220kV 系统，容量为 600MW 及以上的机组宜接入 500kV 及以上系统，且出线数目应尽量减少，以利于简化配电装置的规模及其维护。

主变压器和发电机中性点接地方式是一个综合性问题。它与电压等级、单相接地短路电流、过电压水平、保护配置等有关，直接影响电网的绝缘水平、系统供电的可靠性和连续性、主变压器和发电机的运行安全以及对通信线路的干扰等。我国一般对 35kV 及以下的电力系统，采用中性点非直接接地系统，又称小电流接地系统；对 110kV 及以上高压电力系统都采用中性点直接接地系统，又称大电流接地系统。发电机中性点都采用非直接接地方式。目前，广泛采用中性点经消弧线圈或经单相配电变压器接地。

（3）负荷情况

负荷情况包括符合的性质及其地理位置、输电电压等级、出线回路数及输送容量等。电力负荷的原始资料是设计主接线的基础数据，电力负荷预测是电力规划工作的重要组成部分，也是电力规划的基础。对电力负荷的预测不仅应有短期负荷预测，还应有中长期负荷预测，对电力负荷预测的准确性直接关系到电厂和变电站电气主接线设计的质量，一个优良的设计，应能承受当前及较长时间（5～10 年）的检验。

发电厂承担的负荷应尽可能地使全部机组安全满发，并按系统提出的运行方式，在机组间经济合理分布负荷，减少母线上的电流流动，使电机运转稳定和保持电能质量的要求。

（4）环境条件

环境条件应包括当地的气温、湿度、覆冰、污秽、风向、水文、地质、海拔高度及地震等因素，对主接线中电气设备的选择和配电装置的实施均有影响。对于 330kV 及以上电压的电气设备和配电装置，要遵循《电磁辐射防护规定》，严格控制噪声、静电感应的场强水平及电晕无线电干扰，同时对高电压大容量重型设备的运输条件亦应充分考虑。

（5）设备供货情况

这往往是设计能否成立的重要前提，为使所设计的主接线具有可行性，必须对各主要电气设备的性能、制造能力、供货情况、价格等充分考虑。

2. 主接线方案的拟定与选择

根据设计任务书的要求，在原始资料分析的基础上，根据对电源和出线回路数、电压等级、变压器台数、容量及母线结构等不同的考虑，可拟定出若干个主接线方案，最终保留 2～3 个技术上相当又都能满足任务书要求的方案，再进行经济比较，对于在系统中占重要地位的大容量发电厂或变电站主接线，还应进行可靠性定量分析比较计算，最终确定出在技术上合理、经济上可行的方案。

3. 短路电流计算和主要电气设备选择

按不同电压等级各类电气设备选择与校验的要求，确定电气主接线的各短路计算点，用欧姆法或标幺值法进行短路电流计算，并合理选择电气设备。

4. 绘制电气主接线图

将最终确定的电气主接线按工程要求绘制施工图。

5. 编制工程概算

工程概算不仅反映工程设计的经济性与可靠性的关系，而且为合理地确定和有效控制工程造价创造条件，为工程投资包干、招标承包，正确处理有关各方的经济利益关系提供基础。概算的编制是以设计图纸为基础，以国家颁布的《工程建设预算的构成及计算标准》《全国统一安装工程预算定额》《电力工程概算指标》以及其他相关文件和具体规定为依据，并按国家定价与市场调整或浮动价格相结合的原则进行。概算的构成主要有以下内容。

① 主要设备器材费，包括设备原价、主要材料（钢材、木材、水泥等）费、设备运杂费、备品备件购置费、生产器具购置费等。

② 安装工程费，包括直接费、间接费及税金等。直接费是指在安装设备过程中直接消耗在设备上的有关费用，如人工费、材料费和施工机械使用费等；间接费是指安装设备生产过程中为全工程项目服务，而不只耗用在特定设备上的有关费用，如施工管理费、临时设施费、劳动保险基金和施工队伍调遣费用等。

③ 其他费用，指以上未包括的安装建设费用，如建设场地占用及清理费、研究试验联合运转费、工程设计费及预备费等。预备费是指在各设计阶段用以解决设计变更而增加的费用、一般自然灾害造成的损失及预防措施的费用，以及预计设备费上涨价差补偿费用等。

5.2 电气主接线的基本接线形式

5.2.1 概述

主接线的基本形式，就是主要电气设备常用的几种连接方式，它以电源和出线为主体。

由于各个发电厂或变电站的出线回路数和电源数不同,且每路馈线所传输的功率也不一样,因而为便于电能的汇集和分配,在进出线数较多时(一般超过 4 回),采用母线作为中间环节,可使接线简单清晰,运行方便,有利于安装和扩建。母线分类如图 5-1 所示,而与有母线的接线相比,无汇流母线的接线使用电气设备较少,配电装置占地面积较小,通常用于进出线回路少,不再扩建和发展的发电厂或变电站。

有汇流母线接线形式可概括地分为单母线接线和双母线接线两大类。

无汇流母线接线形式主要有单元接线、桥形接线和角形接线。母线分类如图 5-1 所示。

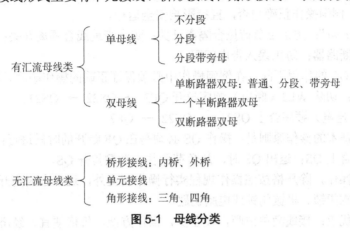

图 5-1 母线分类

1. 有汇流母线的主接线

1)单母线接线及单母线分段接线

(1)单母线接线

图 5-2 所示为单母线接线,其供电电源在发电厂是发电机或变压器,在变电站是变压器或高压进线回路。

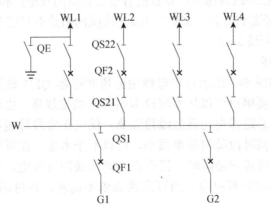

图 5-2 单母线接线

每条回路中都装有断路器和隔离开关,紧靠母线侧的隔离开关称作母线隔离开关,靠近线路侧的隔离开关称为线路隔离开关。由于断路器具有开合电路的专用灭弧装置,可以开断或闭合负荷电流和开断短路电流,故用来作为接通或切断电路的控制电器。

若馈线的用户侧没有电源时,断路器通往用户的那一侧,可以不装设线路隔离开关。但是由于隔离开关费用不大,为了阻止过电压的侵入或用户启动自备柴油发电机的误倒送电,也可以装设。若电源是发电机，则发电机与其出口断路器之间可以不装隔离开关，因为该断路器的检修必然在停机状态下进行；但有时为了便于对发电机单独进行调整和试验，也可以装设隔离开关或设置可拆连接点。QE是线路隔离开关的接地开关，用于线路检修时替代临时安全接地线。当电压在110kV及以上时，断路器两侧的隔离开关和线路隔离开关的线路侧均应配置接地开关。此外，对35kV及以上的母线，在每段母线上亦应设置1~2组接地开关或接地器，以保证电器和母线检修时的安全。倒闸操作：发电厂和变电所电气设备有运行、备用和检修三种工作状态。由于正常供电的需要或故障的发生，而转换设备工作状态的操作称为"倒闸操作"。倒闸操作正确与否，直接影响安全运行。

倒闸操作"五防"：防止带负荷拉合隔离开关；防止带地线合隔离开关；防止带电挂接地线；防止误拉合断路器；防止误入带电间隔。

根据QF和QS的作用不同，在倒闸操作中必须保证正确的操作顺序。以投切线路WL1为例，顺序如下：切除WL2（断电）顺序拉开QF2 → QS22 → QS21。

投入WL2（送电）顺序合上QS21 → QS22 → QF2。

可以发现，基本的操作原则是：操作QS必须是在QF断开的时候进行；投入QS时，从电源侧往负荷侧合上QS；退出QS时，从负荷侧往电源侧拉开QS。

为了防止误操作，除严格按照操作规程实行操作制度外，还应在隔离开关和相应的断路器之间，加装电磁闭锁、机械闭锁或电脑钥匙。

单母线接线优点：接线简单清晰，设备少，操作方便，价格便宜，经济性好，并且母线便于向两端延伸，扩建方便。同时，QS隔离开关不作为操作电器，仅用作隔离电压。单母线接线缺点：①可靠性差。母线或母线隔离开关检修或故障时，所有回路都要停运，也就是要造成全厂或全所长期停电。任一断路器检修时，其所在回路停运。②调度不方便，只有一种运行方式，电源只能并列运行，不能分列运行，并且线路侧发生短路时，有较大的短路电流。

接线形式一般只用在出线回路少，并且没有重要负荷的发电厂和变电站中。6kV~10kV配电装置，出线回路数不超过5回。35kV~63kV出线回路数不超过3回。110kV~220kV配电装置，出线回路数不超过2回。

(2) 单母线分段接线

单母线分段接线如图5-3所示。单母线用分段断路器QFD进行分段，可以提高供电可靠性和灵活性；对重要用户可以从不同段引出两回馈电线路，由两个电源供电；当一段母线发生故障时，分段断路器自动将故障段隔离，保证正常段母线不间断供电，不致使重要用户停电；两段母线同时故障的概率很小，可以不予考虑。在可靠性要求不高时，亦可用隔离开关分段，任一段母线故障时，将造成两段母线同时停电，在判别故障后，拉开分段隔离开关，完好段即可恢复供电。当可靠性要求不高时，也可利用分段隔离开关QSD进行分段。

通常，为了限制短路电流，简化继电保护，在降压变电站中，采用单母线分段接线时，低压侧母线分段断路器常处于断开状态，电源是分列运行的。为了防止因电源断开而引起的停电，应在分段断路器QFD上装设备用电源自动投入装置，在任一分段的电源断开时，将QFD自动接通。分段的数目，取决于电源数量和容量。段数分得越多，故障时停电范围越小，但使用断路器的数量亦越多，且配电装置和运行也越复杂，通常以2~3段为宜。

单母线接线优点：接线简单清晰，经济性好；有一定灵活性（有三种运行方式）；可靠性高；任一母线或母线隔离开关检修时，仅停检修段；任一段母线故障时，继电保护装置可使分段断路器跳闸，保证正常母线段继续运行，减小了母线故障影响范围。单母线分段接线缺点：任一断路器检修时，该断路器所带用户停电。

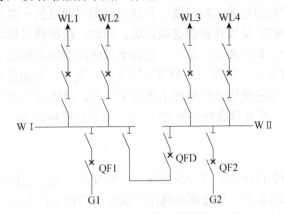

图 5-3　单母线分段接线

该接线适用于中小容量发电厂和变电所的6kV～10kV配电装置，出线回路为6回及以上，发电机电压配电装置，每段母线上的发电机容量为12MW及以下时；35kV～63kV配电装置，出现回路数为4～8回；110kV～220kV配电装置，出线回路数为3～4回。但是，由于这种接线对重要负荷必须采用两条出线供电，大大增加了出线数目，使整个母线系统可靠性受到限制，单母线分段接线的可靠性比单母线接线有了较大提高，但任一段母线故障或检修期间，该段母线上的所有回路均需停电；任一断路器检修时，该断路器所带用户也将停电。由于这种接线对重要负荷必须采用两条出线供电，大大增加了出线数目，使整个母线系统可靠性受到限制，所以，在重要负荷的出线回路较多、供电容量较大时，一般不予采用。

2）双母线接线及双母线分段接线

（1）双母线接线

双母线接线有两组母线，并且可以互为备用，如图 5-4 所示。每一电源和出线的回路，都装有一台断路器，有两组母线隔离开关，可分别与两组母线连接。两组母线之间的联络，通过母线联络断路器（简称母联断路器）QFC 来实现。

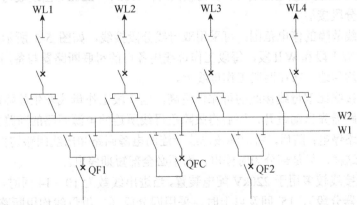

图 5-4　双母线分段接线

有两组母线后，使运行的可靠性和灵活性大为提高。其特点如下：

① 供电可靠。

通过两组母线隔离开关的倒换操作，可以轮流检修一组母线而不致使供电中断；一组母线故障后，能迅速恢复供电；检修任一回路的母线隔离开关时，只须断开此隔离开关所属的一条电路和与此隔离开关相连的该组母线，其他电路均可通过另一组母线继续运行。上述所有操作均涉及 "倒母线"，其操作步骤必须正确。例如：欲检修工作母线，可把全部电源和线路倒换到备用母线上。其步骤是：其一，先合上母联断路器两侧的隔离开关，再合母联断路器 QFC，向备用母线充电，这时，两组母线等电位；其二，为保证不中断供电，按"先通后断"原则进行操作，即先接通备用母线上的隔离开关，再断开工作母线上的隔离开关；其三，完成母线转换后，再断开母联断路器 QFC 及其两侧的隔离开关，即可使原工作母线退出运行进行检修。

② 调度灵活。

各个电源和各回路负荷可以任意分配到某一组母线上，能灵活地适应电力系统中各种运行方式调度和潮流变化的需要；通过倒换操作可以组成各种运行方式。

当母联断路器断开时，一组母线运行，另一组母线备用，全部进出线均接在运行母线上，即相当于单母线运行。两组母线同时工作，并且通过母联断路器并联运行，电源与负荷平均分配在两组母线上，即称之为固定连接方式运行。这也是目前运行中最常采用的运行方式，它的母线继电保护相对比较简单。有时为了系统的需要，亦可将母联断路器断开（处于热备用状态），两组母线同时运行。此时，这个电厂相当于分裂为两个电厂各向系统送电，这种运行方式常用于系统最大运行方式时，以限制短路电流。

双母线接线还可以完成一些特殊功能。例如：用母联与系统进行同期或解列操作；当个别回路需要单独进行试验时（如发电机或线路检修后需要试验），可将该回路单独接到备用母线上运行；当线路利用短路方式熔冰时，亦可用一组备用母线作为熔冰母线，不致影响其他回路工作等。

③ 扩建方便。

向双母线左、右任何方向扩建，均不会影响两组母线的电源和负荷自由组合分配，在施工中也不会造成原有回路停电。

由于双母线接线有较高的可靠性，广泛用于：出线带电抗器的 6kV～10kV 配电装置；35kV～60kV 出线数超过 8 回或连接电源较大、负荷较大时；110kV～220kV 出线数为 5 回及以上时。

（2）双母线分段接线

为了缩小母线故障的停电范围，可采用双母线分段接线，如图 5-5 所示。用分段断路器将工作母线分为 WⅠ段和 WⅡ段，每段工作母线用各自的母联断路器与备用母线 W2 相连，电源和出线回路均匀地分布在两段工作母线上。

双母线分段接线比双母线接线的可靠性更高。当一段工作母线发生故障后，在继电保护作用下，分段断路器先自动跳开，而后将故障段母线所连的电源回路的断路器跳开，该段母线所连的出线回路停电；随后，将故障段母线所连的电源回路和出线回路切换到备用母线上，即可恢复供电。这样，只是部分短时停电，而不必全部短期停电。

双母线分段接线较多用于 220kV 配电装置，当进出线数为 10～14 回时，采用三分段（仅一组母线用断路器分段），15 回及以上时，采用四分段（二组母线均用断路器分段）；同时在 330kV～500kV 大容量配电装置中，出线为 6 回及以上时，一般也采用类似的双母线分段接线。

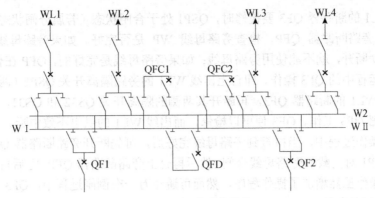

图 5-5 双母线分段接线

在 6kV~10kV 配电装置中,当进出线回路数或母线上电源较多,输送和通过功率较大时,为限制短路电流,以选择轻型设备,并为提高接线的可靠性,常采用双母线三或四分段接线,并在分段处加装母线电抗器。

3）带旁路母线的单母线和双母线接线

（1）单母线分段带旁路母线的接线

① 单母线分段带专用旁路断路器的旁路母线接线。

单母线分段带专用旁路断路器的旁路母线接线如图 5-6 所示,接线中设有旁路母线 WP、旁路断路器 QFP 及母线旁路隔离开关 QSPⅠ、QSPⅡ、QSPP,此外在各出线回路的线路隔离开关的外侧都装有旁路隔离开关 QSP,使旁路母线能与各出线回路相连。在正常工作时,旁路断路器 QFP 以及各出线回路上的旁路隔离开关 QSP,都是断开的,旁路母线 WP 不带电。

通常,旁路断路器两侧的隔离开关处于合闸状态,即 QSPP 于合闸状态,而 QSPⅠ、QSPⅡ 二者之一是合闸状态,另一个则为断开状态,例如 QSPⅠ合闸、QSPⅡ分闸,则旁路断路器 QFP 对 WⅠ 段母线上各出线断路器的检修处于随时待命的"热备用"状态。

接线中设有旁路母线 WP、旁路断路器 QFP 及母线旁路隔离开关 QSPⅠ、QSPⅡ、QSPP,此外在各出线回路的线路隔离开关的外侧都装有旁路隔离开关 QSP,使旁路母线能与各出线回路相连。在正常工作时,旁路断路器 QFP 以及各出线回路上的旁路隔离开关 QSP,都是断开的,旁路母线 WP 不带电。

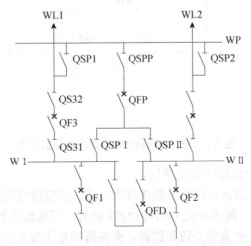

图 5-6 单母线分段带专用旁路断路器的旁路母线接线

当出线 WL1 的断路器 QF3 要检修时，QSP1 处于合闸状态（若属分闸状态，则与 QSPⅡ 切换），则合上旁路断路器 QFP，检查旁路母线 WP 是否完好。如果旁路母线有故障，QFP 在合上后会自动断开，就不能使用旁路母线；如果旁路母线是完好的，QFP 在合上后不跳开，就能进行退出运行中的 QF3 操作，即合上出线 WL1 的旁路隔离开关 QSP1（两端为等电位），然后断开出线 WL1 的断路器 QF3，再断开其两侧的隔离开关 QS32 和 QS31，由旁路断路器 QFP 代替断路器 QF3 工作。QF3 便可以检修，而出线 WL1 的供电不致中断。

在上述的操作过程中，当检查到旁路母线完好后，可先断开旁路断路器 QFP，用出线旁路隔离开关 QSP1 对空载的旁路母线合闸，然后再合上旁路断路器 QFP，之后再进行退出 QF3 的操作。这一操作虽然增加了操作程序，然而可避免万一在倒闸过程中，QF3 事故跳闸时，QSP1 带负荷合闸的危险。

② 分段断路器兼作旁路断路器的接线。

有专用旁路断路器的旁路母线接线极大地提高了可靠性，但这增加了一台旁路断路器的投资。在可靠性能够得到保证的情况下，可用分段断路器兼作旁路断路器，从而减少设备，节省投资。

图 5-7 所示是分段断路器兼作旁路断路器的接线。该接线方式在正常工作时，分段断路器 QFD 的旁路母线侧的隔离开关 QS3 和 QS4 断开，主母线侧的隔离开关 QS1 和 QS2 接通，分段断路器 QFD 接通。则断路器 QFD 在正常时以分段方式工作，旁路母线不带电。

当 WⅠ 段母线上的出线断路器要检修时，为了使 WⅠ、WⅡ 段母线能保持联系，先合上分段隔离开关 QSD，然后断开断路器 QFD 和隔离开关 QS2，再合上隔离开关 QS4，然后合上 QFD。如果旁路母线是完好的，QFD 不会跳开，则可以合上该出线的旁路开关，最后断开要检修的出线断路器及其两侧的隔离开关，就可对该出线断路器进行检修。

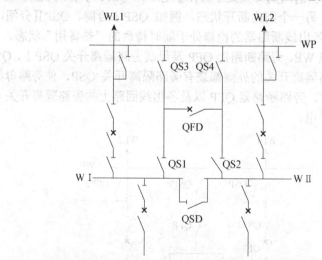

图 5-7 分段断路器兼作旁路断路器的接线

③ 旁路断路器兼作分段断路器的接线。

图 5-8 所示是旁路断路器兼作分段断路器的接线。该接线设置一台两个分段母线公用的旁路断路器，正常工作时，隔离开关 QS1 和 QS3 接通，旁路断路器 QFP 接通，WⅠ、WⅡ 两段母线用旁路断路器 QFP 兼作分段断路器，旁路母线处于带电运行状态。

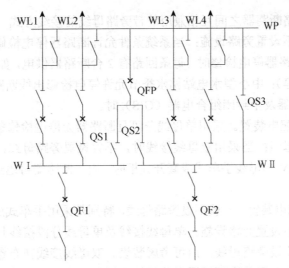

图 5-8 旁路断路器兼作分段断路器的接线

（2）双母线带旁路母线的接线

双母线带旁路母线的接线，用旁路断路器替代检修中的回路断路器工作，使该回路不至于停电。可以设专用旁路断路器，也可以用旁路断路器兼作母联断路器，或用母联断路器兼作旁路断路器，分别如图 5-9（a）、(b)、(c) 所示。双母线分段接线也可以带旁路母线，但需要设两台旁路断路器，分别接在工作母线的两个分段上，接线更为复杂。

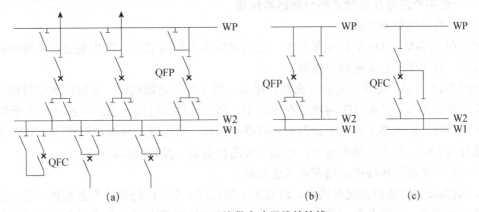

图 5-9 双母线带旁路母线的接线

（3）旁路母线设置的原则

① 110kV 及以上高压配电装置。因为电压等级高，输送功率较大，送电距离较远，停电影响较大，不允许因检修断路器而长期停电，故须设置旁路母线，从而使检修与它相连的任一回路的断路器时，该回路便可以不停电，提高了供电的可靠性。当 110kV 出线在 6 回及以上、220kV 出线在 4 回及以上时，宜采用带专用旁路断路器的旁路母线。

带有专用旁路断路器的接线，多装了价格高的断路器和隔离开关，增加了投资，然而这对于接入旁路母线的线路回数较多，且对供电可靠性有特殊需要的场合是十分必要的。不采用专用旁路断路器的接线，虽然可以节约建设投资，但是检修出线断路器的倒闸操作十分繁杂，而且对于无论是单母线分段接线或双母线接线方式，在检修期间均处于单母线不分段运行状况，极大地降低了可靠性。在出线回数较少的情况下，也可为节省投资，采用母联断路器或分段断路器与旁路断路器之间互相兼用的带旁路母线的接线方式。

下列情况下，可不设置旁路设施：当系统条件允许断路器停电检修时（如双回路供电的负荷）；当接线允许断路器停电检修时（每条回路有 2 台断路器供电，如角形、一台半断路器、双母线双断路器接线等）；中小型水电站枯水季节允许停电检修出线断路器；采用高可靠性的六氟化硫（SF_6）断路器及全封闭组合电器（GIS）时。

② 35kV～60kV 配电装置。采用单母线分段且断路器无停电检修条件时，可设置不带专用旁路断路器的旁路母线；当采用双母线接线时，不宜设置旁路母线，有条件时可设置旁路隔离开关；当采用 35kV 单母线手车式成套开关柜时，由于断路器可迅速置换，故可不设置旁路设施。

③ 6kV～10kV 配电装置。一般不设旁路母线，特别是采用手车式成套开关柜时，由于断路器可迅速置换，可不设置旁路设施。单母线接线及单母线分段接线且采用固定式成套开关柜的情况，由于容易增设旁路母线，故可考虑装设。双母线接线在布置上也不便于增设旁路母线。此外，在下列情况下，也可设置旁路母线。例如：出线回路数多，断路器停电检修机会多；多数线路向用户单独供电，用户内缺少互为备用的电源，不允许停电；均为架空出线，雷雨季节跳闸次数多，增加了断路器的检修次数。

需要强调：随着高压配电装置广泛采用六氟化硫断路器及国产断路器、隔离开关的质量逐步提高，同时系统备用容量的增加、电网结构趋于合理与联系紧密、保护双重化的完善以及设备检修逐步由计划向状态检修过渡，为简化接线，总的趋势将逐步取消旁路设施。

4）一台半断路器及三分之四台断路器接线

（1）一台半断路器接线

通常在 330kV～500kV 配电装置中，当进出线为 6 回及以上，配电装置在系统中具有重要地位时，宜采用一台半断路器接线。

如图 5-10 所示，每两个元件（出线、电源）用 3 台断路器构成一串接至两组母线，称为一台半断路器接线，又称 3/2 接线。在一串中，两个元件（进线、出线）各自经 1 台断路器接至不同母线，两回路之间的断路器称为联络断路器。运行时，两组母线和同一串的 3 台断路器都投入工作，称为完整串运行，形成多环路状供电，具有很高的可靠性。

在一台半断路器接线中，通常有两条原则。

① 电源线宜与负荷线配对成串，即要求采用在同一个"断路器串"上配置一条电源回路和一条出线回路，以避免在联络断路器发生故障时，使两条电源回路或两条出线回路同时被切除。

② 配电装置建设初期仅两串时，同名回路宜分别接入不同侧的母线，进出线应装设隔离开关。当一台半断路器接线达三串及以上时，同名回路可接于同一侧母线，进出线不宜装设隔离开关。

一台半断路器接线优点：任一母线故障或检修，均不致停电；任一断路器检修也不引起停电；甚至于在两组母线同时故障（或一组母线检修另一组母线故障）的极端情况下，功率仍能继续输送；运行方便、操作简单，隔离开关只在检修时作为隔离带电设备使用。一串中任何一台断路器退出或检修时，这种运行方式称为不完整串运行，此时仍不影响任何一个元件的运行。

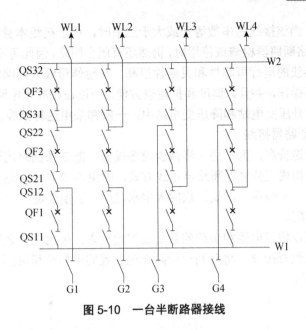

图 5-10 一台半断路器接线

(2) 一台半断路器的配置方式

在一台半断路器接线中,通常有两条原则。

① 电源线宜与负荷配对成串,即要求采用一个"断路器串"上配置一条电源回路和一条出线回路,以避免在联络断路器发生故障时,使两条电源回路或两条负荷回路同时被切除。

② 配电装置建设初期仅两串时,同名回路宜分别接入不同侧的母线,进出线应装设隔离开关。当一台半断路器达三串及以上时,同名回路可接于同一侧母线,进出线不宜装设隔离开关。

图 5-11 所示为一台半断路器的配置方式。图 5-11(a)所示为电源(变压器)和出线相互交叉配置,(电源或出线)分别布置在不同的串上,并且分别靠近不同母线接入;非交叉接线(或称常规接线)如图 5-11(b)所示,它也将同名元件分别布置在不同串上,但所有同名元件都靠近某一母线侧(进线都靠近一组母线,出线都靠近另一组母线)。

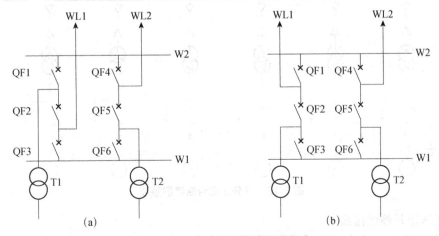

图 5-11 一台半断路器的配置方式

交叉接线比非交叉接线具有更高的可靠性。交叉接线的配电装置的布置比较复杂,须增加一个间隔。显然，当该接线的串数等于或大于三串时，由于接线本身构成的闭环回路不只一个，一个串中的联络断路器检修或停用时，仍然还有闭合回路，因此可不考虑上述交叉接线。

一台半断路器接线的运行可靠性和灵活性很高，在检修母线或回路断路器时不必用隔离开关进行大量的倒闸操作，并且，调度和扩建也方便。所以在超高压电网中得到了广泛应用，在330kV~500kV的升压变电站和降压变电站中，一般都采用这种接线。

5）三分之四台断路器接线

由于高压断路器造价高，为了进一步减少设备投资，把3条回路的进出线通过4台断路器接到两组母线上，构成三分之四断路器接线方式，如图5-12所示。这种接线方式通常用于发电机台数（进线）大于线路（出线）数的大型水电厂，以便实现在一个串的3个回路中电源与负荷容量相互匹配。

实际运用中，可以根据电源和负荷的数量及扩建要求，采用三分之四台、一台半及两台断路器的多重连接的组合接线，将有利于提高配电装置的可靠性和灵活性。三分之四台断路器接线如图5-12所示。

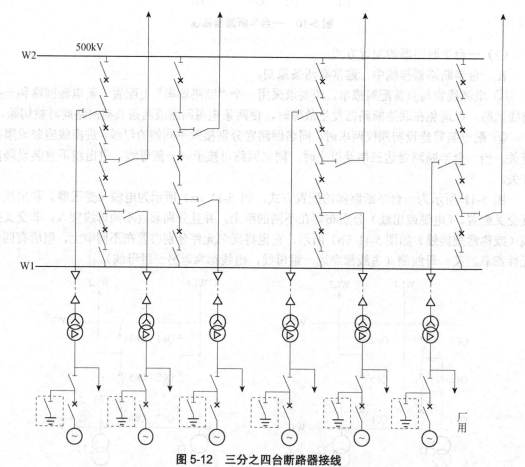

图 5-12 三分之四台断路器接线

6）变压器母线组接线

各出线回路由2台断路器分别接在两组母线上，变压器直接通过隔离开关接到母线上，组成变压器母线组接线，如图5-13所示。

这种接线调度灵活，电源和负荷可自由调配，安全可靠，有利于扩建。由于变压器是高可靠性设备,所以直接接入母线,对母线的运行并不产生明显影响。一旦变压器故障时,连接于对应母线上的断路器跳开,但不影响其他回路供电。当出线回路较多时,出线也可采用一台半断路器接线形式。这种接线在远距离大容量输电系统中,对系统稳定和供电可靠性要求较高的变电站中采用。

2. 无汇流母线的主接线

(1) 单元接线

单元接线是无母线接线中最简单的形式,也是所有主接线基本形式中最简单的一种。如图 5-14 所示。

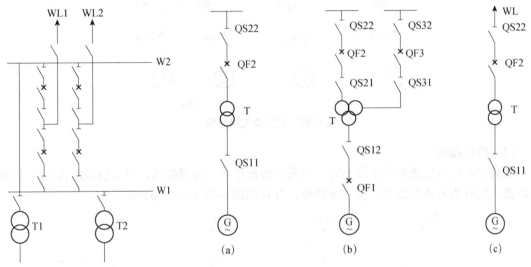

图 5-13　变压器母线组接线　　　　图 5-14　单元接线

图 5-14（a）为发电机-双绕组变压器组成的单元接线,是大型机组广为采用的接线形式。发电机出口不装断路器,为调试发电机方便可装隔离开关,对 200MW 以上机组,发电机出口采用分相封闭母线,为了减少开断点,亦可不装断路器,但应留有可拆点,以利于机组调试。这种单元接线,避免了由于额定电流或短路电流过大,使得选择出口断路器时,产生制造条件或价格甚高等原因造成的困难。

图 5-14（b）所示为发电机-三绕组变压器（自耦变压器类同）单元接线。为了在发电机停止工作时,还能保持和中压电网之间的联系,在变压器的三侧均应装断路器。

为了在发电机停运时,不影响中、高压侧电网间的功率交换,在发电机出口应装设断路器及隔离开关;由于 200MW 及以上机组的发电机出口断路器制造很困难,造价也很高,故 200MW 及以上机组一般是采用发电机-双绕组变压器单元接线。

图 5-14（c）所示为发电机-变压器-线路单元接线,发电机电能直接由双绕组变压器升压后经输电线路送入系统,高压侧不设母线,简化了接线。适宜于一机、一变、一线的厂、所。此接线最简单,设备最少,不需要高压配电装置。

图 5-15（a）所示为发电机-双绕组变压器扩大单元接线。当发电机单机容量不大,且在系统备用容量允许时,为了减少变压器台数和高压侧断路器数目,并节省配电装置占地面积,将 2 台发电机与 1 台变压器相连接,组成扩大单元接线。

图 5-15（b）所示为发电机-分裂绕组变压器扩大单元接线。通常,单机容量仅为系统容

量的 1%～2%或更小，而电厂的升高电压等级又较高，如 50MW 机组接入 220kV 系统、100MW 机组接入 330kV 系统、200MW 机组接入 500kV 系统，可采用扩大单元接线。

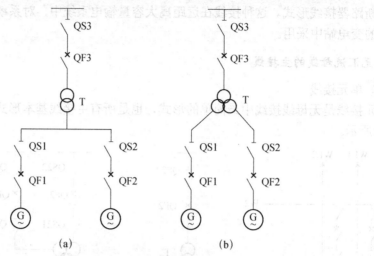

图 5-15 扩大单元接线图

（2）桥形接线

当只有两台变压器和两条线路时，宜采用桥形接线。桥形接线，根据桥断路器 QF3 的安装位置，可分为内桥接线和外桥接线两种，分别如图 5-16（a）、（b）所示。

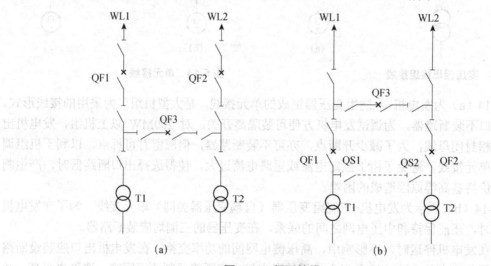

图 5-16 桥形接线

内桥接线在线路故障或切除、投入时，不影响其余回路工作，并且操作简单；而在变压器故障或切除、投入时，要使相应线路短时停电，并且操作复杂。因而该接线一般适用于线路较长（相对来说线路的故障概率较大）和变压器不需要经常切换（如火电厂）的情况。

外桥接线在运行中的特点与内桥接线相反，适用于线路较短（相对来说线路的故障概率较小，不需经常切换，因为线路投切操作不方便）和变压器需要经常切换（变压器切除、投入操作简单）的情况。当系统中有穿越功率通过主接线为桥形接线的发电厂或变电站高压侧时，或者桥形接线的两条线路接入环形电网时，都应该采用外桥接线。

如果采用内桥接线，穿越功率将通过 3 台断路器，继电保护配置复杂，并且其中任一台断路器断开时都将使穿越功率无法通过，或使环形电网开环运行。同理，采用外桥接线时，为减少开环及满足一回进线或出线停运时，桥断路器需退出运行的需要，可加"跨条"联络两臂，如图 5-16(b)所示。装设两台隔离开关构成跨条是为了便于轮流检修任一台隔离开关用。

桥形接线只用 3 台断路器，比具有 4 条回路的单母线接线节省了 1 台断路器，并且没有母线，投资省；但可靠性不高，只适用于小容量发电厂或变电站，以及作为最终将发展为单母线分段接线或双母线接线的工程初期接线方式。也可用于大型发电机组的启动/备用变压器的高压侧接线方式。

（3）多角形接线

多角形接线的断路器数等于电源回路和出线回路的总数，断路器接成环形电路，电源回路和出线回路都接在 2 台断路器之间，多角形接线的"角"数等于回路数，也就等于断路器数。图 5-17（a）、(b) 所示分别为四角形接线和三角形接线。

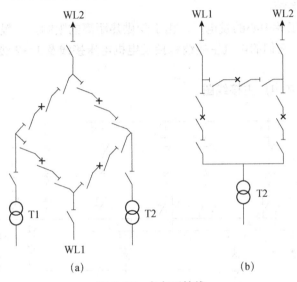

图 5-17　多角形接线

多角形接线的优点：所用的断路器数目比单母线分段接线或双母线接线还少 1 台，却具有双母线接线的可靠性，任一台断路器检修时，只须断开其两侧的隔离开关，不会引起任何回路停电；没有母线，因而不存在因母线故障所产生的影响；任一回路故障时，只跳开与它相连的两台断路器，不会影响其他回路的正常工作；操作方便，所有隔离开关，只用于检修时隔离电源，不作操作用，不会发生带负荷断开隔离开关的事故。

多角形接线的缺点：检修任何一台断路器时，多角形就开环运行，如果此时出现故障，又有断路器自动跳开，将使供电造成紊乱；不便于扩建；由于运行方式变化大，电气设备可能在闭环和开环两种情况下工作，回路所流过的工作电流差别较大，会给电气设备的选择带来困难，并且使继电保护装置复杂化；不适用于回路数较多的情况，一般最多用到六角形，而更以四角形和三角形为宜，以减少开环运行所带来的不利影响。这种接线的电源回路，应配置在多角形的对角上，使所选电气设备的额定电流不致过大。一般用于回路数较少且发展已定型的 110kV 及以上的配电装置中，中小型水力发电厂中也有应用。

5.2.2 发电厂和变电所的典型电气主接线

前述的主接线基本形式，从原则上讲它们分别适用于各种发电厂和变电站。但是，由于发电厂的类型、容量、地理位置以及在电力系统中的地位、作用、馈线数目、输电距离以及自动化程度等因素，对不同发电厂或变电站的要求各不相同，所采用的主接线形式也就各异。

1. 火力发电厂电气主接线

火力发电厂可分为两大类：地方性火电厂和区域性火电厂。

（1）地方性火电厂

电厂建设在城市附近或工业负荷中心，而且，随着我国近年来为提高能源利用率和环境保护的要求，当前在建或运行的地方性火电厂多为热力发电厂。在为工业和民用提供蒸汽和热水热能的同时，生产的电能大部分都用发电机电压直接馈送给地方用户，只将剩余的电能以升高电压送往电力系统。

这种靠近城市和工业中心的发电厂，由于受供热距离的限制，一般热电厂的单机容量多为中小型机组。通常，它们的电气主接线包括发电机电压接线及1～2级升高电压级接线，且与系统相连接。

图 5-18 为某中型热电厂主接线图。

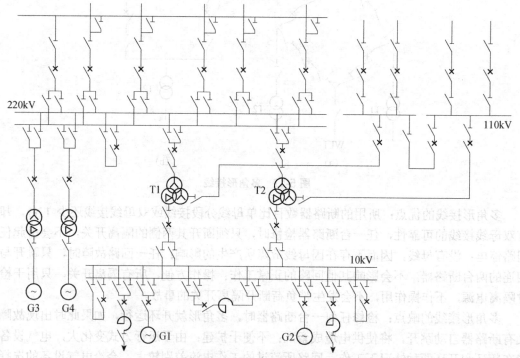

图 5-18 某中型热电厂的主接线

对于发电机容量为 25MW 及以上，同时发电机电压出线数量较多的中型热电厂，发电机电压的 10kV 母线采用双母线分段接线。母线分段断路器上串接有母线电抗器，出线上串接有线路电抗器，分别用于限制发电厂内部故障和出线故障时的短路电流，以便选用轻型的断路器。因为 10kV 用户都在附近，采用电缆馈电，可以避免因雷击线路而直接影响到发电机。G1、G2

发电机在满足10kV地区负荷的前提下,将剩余功率通过变压器T1、T2升压送往高压侧。

通常100MW及以上的G3、G4发电机采用双绕组变压器分别接成发电机-双绕组变压器单元接线,直接将电能送入220kV系统,便于实现机、炉、电单元集中控制或机、炉集中控制,亦避免了发电机电压级的电能多次变压送入系统,从而减少了损耗。单元接线省去了发电机出口断路器,提高了供电可靠性。为了检修调试方便,在发电机与变压器之间装设了隔离开关。

T1、T2三绕组变压器除担任将10kV母线上剩余电能按负荷分配送往110kV及220kV两级电压系统的任务外,还能在当任一侧故障或检修时,保证其余两级电压系统之间的并列联系,保证可靠供电。

220kV侧母线由于较为重要,出线较多,采用双母线接线,出线侧带有旁路母线,并设有专用旁路断路器,不论母线故障或出线断路器检修,都不会使出线长期停电。但变压器侧不设置旁路母线,因在一般情况下变压器高压侧的断路器可在发电机检修时或与变压器同时进行检修。

110kV单母线分段接线,平时分开运行,以减少短路电流,重要用户可用接在不同分段上的双回路进行供电。

(2)区域性火电厂

区域性火电厂特点:属大型火电厂,建在煤炭生产基地附近,为凝汽式电厂,一般距负荷中心较远,没有发电机电压等级负荷,电能几乎全部用高压或超高压输电线路送至远方,担负着系统的基本负荷。装机总容量在1000MW以上,单机容量为200MW以上,目前以600MW为主力机组。发电机电压侧多采用发电机-变压器单元接线、发电机-变压器-线路单元接线,可升高一个或两个电压等级。220kV～500kV的升高电压侧接线可靠性要求高,一般采用双母线、双母线带旁路、一台半断路器等接线。

图5-19所示为某大型火力发电厂电气主接线图。

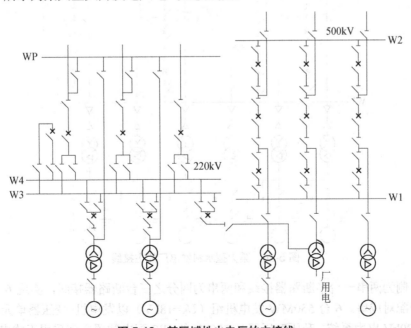

图5-19 某区域性火电厂的主接线

4台发电机,接成4组单元接线,2个单元接220kV母线,2个单元接500kV母线。220kV母线采用带旁路母线的双母线接线,装有专用旁路断路器。单机容量300MW及以上的大型机组停运对系统影响很大,故在变压器进线回路也接入旁路母线。500kV母线为一台半断路器接线,按电源线与负荷线配串原则,但因串数大于两串,不交叉布置。自耦变压器作为两级升高电压之间的联络变压器,其低压绕组兼作厂用电的备用电源和启动电源。

2. 水力发电厂电气主接线

水力发电厂特点:一般距负荷中心较远,基本上没有发电机电压负荷,几乎全部电能用升高电压送入系统。因此,主接线中可不设发电机电压母线,多采用发电机-变压器单元接线或扩大单元接线。单元接线能减少配电装置占地面积,也便于水电厂自动化调节。水力发电厂的装机台数和容量,是根据水能利用条件一次性确定的,不必考虑发展和扩建。因此,除可采用单母线分段、双母线、双母线带旁路及3/2断路器接线外,桥形和多角形也应用较多。

水轮发电机启动迅速、灵活方便,一般正常情况下,从启动到带满负荷只需4~5min,事故情况下还可能不到1min(火电厂则因机、炉特性限制,一般需6~8h)。因此,水电厂常被用作系统事故备用和检修备用。对具有水库调节的水电厂,通常在丰水期承担系统基荷,枯水期多带尖峰负荷。很多水电厂还担负着系统的调频、调相任务。因此,水电厂的负荷曲线变化较大、机组开停频繁,因此其接线应具有较好的灵活性,以利用自动化装置进行操作,避免误操作。图5-20所示为某大型水力发电厂电气主接线图。

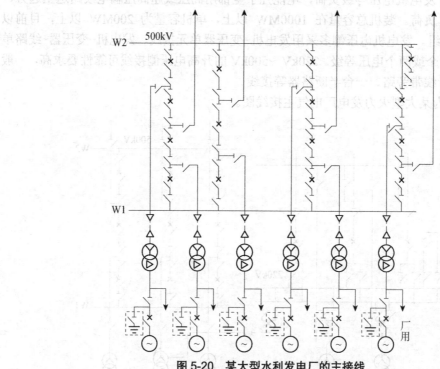

图5-20 某大型水利发电厂的主接线

500kV侧为两串一台半断路器接线和两串为四分之三台断路器接线,实现6条电源进线和4条出线配对成串。6台550MW发电机组(U_N=18kV)以发电机-变压器单元接线直接把电能送至500kV电力系统。升压变压器与500kV的GIS配电装置之间采用干式电缆连接,两串一台半断路器接线中,同名元件可以方便地采用交叉布置,这没有带来增加间隔布置的困难,而增加了供电可靠性。为冬季担任系统调峰负荷的需要,在各发电机出口均装设有出口断路器,给运行带来极大的灵活性,避免了机组频繁开停对 500kV 接线运行方式的影响。可利用主变压器倒送功率,为机组启动/备用电源提供了方便。

3. 变电站电气主接线

变电站电气主接线特点:变电站的高压侧,应尽可能采用断路器数目较少的接线,随出线数的不同,可采用桥形、单母线、双母线及角形接线等。如果变电站电压为超高压等级,又是重要的枢纽变电站,宜采用双母线分段带旁路接线或采用一台半断路器接线。

变电站的低压侧常采用单母线分段接线或双母线接线,以便于扩建。6kV～10kV 馈线应选轻型断路器;若不能满足开断电流及动稳定和热稳定要求时,应采用限流措施。在变电站中最简单的限制短路电流方法,是使变压器低压侧分列运行。若分列运行仍不能满足要求,则可装设分裂电抗器或出线电抗器,一般尽可能不装限流效果较小的母线电抗器。

5.3 发电厂和变电所主变压器选择

在发电厂和变电站中,用来向电力系统或用户输送功率的变压器,称为主变压器;用于两种电压等级之间交换功率的变压器,称为联络变压器;只供本厂(站)用电的变压器,称为厂(站)用变压器或自用变压器。

5.3.1 主变压器的容量、台数的确定原则

主变压器的容量、台数直接影响主接线的形式和配电装置的结构。它的确定除依据传递容量基本原始资料外,还应根据电力系统 5～10 年发展规划、输送功率大小、馈线回路数、电压等级以及接入系统的紧密程度等因素,进行综合分析和合理选择。变压器容量选得过大、台数过多,不仅增加投资,增大占地面积,而且也增加了运行电能损耗,设备未能充分发挥效益;变压器容量选得过小,将可能"封锁"发电机剩余功率的输出或者会满足不了变电站负荷的需要,这在技术上是不合理的,因为每千瓦的发电设备投资远大于每千瓦变电设备的投资。

1. 主变压器台数的选择

(1) 发电厂主变压器台数的选择

① 为保证供电可靠性,接在发电机电压母线上的主变压器一般不少于两台。

② 单元接线变压器为一台。扩大单元接线时,两台发电机配一台变压器。

(2) 变电所主变压器台数的选择

① 变电所中一般装设两台主变压器,以免一台主变故障或检修时中断供电。

② 对大型超高压枢纽变电所,为减小单台容量,可装设 2～4 台主变压器。

2. 主变压器容量的选择

发电厂主变压器容量的选择如下。

(1) 单元接线的主变容量选择

容量应与发电机容量配套，按发电机的额定容量 $P_N/\cos\phi_N$ 扣除本机组的厂用负荷 $K_pP_N/\cos\phi_N$ 后，留 10% 的裕度选择。

$$S_N' = 1.1P_N(1-K_p)/\cos\phi_N \tag{5-1}$$

式中，P_N 为发电机的额定功率；$\cos\phi_N$ 为额定功率因数；K_p 为厂用电率。

(2) 接于发电机电压母线上的主变容量选择

按下述计算，根据最大的计算结果选择容量。

当发电机电压母线上的负荷最小时，扣除厂负荷后，主变能将最大剩余功率送入电力系统。

即

$$S_N' = \left[\sum_{i=1}^{m} S_{Ni}(1-K_{pi}) - S_{\min}\right]/n \tag{5-2}$$

式中，S_{Ni} 为第 i 台发电机的额定视在功率；

K_{pi} 为第 i 台发电机的厂用功率；

$S_{\min}$ 为发电机电压母线上最小负荷的视在功率；

n、m 为发电机电压母线上的主变压器台数和发电台数。

若发电机电压母线上接有两台及以上主变时，其中一台容量最大的主变退出运行时，应该能输送母线最大剩余功率的 70% 以上，即

$$S_N' = \left[\sum_{1}^{m} S_{Ni}(1-K_{pi}) - S_{\min}\right]/(n-1)\times 70\% \tag{5-3}$$

3. 联络变压器的容量选择

一般不应小于接在两种电压母线上最大一台发电机的容量，以保证该发电机停运时，通过联络变压器来满足本侧负荷的需要。

4. 变电所主变压器容量的选择

(1) 所选择的 n 台主变压器的容量和，应该大于或等于变电所的最大综合计算负荷，即

$$nS_N \geq S_{\max}$$

(2) 装有两台及以上主变的变电所，当一台主变停运时，其余主变容量一般应满足 60%（220kV 及以上电压等级的变电所应满足 70%）的全部最大综合计算负荷，以及满足全部 I 类负荷 S_I 和大部分 II 类负荷 S_{II}（220kV 及以上电压等级的变电所，在计及过负荷能力后的允许时间内，应满足全部 S_I 和 S_{II}）

即

$$(n-1)S_N \geq (0.6\sim 0.7)S_{\max} \tag{5-4}$$

$$(n-1)S_N \geq S_I + S_{II} \tag{5-5}$$

最大综合计算负荷的计算：

$$S_{\max} = K_t(\sum_{i=1}^{n}\frac{P_{i\max}}{\cos\phi_i})(1+\alpha\%)$$

式中，$P_{i\max}$、$\cos\phi_i$——各出线的远景最大负荷和自然功率因数；

K_t——同时系数，出线回路数越多其值越小，一般取 0.8~0.95；

$\alpha\%$——线损率，取 5%。

5.3.2 主变压器形式的选择

1. 相数

容量为 300MW 及以下机组单元连接的主变压器和 330kV 及以下电力系统中，一般都应选用三相变压器。因为单相变压器组相对投资大、占地多、运行损耗也较大，同时配电装置结构复杂，也增加了维修工作量。但是，由于变压器的制造条件和运输条件的限制，特别是大型变压器，需要考察其运输可能性。若受到限制时，则可选用单相变压器组。容量为 600MW 机组单元连接的主变压器和 500kV 电力系统中的主变压器应综合考虑。

2. 绕组数与结构

电力变压器按每相的绕组数分为双绕组、三绕组或更多绕组等形式；按电磁结构分为普通双绕组、三绕组、自耦式及低压绕组分裂式等形式。发电厂以两种升高电压级向用户供电或与系统连接时，可以采用两台双绕组变压器或三绕组变压器。最大机组容量为 125MW 及以下的发电厂多采用三绕组变压器，但三绕组变压器的每个绕组的通过容量应达到该变压器额定容量的 15%及以上，否则绕组未能充分利用，反而不如选用两台双绕组变压器在经济上更加合理。在一个发电厂或变电站中采用三绕组变压器一般不多于三台，以免由于增加了中压侧引线的构架，造成布置的复杂和困难。此外，选用时应注意到功率流向。三绕组变压器根据三个绕组的布置方式不同，分为升压变压器和降压变压器。升压变压器用于功率流向由低压绕组传送到高压和中压方式，常用于发电厂；降压变压器用于功率流向由高压绕组传送至中压和低压方式，常用于变电站。机组容量为 200MW 以上的发电厂采用发电机-双绕组变压器单元接线接入系统，而两种升高电压级之间加装联络变压器更为合理。联络变压器宜选用三绕组变压器（或自耦变压器），低压绕组可作为厂用备用电源或厂用启动电源，亦可连接无功补偿装置。扩大单元接线的主变压器，应优先选用低压分裂绕组变压器，可以大大限制短路电流。在 110kV 及以上中性点直接接地系统中，凡需选用三绕组变压器的场所，均可优先选用自耦变压器，因其损耗小、价格低。

3. 绕组连接方式

变压器三相绕组的接线组别必须和系统电压相位一致，否则，不能并列运行。电力系统采用的绕组连接方式只有星形"Y"和三角形"d"两种。因此，变压器三相绕组的连接方式应根据具体工程来确定。在发电厂和变电站中，一般考虑系统或机组的同步并列要求以及限制 3 次谐波对电源的影响等因素，主变压器接线组别一般都选用 YN，d11 常规接线。

5.3.3 主变压器的其他设置

1. 调压方式

方式有两种：一种是带负荷切换的有载（有励磁）调压方式；另一种是不带负荷切换的

无载（无励磁）调压方式。无载调压变压器的分接头挡位较少，称为无激磁调压，调整范围通常在±2×2.5%以内；而有载调压变压器的电压调整范围大，能达到电压的30%，但其结构比无载调压变压器复杂，造价高。在能满足电压正常波动情况下一般采用无载调压方式。

2. 冷却方法

电力变压器的冷却方式随变压器形式和容量不同而异，一般有自然风冷却、强迫风冷却、强迫油循环水冷却、强迫油循环风冷却、强迫油循环导向冷却。

3. 变压器阻抗的选择

三绕组变压器的各绕组之间的阻抗，由变压器的三个绕组在铁芯上的相对位置决定。故变压器阻抗的选择实际上是结构形式的选择。三绕组变压器分升压结构和降压结构两种类型，如图5-21（a）、(b) 所示。

图 5-21 升降压结构

（1）升压结构变压器高压、中压绕组阻抗大，而降压结构变压器高压、低压绕组阻抗大。从电力系统稳定和供电电压质量及减小传输功率时的损耗考虑，变压器的阻抗越小越好，但阻抗偏小又会使短路电流增大，低压侧电气设备选择遇到困难。

（2）发电机的三绕组变压器，为低压侧向高中压侧输送功率，应选升压型。

（3）变电所的三绕组变压器，如果以高压侧向中压侧输送功率为主，则选用降压型；如果以高压侧向低压侧输送功率为主，则可选用升压型，但如果需要限制6kV～10kV系统的短路电流，可以考虑优先采用降压结构变压器。

另外，变压器的选择内容还有变压器的容量比、绝缘和绕组材料等。

5.4 限制短路电流的方法

短路是电力系统中较常发生的故障。短路电流直接影响电气设备的安全，危害主接线的运行，特别在大容量发电厂中，在发电机电压母线或发电机出口处，短路电流可达几万安至几十万安，为使电气设备能承受短路电流的冲击，往往须选用加大容量的电气设备。因此致使电气设备的选择发生困难，或使所选择的设备容量升级，不仅增加投资，甚至会因开断电流不能满足而选不到符合要求的高压电气设备。为了能合理地选择轻型电气设备，在主接线设计时，应考虑采取限制短路电流的措施。

1. 采用适合的主接线形式及运行方式

选择阻抗比较大的接线形式或运行方式，增大电源至短路点的等效电抗。例如，限制接入发电机电压母线的发电机台数和容量；大容量的发电机采用单元接线形式；降压变电所采用变压器在低压侧分列运行的方式；合理地断开环网（在环网中穿越功率最小处开环运行）等。这些接线形式和采取的运行方式，其目的在于增大系统阻抗，减小短路电流。电厂主接线的选择是一个综合问题。大型发电厂的主接线采用双母线接线、一台半断路器接线有许多优点。但是，从电力系统的角度来看，这种接线方式不能很好地满足形成一个合理稳定系统结构的基本要求，一个结构合理的系统应当是外接电源适当分散，同时与受端系统的联系应加强，在事故情况时能对受端系统提供足够的电压支持，避免负荷大量转移到相邻线路后引起的静态稳定破坏或受端电压大幅度下降而引起电压崩溃。因此，在远离负荷中心的大型发电厂，最好采用发电机-变压器-线路单元接线或双母线双断路器接线。这种将一个厂内的大电源分成几块的效果为：当一组出线发生故障，在其后的系统暂态摇摆过程中，电厂只有与该线路相连接的几台发电机组处于送电侧，而其余机组皆自动处于受电侧，成为受电系统的电源，从而加强了对受端网络的支持，另外也使短路电流大大下降。

2. 装设限流电抗器

加装限流电抗器限制短路电流，常用于发电厂和变电站的 6kV～10kV 配电装置。依据电抗器的结构，限流电抗器分为普通电抗器和分裂电抗器两类。

（1）普通电抗器

普通电抗器可分为母线电抗器和线路电抗器两种。

普通三相限流电抗器是由三个单相的空心线圈构成，采用空心结构是为了避免短路时，由于电抗器饱和而降低对短路电流的限制作用。因为没有铁芯，因而它的伏安特性是线性的，当电流从额定电流到超过额定值 10～20 倍的短路电流的大范围变化时，伏安特性都是线性的；同时由于无铁芯，而电抗器的导线电阻又很小，因而在运行中的有功能量损耗也是极小的。图 5-22 为电抗器接法电路，其中，L1 为母线电抗器，L2 为出线电抗器。

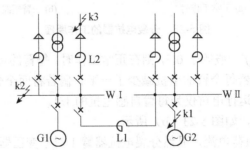

图 5-22 电抗器的接法

正常工作情况下，母线分段处往往是电流流动最小的地方，在此装设电抗器，所引起的电压损失和功率损耗都比装在其他地方小。对于母线电抗器 L1，无论厂内（k1 或 k2 点）或厂外（k3 点）短路时，均能起到限流作用。

母线电抗器的额定电流按母线上因事故切除最大一台发电机时可能通过电抗器的电流进行选择，一般取为发电机额定电流的 50%～80%，电抗百分值取为 8%～12%。

线路电抗器主要用来限制电缆馈线回路短路电流。为了出线能选用轻型断路器，同时馈线的电缆也不致因短路发热而需加大截面，常在出线端加装线路电抗器。它只能在电抗器以后如 k3 点短路时，才有限制短路电流的作用。由于架空线路本身的感抗值较大，不长一段线路就可以把出线上的短路电流限制到装设轻型断路器的数值，因此通常在架空线路上不装设线路电抗器。

当线路电抗器后发生短路时（如 k3 点），电压降主要产生在电抗器上，这不仅限制了短路电流，而且能在母线上维持较高的剩余电压，一般都大于 $65\% U_N$。

尽管母线电抗器的百分电抗取得较大，但由于额定电流远大于线路电抗器的额定电流，故母线电抗器对出线上的短路电流（如图 5-22 中的 k3 点）的限制作用不大。

（2）分裂电抗器

分裂电抗器在结构上与普通电抗器相似，只是绕组中心有一个抽头，将电抗器分为两个分支，即两个臂 1 和 2，一般中间抽头用来连接电源，分支 1 和 2 用来连接大致相等的两组负荷。

正常工作时，两个分支的负荷电流相等，在两臂中通过大小相等、方向相反的电流，产生方向相反的磁通，如图 5-23（a）所示。每臂的磁通在另一臂中产生互感电抗，则每臂的运行电抗（称为穿越型电抗）为

$$X = X_L - X_M = X - fX_L = (1-f)X_L \tag{5-6}$$

式中，X_L 为每臂的自感电抗；X_M 为每臂的互感电抗；f 为互感系数，$f = X_M/X_L$。

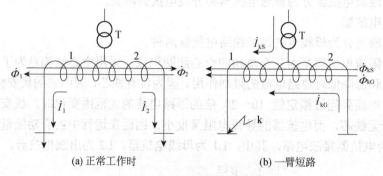

(a) 正常工作时　　　　　　(b) 一臂短路

图 5-23　分裂电抗器的工作原理

正常工作时互感系数 f 一般等于 0.5，则在正常工作时，每臂的运行电抗 $X = 0.5X_L$。可见，在正常工作时，分裂电抗器每个臂的电抗减少了一半。倘若将两个分支负荷等效为一个总负荷，则分裂电抗器的等值运行电抗仅为每臂自感电抗的 1/4。

当分支 1 出线短路时，如图 5-23（b）所示。

① 若忽略分支 2 的负荷电流，显然分裂电抗器臂 1 对经变压器 T 提供的短路电流 I_{kS} 呈现的运行电抗值为 X_L（称为单臂型电抗）。

② 对臂 2 可能送来的短路电流 I_{kG} 和系统送来的短路电流 I_{kS} 在分裂电抗器中的流向是相同的，磁通方向也相同。每一臂由 $I_{kQ} = I_{kG} + I_{kS}$ 产生的磁通在另一臂中产生正的互感电抗，则两臂的总电抗（称为分裂型电抗）为

$$X_{12} = 2(X_L + X_M) = 2X_L(1+f) \tag{5-7}$$

当 $f = 0.5$ 时，$X_{12} = 3X_L$，分裂电抗器能有效地限制另一臂送来的短路电流。

可见，当互感系数 $f = 0.5$，每臂自感电抗为 X_L 时，正常工作：穿越电抗 $X = 0.5X_L$。一臂短路：单臂电抗 $X = X_L$；分裂电抗 $X = 3X_L$。

当两个分支负荷不等或者负荷变化过大时，将引起两臂电压产生偏差，造成电压波动，甚至可能出现过电压。

（3）采用低压分裂绕组变压器

采用低压分裂绕组变压器组成发电机-变压器扩大单元接线，如图 5-24（a）所示，以限制短路电流。分裂绕组变压器有一个高压绕组和两个低压的分裂绕组，两个分裂绕组的额定

电压和额定容量相同，匝数相等。由于两个分裂绕组有漏抗，所以两台发电机之间的电路中有电抗，一台发电机端口短路时，另一台发电机送来的短路电流就受到限制。

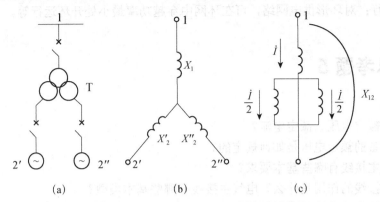

图 5-24　分裂绕组变压器及其等值电路

图 5-24（b）所示的等效电路中，X_1 为高压绕组漏抗；X_2'、X_2'' 分别为高压绕组开路时，两个低压分裂绕组的漏抗，通常 $X_2' = X_2'' = X_2$（已归算至高压侧）。

在正常工作时的等值电路如图 5-24（c）所示，若通过高压绕组电流为 I，每个低压绕组流过相同的电流为 $I/2$，则高、低压绕组正常工作时的等值电抗称为穿越电抗，其值为

$$X_{12} = X_1 + X_2/2 \tag{5-8}$$

当任一低压侧发电机出口处短路，该处与另一低压侧发电机之间的短路电抗称为分裂电抗，其值为

$$X_{2'2''} = X_2' + X_2'' = 2X_2 \tag{5-9}$$

当任一低压侧发电机出口处短路，该处与系统之间的短路电抗称为半穿越电抗，其值为

$$X_{12} = X_1 + X_2 \tag{5-10}$$

可见，低压分裂绕组正常运行时的穿越电抗值较小。当一个分裂绕组出线端口发生短路时，来自另一分裂绕组端口的短路电流将遇到分裂电抗的限制，来自系统的短路电流则遇到半穿越电抗的限制，这些电抗值都很大，能起到限制短路电流的作用。显然，在采用扩大单元接线方式时，采用低压分裂绕组变压器对发电机出口短路电流具有明显的限制作用。

通常，变压器制造厂家仅提供分裂变压器的穿越电抗 X_{12}、半穿越电抗 X_{12}' 和分裂系数 K_f 的数值。分裂系数 K_f 是两个分裂绕组间的分裂电抗与穿越电抗的比值，即

$$K_f = \frac{X_{2'2''}}{X_{12}} = \frac{2X_2}{X_1 + X_2/2} \tag{5-11}$$

分裂绕组变压器的绕组在铁芯上的布置有两个特点：其一是两个低压分裂绕组之间有较大的短路阻抗；其二是每一分裂绕组与高压绕组之间的短路阻抗较小，且相等。运行时的特点是：当一个分裂绕组低压侧发生短路时，另一未发生短路的低压侧仍能维持较高的电压，以保证该低压侧上的设备能继续运行，并能保证电动机紧急启动，这是一般结构的三绕组变压器所不及的。

3. 采用不同的主接线形式和运行方式

为了减小短路电流，可选用计算阻抗较大的接线形式和运行方式。如对大容量发电机可

采用单元接线，尽可能在发电机电压级不采用母线。在降压变电站中可采用变压器低压侧分列运行方式，即所谓"母线硬分段"接线方式对具有双回路的电路，在负荷允许的条件下可采用单回路运行；对环形供电网络，可在环网中穿越功率最小处开环运行等。

复习思考题 5

1. 什么是额定电压、额定电流？
2. 一次设备的额定电压是如何规定的？
3. 对电气主接线有哪些基本要求？
4. 电气主接线的作用是什么？电气主接线有哪些基本类型？
5. 电气主接线的设计程序包括哪些？
6. 设计主接线时，对原始资料的分析有哪些？
7. 在运行中，对隔离开关与断路器的操作程序应遵循哪些重要原则？
8. 电气主接线的基本接线形式有哪些？
9. 发电机-变压器单元接线中，在发电机和双绕组之间通常不装设断路器，有何利弊？
10. 一台半断路器接线与双母线带旁母相比较，各有何特点？一台半断路器交叉布置有何意义？
11. 选择主变压器时应该考虑哪些因素？其容量、台数、形式等应根据哪些原则来选择？
12. 电气主接线中，通常采用哪些方法来限制短路电流？
13. 某 220kV 系统变电站，装有 2 台 120MV·A 的主变压器，220kV 侧有 4 回进线，110kV 侧有 10 回出线且均为Ⅰ、Ⅱ类负荷，不允许停电检修出线断路器，应采用何种运行方式？

第6章 厂用电接线及设计

本章以发电厂用电为中心,首先介绍了厂用电、火电厂、水电厂的主要用电负荷以及厂用负荷分类,厂用电源及厂用电接线的基本形式;然后对不同类型发电厂和变电所用电典型接线进行了分析,重点为300MW汽轮发电机组高压厂用电系统接线、600MW汽轮发电机组高压厂用电系统接线,并介绍了水力发电厂用电系统接线,变电站用电系统接线;最后讲述了厂用变压器的选择计算问题,厂用电动机的选择和自启动校验。

6.1 概述

1. 厂用电

厂用电是指发电厂和变电所在生产、运行过程中本身的用电。在发电厂中称为厂用电,在变电所中称为所用电。启动、运转、停役、检修过程中,有大量以电动机拖动的机械设备,用以保证机组的主要设备(如锅炉、汽轮机或水轮机、发电机等)和输煤、碎煤、除灰、除尘及水处理的正常运行,这些电动机以及全厂的运行、操作、试验、检修、照明等用电设备都属于厂用负荷,总的耗电量,统称为厂用电。

给自用电供电的电源、接线和设备,必须可靠,以保证发电厂和变电所的正常运行。发电厂在生产电能的过程中,一方面向系统输送电能,另一方面发电厂本身也在消耗电能。厂用电的电量,大都由发电厂本身供给,且为重要负荷。其耗电量的高低与电厂类型、机械化和自动化程度、燃料种类及其燃烧方式、蒸汽参数等因素有关。在一定时间内,厂用电耗电量占全部发电量的百分数,称为"厂用电率"。用公式表示为

$$k_P = (S_C / S_N) \times 100\% \tag{6-1}$$

或

$$k_P = (S_C \cdot \cos\phi_{av} / P_N) \times 100\% \tag{6-2}$$

式中,S_C——厂用计算负荷;

S_N——发电机额定视在功率;

$\cos\phi_{av}$——平均功率因数;

P_N——发电机额定功率。

厂用电率是发电厂的主要运行经济指标,降低厂用电率不仅降低了发电成本,同时也相应地增大了对电力系统的供电量。不同类型发电厂的厂用电率如下。

凝汽式火电厂：5%～8%
热电厂：8%～10%
水电厂：0.5%～1%

2. 火电厂的主要用电负荷

（1）输煤部分

煤场抓煤机、链斗运煤机、输煤皮带、碎煤机、筛煤机等。

（2）锅炉部分

磨煤机、给粉机、引风机、送风机、排粉机、空气预热器等。

（3）汽机部分

凝结水泵、循环水泵、给水泵、凝结水泵、工业水泵、输水泵等。

（4）除灰部分

冲灰水泵、灰浆泵、碎渣机、电气除尘器等。

（5）电气部分

变压器冷却风机、变压器强油水冷电源、蓄电池充电及浮充电装置、备用励磁电源、硅整流装置、控制电源等。

（6）其他公用部分

化学水处理设备、中央修配厂、废水处理设备、油处理设备、起重机、试验室、照明等。

3. 水电厂的主要用电负荷

（1）机组自用电部分

压油装置油泵、机组调速和轴承润滑系统用油泵、水内冷系统水泵、水轮机顶盖排水泵、漏油泵、主变压器冷却设备等。

（2）全厂公用电部分

厂房吊车、快速闸门启闭设备、闸门室吊车、尾水闸门吊车、蓄电池组和浮充电装置、空气压缩机、中央修配厂、滤油机、全厂照明等。

4. 厂用电负荷分类

（1）Ⅰ类负荷

短时停电影响人身或设备安全、使生产停顿或发电量大量下降的负荷。如给水泵、凝结水泵、引风机、送风机、给粉机等。通常设有两套设备互为备用，分别接到两个独立电源的母线上，设有电源自动投入装置（自动切换）。

（2）Ⅱ类负荷

允许短时停电，但较长时间停电有可能损坏设备或影响机组正常运行的负荷。如工业水泵、疏水泵、灰浆泵、输煤系统机械等。允许短时停电（几秒至几分钟），由两个电源供电，并采用手动切换。

（3）Ⅲ类负荷

长时间停电也不影响生产的负荷。如修配车间、实验室等。允许较长时间停电，一般由一个电源供电。

(4) 事故保安负荷

200MW 以上机组在事故停机过程中及停机后的一段时间内仍必须保证供电，否则可能引起主设备损坏、重要的自动控制装置失灵或危及人身安全的负荷。如盘车装置、交流润滑油泵、交流氢密封油泵、消防水泵实时监控用的计算机、热工仪表及自动装置等。

事故保安负荷可分为两类：直流保安负荷，由蓄电池组供电；交流保安负荷，如大型机组的盘车电动机，平时由交流厂用电源供电，事故后，由快速启动柴油发电机组自动投入供电。

(5) 交流不间断供电负荷

在机组启动、运行以及正常和事故停机过程中，甚至在停机后的一段时间内，需要连续供电并具有恒频恒压特性的负荷。如实时控制计算机、热工仪表与保护、自动控制和调节装置等用电负荷。交流不间断供电电源一般采用由蓄电池供电的电动发电机组或逆变装置。

6.2 发电厂的厂用电接线

6.2.1 对厂用电接线的基本要求

1. 供电可靠，运行灵活

厂用负荷的供电除了正常情况下有可靠的工作电源外，还应保证异常或事故情况下有可靠的备用电源，并可实现自动切换。另外，由于厂用电系统负荷种类复杂、供电回路多，电压变化频繁，波动大，运行方式的变化多样，要求无论在正常、事故、检修以及机组启停情况下均能灵活地调整运行方式，可靠、不间断地实现厂用负荷的供电。

2. 各机组的厂用电系统应是独立的，具有对应供电性

一台机组的故障停运或其辅机的电气故障，不应该影响其他机组的正常运行，并能在短时间内恢复本机组的运行。

3. 全厂性公用负荷应分散接入不同机组的厂用母线或公用负荷母线

充分考虑发电厂正常、事故、检修、启动等运行方式下的供电要求，尽可能地使切换操作简便，启动（备用）电源能在短时间内投入。

4. 供电电源应尽量与电力系统保持紧密的联系

当机组无法取得正常的工作电源时，应尽量从电力系统取得备用电源，这样可以保证其与电气主接线形成一个整体，一旦机组故障时，以便从系统倒送厂用电。

5. 充分考虑电厂分期建设和连续施工过程中厂用电系统的运行方式

特别要注意对公用负荷供电的影响，要便于过渡，尽量减少改变接线和更换设置。

非常重要的一点是：各机组的厂用电系统应该是相互独立的，具有对应供电性；一台机组的故障停运或其辅机的电气故障，不应该影响其他机组的正常运行，并能在短时间内恢复本机组的运行。

6.2.2 厂用电源及厂用电接线的基本形式

1. 厂用电的电压等级确定

厂用电的电压等级是根据发电机额定电压、厂用电动机的电压和厂用电供电网络等因素，相互配合，经过技术经济综合比较后确定的。

为了简化厂用电接线，且使运行维护方便，厂用电电压等级不宜过多。在发电厂中，低压厂用电压常采用380V，高压厂用电压有3kV、6kV、10kV等。在满足技术要求的前提下，优先采用较低的电压，以获得较高的经济效益；大容量的电动机采用较低电压时往往并不经济。为了正确选择高压厂用电的电压等级，须进行技术经济论证。

（1）影响厂用电电压等级的因素

① 发电机电压和容量：如果发电机电压为6.3kV，应选6kV作为厂用高压电压。发电机容量越大，厂用高压电压越高。

② 厂用电动机的容量：我国生产的电动机的电压与容量的关系如表6-1所示。

表6-1 电动机的电压与容量的关系

电动机电压/V	220	380	3000	6000	10000
生产容量范围/kW	<140	<300	>75	>200	>200

电动机的容量小于75kW时，只能选380/220V；电动机的容量在75~200kW时，只能选380/220V、3kV；电动机的容量在200~300kW时，可选380V、3kV、6kV、10kV；电动机的容量大于300kW时，只能选3kV、6kV、10kV。由于发电厂的电动机种类较多，只用一种电压等级的电动机不能满足要求。

③ 厂用电网络的可靠、经济运行。

低压电动机，绝缘等级低、磁路较短、尺寸较小、运行损耗小、价格便宜，有较高的经济效益。但大容量不能做成低压。高压电动机的制造容量大、绝缘等级高、磁路较长、尺寸较大、价格高、运行损耗较大、效率较低。结合厂用电供电网络综合考虑，用较高电压等级时，可选择截面较小的电缆和导线，既减少了有色金属的消耗，也降低了厂用供电网络的投资。

电动机的容量在200~300kW时，应综合考虑厂用电网络的可靠和经济运行。

（2）按发电机容量、电压确定高压厂用电压等级

① 发电机组容量在60MW及以下，发电机电压为10.5kV，可采用3kV作为高压厂用电压；发电机电压为6.3kV，可采用6kV作为高压厂用电压。

② 当容量在100~300MW时，宜选用6kV作为高压厂用电压。

③ 当容量在600MW以上时，经技术经济比较，可采用6kV一级电压，也可采用3kV和10kV两级电压作为高压厂用电压。

厂用低压电压：一般只设置380/220V厂用低压电压。

厂用高压选择：发电机组容量在60MW及以下，发电机电压为10.5kV，可采用3kV作为高压厂用电压；发电机电压为6.3kV，可采用6kV作为高压厂用电压。

发电机组容量在100~300MW时，宜采用6kV。发电机组容量在600MW及以上时，经

技术（发电机容量、短路电流、负荷容量等）经济比较，可采用 6kV 或 10kV（1000MW 机组）一级，也可采用 3kV 和 10kV 或 6kV 和 10kV（1000MW 机组）两级电压。

2. 按厂用电动机容量、厂用电供电网络确定高压厂用电压等级

发电厂中拖动各种厂用机械设备的电动机，容量相差悬殊，从数千瓦到数千千瓦，而且与电动机的电压和容量有关。在满足技术要求的前提下，优先采用较低电压的电动机，以获得较高的经济效益。因为高压电动机，制造容量大、绝缘等级高、磁路较长、尺寸较大、价格高、空载和负载损耗均较大、效率较低。但是，结合厂用电供电网络综合考虑，电压等级较高时，可选择截面较小的电缆或导线，不仅节省有色金属，还能降低供电网络的投资。

火力发电厂采用 3kV、6kV 和 10kV 作为高压厂用电压，其特点分述如下。

（1）3kV 电压供电的特点

① 3kV 电动机效率比 6kV 电动机高 1%～15%，价格约低 20%；

② 将 100kW 及以上的电动机接到 3kV 电压母线上，100kW 以下的电动机一般采用 380V，可使低压厂用变压器容量和台数减少；

③ 由于减少了 380V 电动机数量，使较大截面的电缆数量减少，从而减少了有色金属消耗量。

（2）6kV 电压供电的特点

① 6kV 电动机的功率可制造得较大，200kW 以上的电动机采用 6kV 电压供电，以满足大容量负荷要求；

② 6kV 厂用电系统与 3kV 厂用电系统相比，不仅节省有色金属及费用，而且短路电流亦较小；

③ 发电机电压若为 6kV 时，可以省去高压厂用变压器，直接由发电机电压母线经电抗器供厂用电，以防止厂用电系统故障直接威胁主系统并限制其短路电流。

（3）10kV 电压供电的特点

① 10kV 电动机的功率可制造得更大一些，以满足大容量负荷，例如 2000kW 以上大容量电动机的要求；

② 1000kW 以上的电动机采用 10kV 电压供电，比较经济合理；

③ 适用于 300MW 以上大容量发电机组，但不能为单一的高压厂用电压，因为它不能满足全厂所有高压电动机的要求。

3. 厂用电压等级的应用

（1）300MW 汽轮发电机组的厂用电压分为两级，高压为 6kV，低压为 380V。

（2）600MW 汽轮发电机组的厂用电压，有如下两种方案。

方案 1：采用 6kV 和 380V 两个电压等级。200kW 及以上的电动机采用 6kV 电压供电，200kW 以下的电动机采用 380V 电压供电。

方案 2：采用 10kV、3kV 和 380V 三个电压等级。1800kW 以上的电动机采用 10kV 电压供电，200～1800kW 的电动机由 3kV 电压供电，200kW 以下的电动机采用 380V 电压供电。

上述方案 1 采用一个 6kV 等级的厂用高压，而方案 2 采用 10kV 和 3kV 两个等级的厂用高压。原则上前者可使厂用电系统简化，设备较少，但许多 2000kW 以上大容量电动机接在

6kV 母线上，也会带来设备选择和运行方面的问题。600MW 机组厂用电压等级采用何种方案，应经过综合比较后确定。

（3）1000MW 汽轮发电机组的高压厂用电压等级方案确定。

目前在建和已建的 1000MW 机组中，可归纳出以下 4 种方案：方案 1（6kV 一级电压）；方案 2（10kV 和 6 kV 二级电压）；方案 3（10kV 和 3kV 二级电压）；方案 4（10kV 一级电压）。高压厂用电压等级采用上述 4 种方案中的哪一种，在设计时应经过短路电流计算、电动机启动电压校验、变压器阻抗选择以及经济比较后确定。

在上述 4 种方案中，低压厂用电压等级均采用 380V。

（4）水力发电厂的厂用电压等级。对水力发电厂，由于水轮发电机组辅助设备使用的电动机容量均不大，通常只设 380V 一种厂用电压等级，由动力和照明公用的三相四线制系统供电。大型水力发电厂中，在坝区和水利枢纽装设有大型机械，如船闸或升船机、闸门启闭装置等，这些设备距主厂房较远，需在那里设专用变压器，采用 6kV 或 10kV 供电。

4. 厂用供电电源及其引接方式

发电厂（或变电所）的工作电源是保证发电厂（或变电所）正常运行的基本电源。对机组容量在 200MW 及以上的发电厂，还应设置备用电源、启动电源和交流事故保安电源，以满足厂用电系统在各种工作状态下的要求。一般电厂中，都以启动电源兼作备用电源。

（1）工作电源引接方式

发电厂的厂用工作电源，是保证正常运行的基本电源。通常，工作电源应不少于两个。

① 高压厂用工作电源的引接。

当主接线具有发电机电压母线时，则高压厂用工作电源（厂用变压器或厂用电抗器）一般直接从母线上引接，如图 6-1（a）所示；当发电机和主变压器为单元接线时，则厂用工作电源从主变压器的低压侧引接，如图 6-1（b）所示。

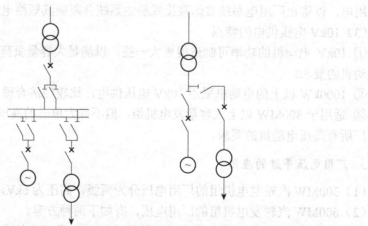

(a) 从发电机电压母线上引接　　(b) 从主变压器低压侧引接

图 6-1　高压厂用工作电源的引接方式

厂用分支上一般都应装设高压断路器。该断路器应按发电机端短路进行选择，其开断电流可能比发电机出口处断路器的还要大，对大容量机组可能选不到合适的断路器，可加装电抗器或选低压分裂绕组变压器，以限制短路电流。如仍选不出时，对 125MW 及以下机组，一般可在厂用分支上按额定电流装设断路器、隔离开关或连接片，此时若发生故障，应立刻停机；对于 200MW 及以上的机组，厂用分支都采用分相封闭母线，故障率较小，可不装断路器和隔离开关，但应有可拆连接点，以供检修和调试用，这时，在变压器低压侧务必装设断路器。

② 低压厂用工作电源的引接。

一般由对应的高压厂用母线段上经低压厂变引接。对于不设高压厂用母线段的发电厂，低压厂用工作电源可从发电机电压母线上或发电机出口引接。低压厂用工作电源，由高压厂用母线通过低压厂用变压器引接。若高压厂用电设有 10kV 和 3kV 两个电压等级，则低压厂用工作电源一般从 10kV 厂用母线引接。

（2）备用电源和启动电源及其引接方式

备用电源是当工作电源故障或检修退出运行时代替工作电源的工作。备用电源应具有独立性，与工作电源无关联，有足够的容量，应与电力系统紧密联系，在全厂停电时仍能从系统取得厂用电源。

启动电源是指电厂机组首次启动或工作电源完全消失的情况下，为保证机组快速启动，向必要的辅助设备供电的电源。在正常运行情况下，这些辅助设备由工作电源供电，只有当工作电源消失后才自动切换到启动电源供电，因此，启动电源实质上在兼作事故备用电源，称作启动/备用电源，不过它对供电的可靠性要求更高。对于 200MW 及以上的大型机组的厂用备用电源必须具有启动电源的功能。

启动/备用电源的引接应保证其独立性，并且具有足够的供电容量，以下是最常用的引接方式：

① 从发电机电压母线的不同分段上，通过厂用备用变压器（或电抗器）引接。

② 从发电厂联络变压器的低压绕组引接，但应保证在机组全停情况下，能够获得足够的电源容量。

③ 从与电力系统联系紧密、供电最可靠的一级电压母线引接。这样，有可能因采用变比较大的启动/备用变压器，增大高压配电装置的投资而致经济性较差，但可靠性较高。

④ 当技术经济合理时，可由外部电网引接专用线路，经过变压器取得独立的备用电源或启动电源。

厂用电源的备用方式有"明备用"或"暗备用"两种。

① 明备用。明备用指在正常运行中全厂专设一台平时不工作的厂用变压器作为备用电源，当任一台厂用工作变压器检修或故障以及机、炉起停用时，可将厂用备用变压器投入，以保持厂用电设备的正常工作。这种备用方式，备用电源容量应等于最大一台工作变压器的容量。大型火电厂厂用负荷很大，厂用工作变压器的容量也很大，通常采用明备用方式。

这种方式适合大型火电厂采用，可使工作变压器容量小（备用变压器容量与最大一台工作变压器容量相同），有利于经济运行，投资少。但须装设备用电源自动投入装置。

② 暗备用。暗备用是指不另设专门的备用变压器，工作变压器之间互为备用。这种备用方式，需要将每台工作变压器的容量加大，正常运行时均在轻载状态下运行，不应装设备用电源自动投入装置。

这种方式适合水电厂采用，虽然工作变压器容量比明备用时大。但是由于水电厂用电率不高，故运行损耗不大，该方式还节省了明备用所需的配电装置与占地，有利于水电厂地形有限的设备布置。

(3) 自启动

当工作电源断开或厂用电压降低时，厂用母线上电动机的转速即下降，甚至停止运行。但由于惯性原因，转速下降有一惰行过程，电动机不会立即停转。若失去电压后，电动机不与厂用母线断开，经过很短时间，一般在 0.5~1.5s 内，厂用电压又恢复或备用电源自动投入，此时电动机还在惰行过程中，电动机便会自动启动恢复到稳定运行状态，这一过程称为电动机的自启动。

① 自启动过程中出现的问题。

一是因为同时参加自启动的电动机数目多，很大的启动电流，在厂用变压器和线路等元件中引起电压降，使厂用母线电压大大降低，危及厂用电系统的稳定运行；

二是厂用母线电压降低，使电动机启动过程时间增长，电动机绕组发热，影响电动机的寿命和安全。

② 解决办法。

限制同时参加自启动电动机的台数，即对不重要电动机加装低电压保护装置，首先断开，不参加自启动；对重要电动机，加装低电压保护和自动重合闸装置，分批自启动，这样便改善了重要电动机的自启动条件。

(4) 事故保安电源和交流不停电电源

① 事故保安电源。

对 200MW 及以上的大容量机组，当厂用工作电源和备用电源都消失时，为确保在严重事故状态下能安全停机，事故消除后又能及时恢复供电，应设置事故保安电源，以保证事故保安负荷，如润滑油泵、密封油泵、热工仪表及自动装置、盘车装置、顶轴油泵、事故照明和计算机等设施的连续供电。

事故保安电源必须是一种独立而又十分可靠的电源，通常采用快速自动程序启动的柴油发电机组、蓄电池组以及逆变器将直流变为交流作为交流事故保安电源。对 200MW 及以上机组还应由附近 110kV 及以上的变电站或发电厂引入独立可靠外部电源，作为事故备用保安电源。某发电厂 200MW 发电机组的事故保安电源接线示意图如图 6-2 所示。

事故保安电源通常采用 380/220V 电压，每台机组设置一段事故保安母线，采用单母线接线。每 2 台发电机组设置 1 台柴油发电机组作为事故保安电源。热工仪表及自动装置等要求连续供电的负荷，则由直流逆变器所连接的不停电母线（每台机组设置一段）供电，其电压为 220V。热工仪表和自动装置等要求不间断供电的负荷，则由直流逆变器（每台机组设置一段）供电，其电压为 220V。

对于 1000MW 发电机组，每台机组设置一台快速启动的柴油发电机组，作为本机的事故保安电源。每台机组设置两段 380V 事故保安母线，正常运行时分别由低压工作电源供电，事故时由柴油发电机组供电。

② 交流不间断供电电源（UPS）。

由于快速柴油发电机组的启动和切换需要时间，这短时的供电中断对于某些保安负荷（如实时控制用的计算机等）也是不允许的，此时可由蓄电池经静态逆变装置或逆变机组将直流变为交流，向不允许中断供电的交流负荷供电。由于目前生产的蓄电池组最大容量有限，所以需要柴油发电机组或外接电源配合工作。

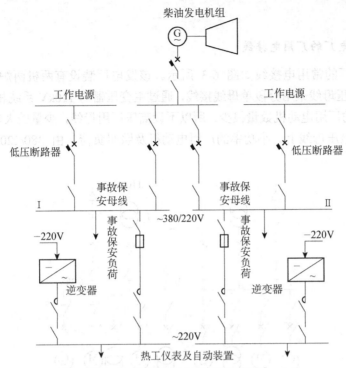

图 6-2 事故保安电源接线示意图

厂用电接线的基本形式。

厂用电接线通常都采用单母线分段接线形式，一段母线故障不影响其他母线段。因火电厂的厂用负荷大多集中在锅炉的辅助机械设备中，因此一般采用"按炉分段"的接线原则，将厂用高压母线按锅炉台数分成若干独立段。

厂用电各级电压母线均采用按锅炉分段接线方式，具有下列特点：

① 若某一段母线发生故障，只影响其对应的一台锅炉的运行，使事故影响范围局限在一机一炉；

② 厂用电系统发生短路时，短路电流较小，有利于电气设备的选择；

③ 将同一机炉的厂用电负荷接在同一段母线上，便于运行管理和安排检修。

随着发电机组容量的不断增大，汽轮机辅机的容量也越来越大，如射水泵、凝结水泵等设备都进入了高压厂用负荷的范畴。加之大容量机组都实行机、炉单元集中控制，所以"按锅炉分段"的原则，实际已是"按机组分段"了。

6.3 不同类型发电厂和变电所用电典型接线分析

6.3.1 火电厂厂用电接线

厂用电接线方式合理与否，对机、炉、电的辅机以及整个发电厂的运行可靠性有很大影响。厂用电接线应保证厂用供电的连续性，使发电厂能安全满发，并满足运行安全可靠、灵活方便等要求。

1. 小容量火电厂的厂用电接线

小容量火电厂的常用电接线如图 6-3 所示。该发电厂装设有两机两炉。发电机电压为 6.3kV，发电机电压母线采用分段单母线接线，通过主变压器与 110kV 系统相联系。因机组容量不大，大功率的厂用电动机数量很少，所以不设高压厂用母线，少量的大功率厂用电动机，直接接在发电机电压母线上。小功率的厂用电动机及照明负荷，由 380/220V 低压厂用母线供电。

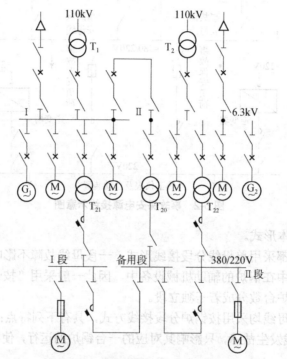

图 6-3 小容量火电厂的厂用电接线

2. 中型热电厂的厂用电接线

图 6-4 所示为某中型热电厂的厂用电接线简图。该电厂装设有两机三炉（母管制供汽）。发电机电压为 10.5kV，发电机电压母线采用双母线分段接线，通过两台主变压器与 110kV 电力系统相联系。

高压厂用工作变压器 T_{11}、T_{12} 和 T_{13} 分别接于主母线的两个分段上。高压备用电源采用明备用方式，备用变压器 T_{10} 也接在发电机电压主母线上，采用明备用。

厂用低压电压采用 380/220V。由于机组容量不大，负荷较小，厂用低压母线只设两段（每段又使用隔离开关分为两个半段），分别由接于高压厂用母线 I 段和 III 段上的低压厂用工作变压器 T_{21} 和 T_{22} 供电。厂用低压备用电源采用明备用方式，由接于高压厂用母线 II 段（该段上未接厂用低压工作变压器）上的厂用低压备用变压器 T_{20} 供电。

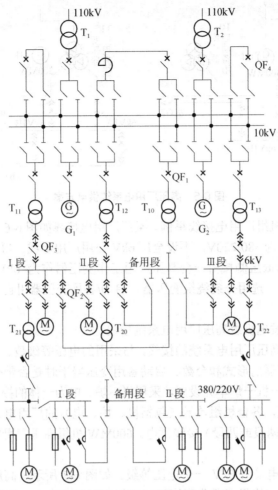

图 6-4 某中型热电厂的厂用电接线

3. 大型火电厂的厂用电接线

（1）300MW 汽轮发电机组高压厂用电系统接线

300MW 汽轮发电机组高压厂用电系统有两种常用的接线方案，如图 6-5 所示。图 6-5（a）所示为方案 1，不设 6kV 公用负荷母线段，将全厂公用负荷（如输煤、除灰、化水等）分别接在各机组 A、B 段母线上；图 6-5（b）所示为方案 2，单独设置两段公用负荷母线，集中供全厂公用负荷用电，该公用负荷母线段正常由启动备用变压器供电。

图 6-5（a）所示方案 1 的优点是公用负荷分接于不同机组变压器上，供电可靠性高、投资省，但也由于公用负荷分接于各机组工作母线上，机组工作母线清扫时，将影响公用负荷的备用。另外，由于公用负荷分接于两台机组的工作母线上，因此，在机组 G1 发电时，必须也安装好机组 G2 的 6kV 厂用配电装置，并由启动/备用变压器供电。图 6-5（b）所示方案 2 的优点是公用负荷集中，无过渡问题，各单元机组独立性强，便于各机组厂用母线清扫。其缺点是由于公用负荷集中，并因启动/备用变压器要用工作变压器作备用（若无第二台启动/备用变压器作备用时），故工作变压器也要考虑在启动/备用变压器检修或故障时带公用负荷母线段运行。因此，启动/备用变压器和工作变压器均较方案 1 变压器分支的容量大，配电装置也增多，投资较大。

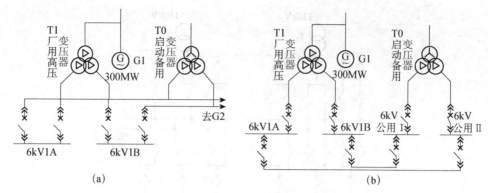

图 6-5 高压厂用电系统供电方案

300MW 汽轮发电机组厂用电接线举例。某厂厂用电接线如图 6-6 所示。厂用电压共分两级，高压为 6kV，低压为 380/220V，不设全厂 6kV 公用厂用母线。每台 300MW 汽轮发电机从各单元机组的变压器低压侧接引一台高压厂用工作变压器作为 6kV 厂用电系统的工作电源。为了限制短路电流，选用分裂绕组变压器，启动/备用变压器引自升高电压用线，采用明备用方式。

（2）600MW 汽轮发电机组高压厂用电系统接线

600MW 机组单元高压厂用电系统的接线，与采用的电压等级数、厂用工作变压器的形式和台数、启动备用变压器的形式和台数、启动备用变压器平时是否带公用负荷等因素有关。600MW 机组通常都为一机一炉单元设置，采用机、炉、电为一体的控制方式，因此，厂用电系统也必须按单元设置，各台机组单元（包括机、炉、电）的厂用电系统必须是独立的，而且采用单母线多分段（两段或四段）接线供电。600MW 机组高压厂用电系统有下述两种接线形式。

方案 1 高压厂用电采用 6kV 一个电压等级。如图 6-7 所示，高压厂用电压采用 6kV，设置一台高压厂用三相三绕组（或分裂绕组）工作变压器 T1AB、两台三相双绕组启动/备用变压器 T_{fa1}、T_{fa2}，启动/备用变压器平时带公用负荷。

高压厂用电采用 6kV 电压等级接线的主要特点。

① 机组单元（机、炉、电）厂用负荷由两段高压厂用母线（1A 和 1B）分担。正常运行时由高压厂用工作变压器供电，将双套或更多套设备均匀地分接在两段母线上，以提高供电可靠性。高压厂用工作变压器不带公用负荷，故其容量较小。

② 公用负荷由两段厂用公用母线（C1 和 C2）分担。正常运行时，两台启动/备用变压器各带一段公用母线（亦称公用段），两段公用母线分开运行。由于启动/备用变压器常带公用负荷，故又称其为公用备用变压器。

③ 当一台启动/备用变压器停役或由于其他设备有异常使一台启动/备用变压器不能运行时，可由另一台启动/备用变压器带两段公用母线。因此，对公用负荷而言，2 台启动/备用变压器互为备用的电源。

方案 2 高压厂用电采用 10kV 和 3kV 两个电压等级。如图 6-8 所示，每个机组单元设置 2 台三相三绕组工作变压器（高压厂用变压器）T1A、T1B，分接至四段高压厂用母线，既带机组单元负荷，又带公用负荷。每两台机组设公用的 2 台三绕组变压器作启动/备用变压器 T12A、T12B，平时不带负荷。

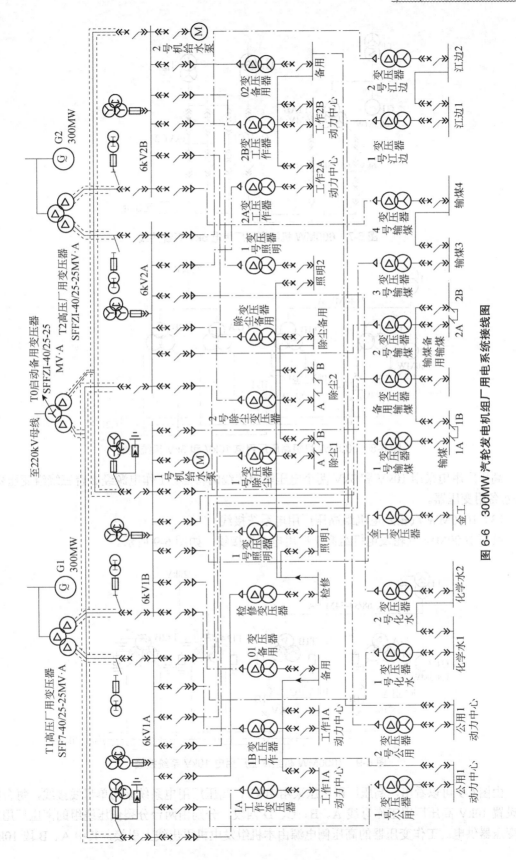

图 6-6 300MW 汽轮发电机组厂用电系统接线图

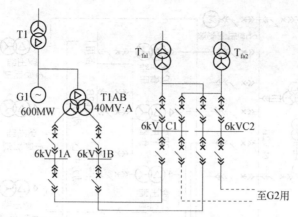

图 6-7　600MW 机组高压厂用电 6kV 系统接线

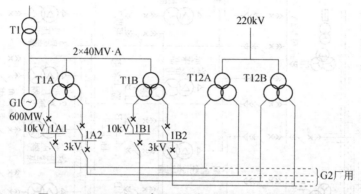

图 6-8　600MW 机组高压厂用电 10kV 和 3kV 系统接线

高压厂用电采用 10kV 和 3kV 两个电压等级接线的特点：工作电源经 2 台三绕组变压器，启动/备用变压器。

（3）1000MW 汽轮发电机组高压厂用电系统接线

某厂 1000MW 汽轮发电机组高压厂用电系统接线，如图 6-9 所示。

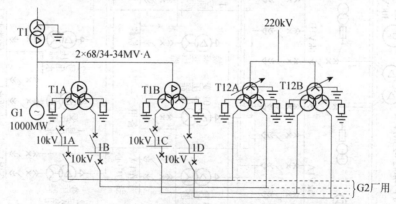

图 6-9　1000MW 机组高压厂用电 10kV 系统接线

由图 6-9 可以看出，高压厂用电压采用 10kV，高压厂用电系统采用单母线接线，每台机组设置 10kV 高压厂用工作母线 A、B、C、D 四段，分别由两台分裂低压绕组的高压厂用工作变压器供电。工作变压器的高压侧电源由本机组发电机引出线上引接，其中 A、B 段 10kV

母线由第一台高压厂用工作变压器的两个低压分裂绕组经共箱母线引接；C、D 段 10kV 母线由第二台高压厂用工作变压器的两个低压分裂绕组经共箱母线引接。互为备用及成对出现的高压厂用电动机及低压厂用变压器分别由不同的 10kV 母线段上引接。

启动/备用变压器 10kV 侧通过共箱母线连接到每台机组的四段 10kV 工作母线上作为备用电源，A、B 段 10kV 母线由第一台启动/备用变压器的两个低压分裂绕组经共箱母线引接；C、D 段 10kV 母线由第二台启动/备用变压器的两个低压分裂绕组经共箱母线引接。

厂用高压变压器、启动/备用变压器低压中性点采用低电阻接地方式，接地电阻为 60Ω。两台启动/备用变压器分别由 220kV 升压站各引接一回电源，确保在一台启动/备用电源检修或其他情况下，可保证有一台启动/备用变压器投入工作。高压厂用工作变压器与启动/备用变压器装有备用电源快速切换装置。

这种高压厂用电系统接线的特点是：高压厂用母线设 4 段，互为备用的负荷接入两台厂用变压器的两个低压分裂绕组上；可与启动/备用变压器组成一对一的接线方式，任何一台厂用变压器停运，只要投入相应的启动/备用变压器即可供电，可靠性极高，调度也非常灵活。

6.3.2 水力发电厂厂用电接线

对水电厂来说，厂用电负荷属最重要负荷之一。水电厂厂用机械的数量、容量及重要程度等与机组容量有关，并受水头、流量和水轮机形式以及运行方式等条件影响。一般水电厂最基本的厂用负荷是水轮机调速系统和润滑系统油泵、压缩空气系统的空气压缩机、发电机冷却系统和润滑系统的水泵、全厂辅助机械系统的电动机、闸门启闭设备、照明及水利枢纽等设施用电。

水电厂的厂用电接线也都采用单母线分段形式。中小型水电厂通常厂用母线只分为两段，由两台厂用变压器以暗备用方式给两段厂用母线供电；大容量水电厂，厂用母线则按机组台数分段，每段由单独厂用变压器供电，并设置专用备用变压器。

为了供给厂外坝区闸门及水利枢纽防洪、灌溉取水、船闸或升船机、筏道、鱼梯等设施用电，可设专用坝区变压器，按其距主厂房远近、负荷大小以及发电机电压等条件，可采用 6kV 或 10kV 电压供电，其余厂用电负荷均以 380/220V 供电。图 6-10 所示为大型水电厂的厂用电接线示例。

该水电厂有 4 台大容量发电机组，具有 6kV 大容量电动机拖动的坝区机械设备，且距厂房较远，同时水库还兼有防洪、航运等任务，因此，厂用电采用 6kV 及 380V 两级电压。均采用发电机-双绕组变压器组单元接线，其中发电机 G2 和 G3 的出口处只设隔离开关，在发电机 G1 和 G4 的出口处装设断路器和隔离开关。

高压厂用电系统供给坝区闸门及水利枢纽的防洪、灌溉取水、船闸或升船机等大功率设施用电，设有两段 6kV 高压母线段，分别由专用的坝区变压器 T11 和 T12 供电。坝区变压器 T11 和 T12 采用暗备用方式，分别由 1# 和 4# 机组的主变压器低压侧引接。这样，在发电厂首次启动或全厂停电时，仍可由系统通过主变压器倒送功率向厂用电系统供给电能。低压厂用电系统采用 380/220V 电压等级，按机组台数分段，分别由接自发电机出口的厂用变压器 T21～T24 供电。此外，还在 2 台发电机组的出口处装设了断路器 QF1 和 QF2，这样，即使在全厂停运时，仍可以从电力系统取得厂用电源，即厂用电由变压器 T21 或 T24

低压侧取得电源。

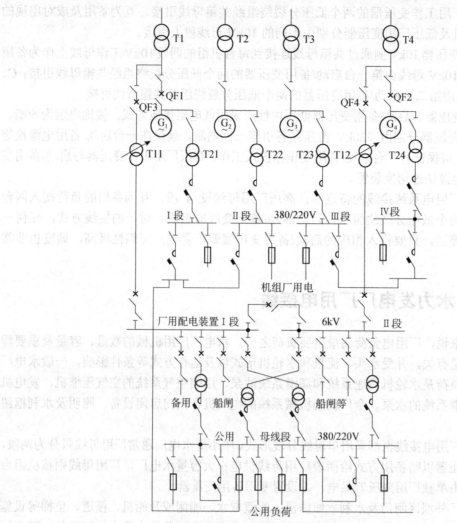

图6-10 大型水电厂的厂用电接线

6.3.3 变电站站用电接线

1. 站用电负荷

变电站站负荷的用电称为站用电。变电站的主要站用电负荷包括以下几部分。

① 主变压器冷却系统，强迫油循环油泵电动机、冷却器风扇电动机、水冷变压器的水循环系统电动机。

② 变电所的消防系统，包括消防水泵、变压器的水喷雾系统的水泵电动机。

③ 变电所采暖、通风、空调系统的电源。在采暖地区变电所的电锅炉、电暖气等电采暖设备；各户内配电装置室，电抗器室、蓄电池室的通风机；主控室、继电保护小室、值班人员休息室的空调。

④ 变电所给排水系统的水泵电动机。

⑤ 变电所的户内外照明。
⑥ 电器设备控制箱的加热、通风、去湿。
⑦ 直流系统中的充放电装置和晶闸管整流设备。
⑧ 变电所的检修、试验电源。
⑨ 消防系统和生活用电。

对 500kV 变电站，还包括高压断路器和隔离开关的操作机构电源。尽管这些负荷的容量并不太大，但由于 500kV 变电站在电力系统中的枢纽地位，出于运行安全的考虑，其站用电系统必须具有高度的可靠性。

2. 所用电负荷

变电所所用负荷的用电称为所用电。变电站的主要所用电负荷包括以下内容。

① 主变压器冷却系统、强迫油循环油泵电动机、冷却器风扇电动机、水冷变压器的水循环系统电动机。

② 变电所的消防系统，包括消防水泵、变压器的水喷雾系统的水泵电动机。

③ 变电所采暖、通风、空调系统的电源。在采暖地区变电所的电锅炉、电暖气等电采暖设备；各户内配电装置室、电抗器室、蓄电池室的通风机；主控室、继电保护小室、值班人员休息室的空调。

④ 变电所给排水系统的水泵电动机。

⑤ 变电所的户内外照明。

⑥ 电器设备控制箱的加热、通风、去湿。

⑦ 蓄电池充电。

⑧ 变电所的检修、试验电源。

⑨ 生活用电。

3. 所用电接线配置

对于中型变电站或装有调相机的变电站，通常都装设 2 台站用变压器，分别接在变电站低压母线的不同分段上，380V 站用电母线采用低压断路器（即自动空气开关）进行分段，并以低压成套配电装置供电。小型变电站，大多只装一台站用变压器，从变电站低压母线上引接，站用变压器二次侧为 380/220V 中性点直接接地的三相四线制系统。500kV 变电站必须装设 2 台或 2 台以上的站用工作变压器。当有可靠的外接电源时，一般设置 1 台与站用工作变压器容量相同的备用变压器作为备用电源，并且装设备用电源自动投入装置，以保证工作变压器因故退出运行时，备用变压器能自动投入运行。当无可靠的外接电源时，可设 1 台自启动的柴油发电机组作为备用电源，其容量应至少满足主变压器的冷却装置负荷和断路器及隔离开关的操动机构电源的需要。

500kV 变电站的站用电源引接方式，有下述三种。

① 由变电站内主变压器第三绕组引接，站用变压器高压侧要选用较大断流容量的开关设备，否则要加限流电抗器。

② 当站内有较低电压母线时，一般由这类电压母线上引接 2 个站用电源，这种站用电源引接方式具有经济性好和可靠性高的特点。

③ 500kV 变电站的外接站用电源多由附近的发电厂或变电站的低压母线引接。500kV 变

电站的站用电接线如图 6-11 所示。

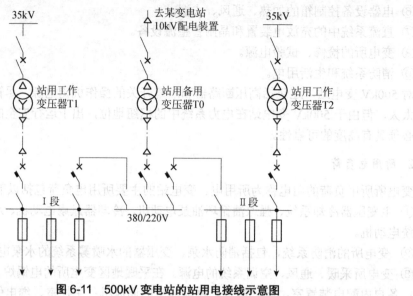

图 6-11 500kV 变电站的站用电接线示意图

6.4 厂用变压器的选择

6.4.1 火电厂主要厂用电负荷

电厂的厂用电负荷包括全厂炉、机、电、燃运等用电设备，面大量广，且随各电厂机组类型、容量、燃料种类、供水条件等因素影响而有较大的差异。

为了正确选择厂用变压器容量，不但要统计变压器连接的分段母线上实际所接电动机的台数和容量，还要考虑它们是经常工作的还是备用的，是连续运行的还是断续运行的。为了顾及这些不同的情况，选出既能满足负荷要求又不致容量过大的变压器，所以又提出按使用时间对负荷运行方式进行分类：

经常——每天都要使用的负荷（电动机）；不经常——只在检修、事故或机炉启停期间使用的负荷（电动机）；连续——每次连续运转 2h 以上的负荷；短时——每次仅运转 10～120min 的负荷；断续——每次使用从带负荷到空载或停止，反复周期性地工作，其每一周期不超过 10min 的负荷。

上述"经常"和"不经常"主要用来表征该类设备电动机的使用频率。而"连续""短时"和"断续"则用来区分该类设备每次使用时间的长短。

表 6-2 列出火电厂主要厂用电负荷及其类别，供参考。

注：Ⅰ表示Ⅰ类厂用负荷，Ⅱ表示Ⅱ类厂用负荷，Ⅲ表示Ⅲ类厂用负荷，保安表示保安厂用负荷。

表 6-2 火电厂主要厂用电负荷及其类别

分类	名称	负荷类别	运行方式	备注
锅炉负荷	引风机	Ⅰ		
	送风机	Ⅰ		用于送粉时为Ⅰ
	排粉机	Ⅰ或Ⅱ	经常、连续	无煤粉仓时为Ⅰ
	磨煤机	Ⅰ或Ⅱ		无煤粉仓时为Ⅰ
	给煤机	Ⅰ或Ⅱ		
	给粉机	Ⅰ		
汽轮机负荷	射水泵	Ⅰ		用汽动给水泵
	凝结水泵	Ⅰ	经常、连续	
	循环水泵	Ⅰ		
	给水泵	Ⅰ	不经常、连续	
电气及公共负荷	充电机	Ⅱ	不经常、连续	
	浮充电装置	Ⅱ或保安	经常、连续	
	空压机	Ⅱ	经常、短时	
	变压器冷却风机	Ⅱ	经常、连续	
	通信电源	Ⅰ	经常、连续	
事故保安负荷	盘车电动机	保安	不经常、连续	
	顶轴油泵	保安	不经常、短时	
	交流润滑油泵	保安	不经常、连续	
	浮充电装置	保安	经常、连续	
	机炉自控电源	保安	经常、连续	
输煤负荷	输煤皮带	Ⅱ	经常、连续	
	碎煤机	Ⅱ	经常、连续	
	筛煤机	Ⅱ	经常、连续	
除灰负荷	灰浆泵	Ⅱ	经常、连续	
	碎渣机	Ⅱ	经常、连续	
	电气除尘器	Ⅱ	经常、连续	
厂外水工负荷	中央循环水泵	Ⅰ	经常、连续	与工业水泵合用时生活水泵负荷类别为Ⅱ
	消防水泵	Ⅰ	不经常、短时	
	生活水泵	Ⅱ或Ⅲ	经常、短时	
	冷却塔通风机	Ⅱ	经常、连续	
辅助车间负荷	化学水处理室	Ⅰ或Ⅱ	经常（或短时）、连续	大于300MW机组时，化学水处理室负荷类别为Ⅰ
	中央修配间	Ⅲ	经常、连续	
	电气试验室	Ⅲ	不经常、短时	
	起重机械	Ⅲ	不经常、断续	

6.4.2 厂用电负荷的计算

1. 厂用电负荷的计算原则

① 经常连续运行的负荷应全部计入。如引风机、送风机、给水泵、排粉机、循环水泵、凝结水泵、真空泵等用的电动机。

② 连续而不经常运行的负荷亦应计入。如充电机、备用励磁机、事故备用油泵、备用电动给水泵等用的电动机。

③ 经常而断续运行的负荷亦应计入。如疏水泵、空气压缩机等用的电动机。

④ 短时断续而又不经常运行的负荷一般不予计算。如行车、电焊机等。但在选择变压器时，变压器容量应留有适当裕度。

⑤ 由同一台变压器供电的互为备用的设备，只计算同时运行的台数。

⑥ 对于分裂绕组变压器，其高压绕组、低压绕组的负荷应分别计算。

2. 厂用电负荷的计算方法

（1）换算系数法

厂用电负荷的计算方法常采用换算系数法，计算如下：

$$S = \sum(K \cdot P) \tag{6-3}$$

$$K = \frac{K_m K_L}{\eta \cos\phi} \tag{6-4}$$

式中，S——该厂用分段母线上的计算负荷（kV·A）；

P——电动机的计算功率（应根据前面提到的其运行方式和特点来确定）；

K——换算系数，可取表 6-3 所列的数值；

K_m——同时系数；

K_L——负荷率（考虑到电机实际不满载）；

η——效率；

$\cos\phi$——功率因数。

表 6-3　换算系数

机组容量(MW)	≤125	≤200
给水泵及循环水泵电动机	1.0	1.0
凝结水泵电动机	0.8	1.0
其他高压电动机及低压厂用变压器(kV·A)	0.8	0.85
其他低压电动机	0.8	0.7

电动机的计算功率 P，应根据负荷的运行方式及特点确定。

① 对经常、连续运行的设备和连续而不经常运行的设备，即连续运行的电动机均应全部计入，按下列公式计算：

$$P = P_N \tag{6-5}$$

式中，P 为电动机额定功率（kW）。

② 对经常短时及经常断续运行的电动机应按下式计算：
$$P = 0.5P_N \tag{6-6}$$

③ 对不经常短时及不经常断续运行的设备，一般可不予计算：
$$P = 0 \tag{6-7}$$

这类负荷如行车、电焊机等。在选择变压器容量时由于留有裕度，同时亦考虑到变压器具有较大的过载能力，所以该类负荷可以不予计入。但是，若经电抗器供电时，因电抗器一般为空气自然冷却，过载能力很小，这些设备的负荷均应全部计算在内。

④ 对修配厂的用电负荷，通常按下式计算：
$$P = 0.14P_\Sigma + 0.4P_{\Sigma 5} \tag{6-8}$$

式中，P_Σ 为全部电动机额定功率总和（kW）；$P_{\Sigma 5}$ 为其中最大 5 台电动机的额定功率之和（kW）。

⑤ 煤场机械负荷中，对大型机械应根据机械工作情况具体分析确定。对中小型机械，则按下式计算：
$$P = 0.35P_\Sigma + 0.6P_{\Sigma 3} \tag{6-9}$$

式中，$P_{\Sigma 3}$ 为其中最大 3 台电动机的额定功率之和（kW）。

翻斗机：
$$P = 0.22P_\Sigma + 0.5P_{\Sigma 5} \tag{6-10}$$

轮斗机：
$$P = 0.13P_\Sigma + 0.3P_{\Sigma 5} \tag{6-11}$$

⑥ 对照明负荷计算为
$$P = K_d P_A \tag{6-12}$$

式中，K_d 为需要系数，一般取 0.8~1.0；P_A 为安装容量（kW）。

(2) 轴功率法

厂用电负荷用轴功率法进行计算。轴功率法的计算公式为
$$S = K_m \sum \frac{P_{max}}{\eta \cos\phi} + \sum S_L \tag{6-13}$$

式中，K_m 为同时率，新建电厂取 0.9，扩建电厂取 0.95；

P_{max} 为最大运行轴功率（kW）；

$\cos\phi$ 为对应于轴功率的电动机功率因数；

η 为对应于轴功率的电动机效率；

$\sum S_L$ 为低压厂用计算负荷之和（kV·A）。

6.4.3 厂用变压器的选择

1. 厂用变压器的型式和电压选择

厂用变压器的形式应满足厂用电系统供电及设备选择的要求。例如，大型机组一炉两段，宜采用低压分裂绕组变压器，两个低压分裂绕组分别向两段厂用母线段供电；也可选用两台双绕组变压器分别向两段厂用母线段供电，为了限制厂用变压器低压侧的短路电流，能合理选择厂用系统的开关设备，一般要求选用阻抗大于 10%的高阻抗变压器。厂用变压器的额定

电压应根据厂用电系统的电压等级和电源引接处的电压确定，变压器一、二次额定电压必须与引接电源电压和厂用网络电压相一致。

2. 工作变压器的台数和形式选择

工作变压器的台数和形式与厂用高压母线的段数有关，而母线的段数又与厂用高压母线的电压等级有关。

当只有6kV或10kV一种电压等级时，一般分2段；200MW以上机组可分4段；当10kV与3kV电压等级同时存在时，则分4段（10kV2段和3kV2段）。当只有6kV或10kV一种电压等级时，高压厂用工作变压器可选用1台全容量的低压分裂绕组变压器，两个分裂支路分别供2段母线；或选用2台50%容量的双绕组变压器，分别供2段母线。

对于200MW以上机组，高压厂用工作变压器可选用2台低压分裂绕组变压器，分别供四段母线；当出现10kV和3kV两种电压等级时，高压厂用工作变压器可选用2台50%容量的三绕组变压器，分别供四段母线。

3. 厂用变压器的容量选择

厂用变压器的容量必须满足厂用电机械从电源获得足够的功率。因此，对高压厂用工作变压器的容量应按高压厂用计算负荷的110%与低压厂用计算负荷之和进行选择；而低压厂用工作变压器的容应留有10%左右的裕度。

（1）高压厂用工作变压器容量

当为双绕组变压器时按下式选择容量：

$$S \geqslant 1.1S_H + S_L \tag{6-14}$$

式中，S_H为高压厂用计算负荷之和；S_L为低压厂用计算负荷之和。

当厂用变压器为低压分裂绕组变压器时，其各绕组容量应满足：

高压绕组

$$S_{1N} \geqslant \sum S_C - S_r \tag{6-15}$$

分裂绕组

$$S_{2N} \geqslant S_C \tag{6-16}$$

$$S_C = 1.1S_H + S_L \tag{6-17}$$

式中，S_{1N}为厂用变压器高压绕组额定容量（kV·A）；

S_{2N}为厂用变压器分裂绕组额定容量（kV·A）；

S_C为厂用变压器分裂绕组计算负荷（kV·A）；

S_r为分裂绕组两分支重复计算负荷（kV·A）。

（2）高压厂用备用变压器容量

高压厂用备用变压器或启动变压器应与最大一台高压厂用工作变压器的容量相同，低压厂用备用变压器的容量应与最大一台低压厂用工作变压器容量相同。

（3）低压厂用工作变压器容量

可按下式选择变压器容量：

$$K_\theta S \geqslant S_L \tag{6-18}$$

式中，S为低压厂用工作变压器容量（kV·A）；K_θ为变压器温度修正系数。

一般对装于屋外或由屋外进风小间内的变压器,可取 $K_\theta=1$,但宜将小间进出风温差控制在 10℃ 以内;对由主厂房进风小间内的变压器,当温度变化较大时,随地区而异,应当考虑温度进行修正。

厂用变压器容量的选择,除了考虑所接负荷的因素外,还应考虑:
① 电动机自启动时的电压降;
② 变压器低压侧短路容量;
③ 留有一定的备用裕度。

4. 厂用变压器的阻抗选择

变压器的阻抗是厂用工作变压器的一个重要指标。厂用工作变压器的阻抗要求比一般电力变压器的阻抗大,这时因为要限制变压器低压侧的短路容量,否则将影响到开关设备的选择,一般要求阻抗应大于 10%;但是,阻抗过大又将影响厂用电动机的自启动。

厂用工作变压器如果选用分裂绕组变压器,则能在一定程度上缓解上述矛盾,因为分裂组变压器在正常工作时具有较小阻抗,而分裂绕组出口短路时则具有较大的阻抗。

*6.5 厂用电动机的选择和自启动校验

6.5.1 厂用机械特性和电力拖动运动方程

发电厂中厂用机械设备的负载转矩特性可归纳为两种类型:其一,恒转矩负载特性;其二,具有非线性上升的负载转矩机械特性。

1. 恒转矩负载

即该设备的负载转矩(阻转矩)M_{*m} 与转速 n_* 无关,$M_{*m}=f(n_*)$ 特性为一水平直线,如图 6-12 中直线 1 所示。火电厂中属于这类机械的有碎煤机、磨煤机、绞车、起重机等。

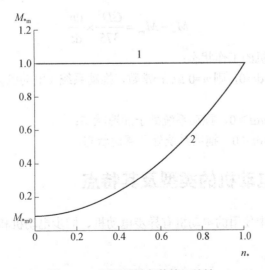

图 6-12 厂用机械负载转矩特性

2. 非线性转矩负载

该类设备的负载转矩与转速的二次方或高次方成比例，如图 6-12 中曲线 2 所示。非线性负载转矩特性可用下式表示：

$$M_{*m} = M_{*m0} + (1 - M_{*m0})n_*^{\alpha} \tag{6-19}$$

式中，M_{*m}——负载转矩标幺值（以机械设备在额定出力时的额定转矩为基准值）；

M_{*m0}——与转速 n 无关的摩擦起始负载转矩标幺值，一般取成 0.15；

α——指数，与机械设备形式有关；

n_*^{α}——转速的标幺值（以同步转速为基准值）。

即负载转矩 M_m 与转速 n 有关，当转速 n 变化时，负载转矩 M_m 与 n 的二次方或高次方成比例，具有非线性上升关系。比如火电厂中的风机、油泵就属于这类机械。由电动机和厂用机械设备组成的电力拖动系统是一个机械运动系统，其中有能量、功率和转矩的传递。代表运动特征的量是转速 n、转矩 M、角速度 Ω 以及时间 t 等。电动机产生的电磁拖动转矩 M_e，用以克服机械负荷的阻转距 M_m 后的剩余转矩，就会使机械传动系统产生加速运动，其旋转运动的方程式为

$$M_e - M_m = J\frac{d\Omega}{dt} \tag{6-20}$$

式中，M_e 为电动机产生的电磁拖动转矩（N·m）；M_m 为机械负载转矩，或称阻转矩（N·m）；$J\frac{d\Omega}{dt}$ 为惯性转矩，或称加速转矩（N·m）；J 为包括电动机在内的整个机组的转动惯量（kg·m²）；Ω 为机组旋转角速度，$\omega = \frac{2\pi n}{60}$(rad/s)。

机组的转动惯量 J 常采用飞轮惯量 GD^2（n·m²）来表示，即

$$J = \frac{1}{4g}GD^2 = \frac{1}{4 \times 9.8}GD^2 \tag{6-21}$$

则实用计算运动方程式为

$$M_e - M_m = \frac{GD^2}{375} \times \frac{dn}{dt} \tag{6-22}$$

由上式可分析电动机的工作状态：

① $M_e = M_m$ 时，$dn/dt = 0$，则 $n = 0$ 或 $n = $ 常数，拖动系统（电动机）处于静止或稳定运行状态（等速旋转）；

② $M_e > M_m$ 时，$dn/dt > 0$，拖动系统处于加速状态；

③ $M_e < M_m$ 时，$dn/dt < 0$，拖动系统处于减速状态。

6.5.2 厂用电动机的类型及其特点

发电厂厂用电系统中使用的电动机有异步电动机、同步电动机和直流电动机三类。

1. 异步电动机

异步电动机的机械特性是指电动机的电磁转矩 M_e 与转速 n 的关系，即 $M_{*e} = f(n_*)$。将

异步电动机的特性曲线与被拖动的机械设备的负载转矩特性曲线绘于一张图上，如图 6-13 所示。

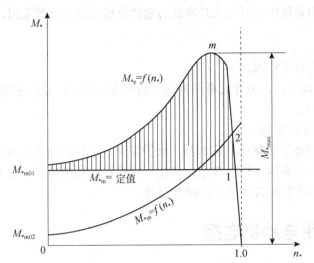

图 6-13 异步电动机和机械设备的机械特性曲线

由图 6-13 可见，该拖动系统初始时电动机转动的启动转矩 M_{*e0} 必须大于被拖动机械在 $n_*=0$ 时的起始负荷转矩 M_{*m0}，并且在启动过程中，任一转速下都应有 $M_{*e}>M_{*m}$，使剩余转矩为正，方能顺利地把机械设备拖动到稳定运行状态。图 6-13 中以竖线条示出电动机对于 $M_{*m}=$ 定值的设备剩余转矩。只有当电动机 $M_{*e}=f(n_*)$ 与厂用负荷 $M_{*m}=f(n_*)$ 相等，即工作在两条曲线的交点上（2 或 1）时，拖动系统才能稳定运行。

异步电动机的启动，一般不需要特殊设备，而采用直接启动方式，启动时的转矩为额定启动转矩，启动时间短，但是启动电流可达额定电流的 4~7 倍，这不仅使电源电压在启动时发生显著下降，而且更会引起电动机发热，特别在机组转动惯量较大，剩余转矩较小，启动缓慢的情况下更为严重。因此，对启动困难的厂用机械设备如引风机、磨煤机、排粉机等相配套的电动机，必要时须进行启动校验。

在发电厂中广泛使用的鼠笼式异步电动机有三种结构形式，即单鼠笼式、深槽式和双鼠笼式。后两种具有启动转矩大、启动电流较小等较好的启动性能。

绕线式异步电动机最大特点是可以均匀地无级调速，如采用转子电路内引入感应电动势的串级调速；也可以在转子电路串接电阻进行调整，即借助调节电阻使其在一定范围内改变转速、启动转矩和启动电流。

2. 同步电动机

同步电动机具有以下特点。

① 采用直流励磁，可以工作在"超前"或"滞后"的不同运行状态。当工作在"超前"运行状态时，它可以提高厂用电系统的功率因数，同时减小厂用电系统的损耗和电压损失。

② 结构比较复杂。

③ 对电压波动不十分敏感，因其转矩与电压成正比（异步电动机的转矩与电压的平方成正比），对电压波动不太敏感，并且装有自动励磁调节装置且能强行励磁，从而在电压降低时，

仍能维持其运行稳定性。

但是，同步电动机的结构复杂，并须附加一套励磁系统，价格较高，且启动、控制较麻烦。所以，在厂用电系统中，只在大功率低转速的机械设备上有时采用。

3. 直流电动机

直流电动机具有以下特点。
① 借助调节磁场电流，可在大范围内均匀而平滑地调速，且调速电阻器消耗较省。
② 启动转矩较大。
③ 不依赖厂用交流电源。

但直流电动机制造工艺复杂、成本高、维护量大、工作可靠性也较差。所以，直流电动机用于拖动对调速性能和启动性能要求较高的厂用机械，如给粉机。此外，直流电动机还用于事故保安负荷中的汽轮机直流备用润滑油泵等。

6.5.3 厂用电动机选择

厂用电动机主要根据功率大小、启动转矩要求和调速要求进行合理选择。

1. 形式选择

厂用电动机一般都采用交流鼠笼式异步电动机。对于要求在很大范围内调节转速及当厂用交流电源消失后仍要求工作的设备才选择直流电动机。对于反复、重载启动或需要小范围内调速的机械，如吊车、抓斗机等才选用线绕式异步电动机或同步电动机。对 200MW 以上机组的大容量辅机，为了提高运行的经济性可采用双速电动机。

厂用电动机的防护形式应与周围环境条件相适应：
① 屋内干燥无尘场所可使用开启式；
② 空气清洁而有滴落水滴的场所宜使用防护式；
③ 尘埃较多、潮湿的场所应使用封闭式；
④ 有爆炸性气体的场所要使用防爆式。

2. 电压、转速和容量选择

选择拖动厂用机械的电动机时，其电压应与供电网络电压相一致，电机的转速应符合被拖动设备的要求，电动机容量 P_N 必须满足在额定电压和额定转速下大于满载工作的机械设备轴功率 P_S，并留有适当的储备，即

$$P_N > P_S \tag{6-23}$$

式中，P_N 为电动机额定容量（kW）；P_S 为被拖动机械设备轴功率（kW）。

6.5.4 电动机的自启动校验

1. 电动机的自启动

厂用电系统中运行的电动机，当电源突然消失或厂用电压降低时，一些重要机械的电动机并不立即断开，电动机转速就会下降（称为惰行），甚至停转，若在很短时间（一般在 0.5~

1.5s）内，厂用电压又恢复或通过自动切换装置将备用电源投入，此时，电动机惰行尚未结束，又自动启动恢复到稳定状态运行，这一过程称为电动机的自启动。

若参加自启动的电动机数量多、容量大时，启动电流过大，可能会使厂用母线及厂用电网络电压下降，甚至引起电动机过热，将危及电动机的安全以及厂用电网络的稳定运行，因此必须进行电动机自启动校验。若经校验不能自启动时，应采取相应的措施。

根据运行状态，自启动可分为三类。

① 失压自启动。运行中突然出现事故，厂用电压降低，当事故消除、电压恢复时形成的自启动。

② 空载自启动。备用电源处于空载状态时，自动投入失去电源的工作母线段时形成的自启动。

③ 带负荷自启动。备用电源已带一部分负荷，又自动投入失去电源的工作母线段时形成的自启动。

厂用工作电源一般仅考虑失压自启动，而厂用备用电源或启动电源则须考虑失压自启动、空载自启动及带负荷自启动三种方式。重要厂用机械的电动机参加自启动，保证了不因厂用母线的暂时失压而使发电机组被迫停机。减少了停电造成的经济损失，对电力系统的可靠、安全和稳定运行有重要意义。

2. 电动机自启动时厂用母线电压最低限值

异步电动机的转矩 M_{*e} 与其端电压的平方 U_*^2 成正比（如图 6-14 所示）。即 $M_{*e} \propto U_*^2$。

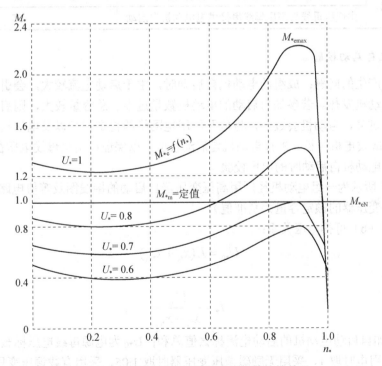

图 6-14 异步电动机转矩与电压、转速的关系

通常，异步电动机在额定电压下运行时，其最大转矩 M_{*emax} 约为额定转矩 M_{*eN} 的 2 倍。即

$$M_{*emax} = 2M_{*eN}$$

随着电压下降,电动机电磁转矩将急剧下降。当电压下降到 $70\%U_N$ 时,它的最大转矩相应变为

$$M = (0.7)^2 \cdot 2 < 1$$

若此时电动机已经带有额定负载,则此刻的剩余转矩变为负值,电动机受到制动而开始惰行,进入不稳定运行区,并最终可能停止运行。出现惰行的电压称为临界电压 U_{cr},这时电动机的最大电磁转矩 M_{*emax} 恰好等于负载转矩 M_{*m}。根据 $M_{*e} \propto U_*^2$,可得 $U_{*cr}^2 \cdot M_{*emax} = 1$,于是

$$U_{*cr} = \frac{1}{\sqrt{M_{*emax}}} \tag{6-24}$$

通常,异步电动机的 $M_{*emax}=1.8\sim2.4$,所以 $U_{*cr}=0.64\sim0.75$,即电压降低到额定电压的 64%~75%,电动机就开始惰行。为了系统能稳定运行,规定电动机正常启动时,厂用母线电压的最低允许值为额定电压的 80%;电动机端电压最低值为 70%。

在自启动时,为了保证厂用Ⅰ类负荷自启动并同时考虑到机械惯性因素,规定厂用母线电压在自启动时,应不低于表 6-4 中的数值。

表 6-4 电动机自启动要求的厂用母线最低电压

名 称	类 型	自启动电压为额定电压的百分值(%)
高压厂用母线	高温高压电厂	65~70
	中压电厂	60~65
低压厂用母线	由低压母线单独供电电动机自启动	60
	由低压母线与高压母线串接供电电动机自启动	55

3. 电动机自启动校验

自启动时产生的问题:成组的电动机自启动时,由于启动电流较大,会引起厂用电母线电压下降,电动机发热。若参加自启动的电动机数量过多、总容量较大,则启动电流过大,将使电压下降过多,电动机会过热,将危及厂用电网络的稳定运行以及电动机的安全,使自启动失败,造成发电机停机。进行电动机自启动校验,以保证厂用电母线电压在要求的水平。

(1)高压电动机自启动时的电压校验

如图 6-15 所示为一组电动机经厂用高压变压器自启动的接线图及等值电路(各元件标幺值以厂用高压变压器的额定容量为基准值)。

由图 6-15(b)可得电压关系:

$$U_{*0} = I_*(x_{*t} + x_{*m}) \tag{6-25}$$

由此可得

$$I_* = \frac{U_{*0}}{x_{*t} + x_{*m}} \tag{6-26}$$

式中,I_* 为参加自启动电动机的启动电流标幺值总和;U_{*0} 为电源母线电压标幺值,一般采用经电抗器供厂用电时取 1,采用无励磁调压变压器时取 1.05,采用有载调压变压器时取 1.1;x_{*m} 为厂用变压器或电抗器的电抗标幺值;x_{*t} 为参加自启动电动机的等值电抗标幺值。

电动机自启动开始瞬间,高压厂用母线上的电压为

$$U_{*1} = I_* x_{*m} \tag{6-27}$$

则自启动开始瞬间厂用母线上的电压为

$$U = \frac{U_{*0} x_{*m}}{x_{*t} + x_{*m}} \tag{6-28}$$

对一台静止的电动机，在启动瞬间的电抗有 $x_{*m} = 1/K$ 的关系。如果所有自启动的电动机取一个平均的启动电流倍数 K_{av}，则全部电动机折算后的等值总电抗可写为

$$x_{*m} = \frac{1}{K_{av}} \cdot \frac{S_t}{S_{m\Sigma}} \tag{6-29}$$

式中，S_t 为厂用变压器额定容量；$S_{m\Sigma}$ 为电动机总容量；K_{av} 为电动机自启动电流平均倍数。

将式（6-27）代入式（6-26）则自启动开始瞬间厂用母线上的电压为

$$U_{*1} = \frac{U_{*0} \cdot x_{*m}}{x_{*t} + x_{*m}} = \frac{U_{*0}}{1 + x_{*t} K_{av} \frac{S_{m\Sigma}}{S_t}} = \frac{U_{*0}}{1 + x_{*t} K_{av} \frac{1}{S_t} \frac{P_{m\Sigma}}{\eta \cos\phi}} = \frac{U_{*0}}{1 + x_{*t} \cdot S'_{*m\Sigma}} \tag{6-30}$$

式中，$S'_{*m\Sigma} = K_{av} \frac{1}{S_t} \frac{P_{m\Sigma}}{\eta \cos\phi}$ 为自启动时电动机的容量标幺值。

由式（6-30）计算出的厂用母线的电压（标幺值）不应低于允许值，才能保证电动机顺利启动。

（2）高、低压电动机经高压厂用变压器和低压变压器串联自启动母线电压校验

图 6-16 表示厂用高、低压变压器串联，高、低压电动机同时自启动的等效电路。假设高压母线已带有负荷，自启动过程中继续运行。在这种情况下，应对高压厂用母线电压和低压厂用母线电压分别进行校验。

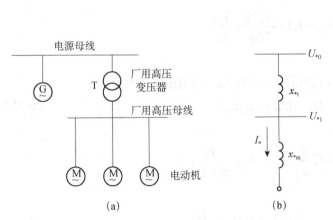

图 6-15　厂用电动机自启动接线及等值电路

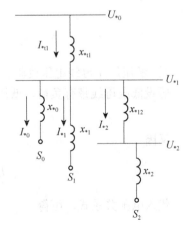

图 6-16　厂用高、低压电动机同时自启动的等值电路

① 高压厂用母线电压校验。

由图 6-16 可知电压关系，得

$$U_{*0} - U_{*1} = I x_{*t1} \tag{6-31}$$

电动机自启动时，通过高压厂用变压器的电流 I_{*t1} 为

$$I_{*t1} = I_{*0} + I_{*1} + I_{*2} \quad (6\text{-}32)$$

式中，$I_{*1} = \dfrac{U_{*1}}{x_{*1}} = \dfrac{U_{*1}}{x_{*1}\dfrac{S_{t1}}{S_1}} = \dfrac{1}{x_{*1}} \times \dfrac{U_{*1}S_1}{S_{t1}} = K_1 U_{*1} \dfrac{S_1}{S_{t1}}$，$I_{*2} = K_2 U_{*2} \dfrac{S_2}{S_{t1}}$，$I_{*0} = K_0 U_{*1} \dfrac{S_0}{S_{t1}}$

故通过高压厂用变压器的电流 I_{*t1} 为

$$I_{*t1} = K_0 U_{*1} \dfrac{S_0}{S_{t1}} + K_1 U_{*1} \dfrac{S_1}{S_{t1}} + K_2 U_{*2} \dfrac{S_2}{S_{t1}}$$

因为 $K_2 U_{*2} \dfrac{S_2}{S_{t1}}$ 项所占比重很小，可以略去，且 $K_0=1$，将 I_{*t1} 代入电压关系式（6-31）中，即得

$$U_{*0} - U_{*1} = (K_1 S_1 + S_0) x_{*t1} U_{*1} / S_{t1}$$

而 $S_1 = \dfrac{P_1}{\eta \cos \phi}$，故有

$$U_{*1} = \dfrac{U_{*0}}{1 + \dfrac{(K_1 \dfrac{P_1}{\eta \cos \phi} + S_0) x_{*t1}}{S_{t1}}} = \dfrac{U_{*0}}{1 + x_{*t1} S_{*H}} \quad (6\text{-}33)$$

当高压厂用变压器采用分裂绕组变压器时，高压绕组额定容量为 S_{1N}，分裂绕组额定容量为 S_{2N}，即

$$S_{*H} = \dfrac{K_1 \dfrac{P_1}{\eta \cos \phi} + S_0}{S_{2N}} = \dfrac{K_1 P_1}{\eta S_{2N} \cos \phi} + \dfrac{S_0}{S_{2N}} \quad (6\text{-}34)$$

$$x_{*t1} = 1.1 \times \dfrac{U_K \%}{100} \times \dfrac{S_{2N}}{S_{1N}}$$

② 低压厂用母线电压校验。

假设低压母线带有负荷，低压厂用变压器容量为 S_{t2}，由电压关系可得

$$U_{*1} - U_{*2} = I_{*t2} x_{*t2} \quad (6\text{-}35)$$

又因

$$I_{*t2} = K \dfrac{S_2}{S_{t2}} U_{*2}, \quad S_2 = \dfrac{P_2}{\eta \cos \phi}$$

代入电压关系式，可得

$$U_{*2} = \dfrac{U_{*1}}{1 + \dfrac{K_2 \dfrac{P_2}{\mu \cos \phi} \cdot x_{*t2}}{S_{t2}}} = \dfrac{U_{*1}}{1 + x_{*t2} S_{*L}} \quad (6\text{-}36)$$

（3）容量校验

由前面计算结果可知，电动机自启动时厂用母线上的电压不仅与变压器的电抗和容量有关，而且与总启动电流倍数和参加自启动的电动机容量有关。因此，若把厂用母线最低允许

自启动电压当作已知值，则可由 $U_{1*} = \dfrac{U_{*0}}{1 + x_{*t} \cdot S'_{*m\Sigma}}$ 反过来计算出自启动时，最大允许电动机总容量为

$$S_{*m\Sigma} = \dfrac{U_{*0} - U_{*1}}{U_{*1} x_{*t}} \tag{6-37}$$

而

$$S'_{*m\Sigma} = K_{av} \dfrac{1}{S_t} \dfrac{P_{m\Sigma}}{\eta \cos\phi}$$

所以

$$P_{m\Sigma} = \dfrac{(U_{*0} - U_{*1}) \cdot \eta \cos\phi}{U_{*1} \cdot x_{*t} \cdot K_{av}} \cdot S_t \tag{6-38}$$

重要结论如下。

① 当电动机额定启动电流倍数大，变压器短路电压高，机端残压要求高时，允许自启动的功率就小；

② 发电机母线电压高，厂用变压器容量大，电动机效率和功率因数均高时，允许参加自启动的功率就大。

因此，为保证重要厂用机械的电动机能自启动，通常可采取以下措施。

① 限制参加自启动的电动机数量。对不重要设备的电动机加装低电压保护装置，延时 0.5s 断开，不参加自启动。

② 负载转矩为定值的重要设备的电动机，因它只能在接近额定电压下启动，也不应参加自启动，可采用低电压保护和自动重合闸装置，即当厂用母线电压低于临界值时，把该设备从母线上断开，而在母线电压恢复后又自动投入。

③ 对重要的厂用机械设备，应选用具有较高启动转矩和允许过载倍数较大的电动机与其配套。

④ 在不得已的情况下，或增大厂用变压器的容量，或结合限制短路电流问题一起考虑时适当减小厂用变压器的阻抗值。

复习思考题 6

1. 厂用电负荷分为哪几大类？
2. 什么是厂用电率？
3. 什么是明备用？什么是暗备用？
4. 备用电源自动投入装置和不间断交流电源的作用是什么？
5. 对厂用电接线有哪些基本要求？
6. 发电厂和变电站的自用电在接线上有何区别？
7. 在大容量发电厂中，要设启动电源和事故保安电源，如何实现？
8. 发电厂和变电站的自用电在接线上有何区别？

9. 什么是厂用电动机的自启动？为什么要进行电动机的自启动校验？如果厂用变压器的容量小于自启动电动机总容量时，应如何解决？

10. 某高温高压火电厂 6kV 高压厂用工作变压器的容量为 10000kV·A，$U_k\%=8$；参加自启动电动机的平均启动电流倍数为 4.5，$\cos\phi=0.8$，效率 $\eta=0.92$。试计算允许自启动的电动机总容量。

第 7 章 导体和电气设备的选择

本章是在电气设计过程中进行导体和电气设备的选择。首先介绍了电气设备选择的一般条件和短路校验，然后阐述了主要电气设备和导体与电缆的选择条件及其方法。

7.1 电气设备选择的一般条件

各种电气设备的具体工作条件不完全相同，它们的具体选择方法也不完全相同。在电力系统中，电气设备若能可靠地工作，必须按正常工作条件进行选择，并按短路状态来校验热稳定和动稳定。

7.1.1 按正常工作条件选择额定电压和额定电流

1. 额定电压选择

电气设备所在电网的运行电压因调压或负荷的变化，有时会高于电网的额定电压，故所选电气设备允许的最高工作电压不得低于所接电网的最高运行电压。

通常，规定一般电气设备允许的最高工作电压为设备额定电压的1.1~1.15倍，而电网运行电压的波动范围，一般不超过电网额定电压的1.15倍。

一般可按照电气设备的额定电压不低于装置地点电网额定电压的条件选择，即

$$U_{N} \geqslant U_{Ns} \tag{7-1}$$

海拔影响电气设备的绝缘性能，随装设地点海拔的增加，空气密度和湿度相应减小，使得电气设备外部空气间隙和固体绝缘外表面的放电特性降低，电气设备允许的最高工作电压减小。

对海拔超过1000m 的地区，一般应选用高原型产品或外绝缘提高一级的产品。

对于现有110kV 及以下大多数电器的外绝缘有一定裕度，可在海拔2000m 以下地区使用。在空气污秽（腐蚀减低绝缘强度）或有冰雪的地区，某些电气设备应选用绝缘加强型或高一级电压的产品。

2. 额定电流选择

电器的额定电流 I_N 是指在一定周围环境温度下，长时间内电器所能允许通过的电流。为

了满足长期发热条件，应按额定电流 I_N（或载流量 I_{al}）不得小于所在回路最大持续工作电流 I_{max} 的条件进行选择，即

$$I_N(或 I_{al}) \geqslant I_{max} \tag{7-2}$$

当实际环境温度 θ 不同于导体的额定环境温度 θ_0 时，其长期允许电流应该用下式进行修正。

$$I_{al\theta} = KI_{al} \geqslant I_{max} \tag{7-3}$$

不计日照时，裸导体和电缆的综合修正系数 K 为

$$K = \sqrt{\frac{\theta_{al} - \theta}{\theta_{al} - \theta_0}} \tag{7-4}$$

式中，θ_{al}——导体的长期发热允许最高温度，裸导体一般为 70℃；

θ_0——导体的额定环境温度，裸导体一般为 25℃。

我国生产的电气设备的额定环境温度 $\theta_0=40℃$。在 40~60℃范围内，当实际环境温度高于+40℃时，环境温度每增高 1℃，按减少额定电流 1.8%进行修正；当实际环境温度低于+40℃时，环境温度每降低 1℃，按增加额定电流 0.5%进行修正，但其最大过负荷不得超过额定电流的 20%。

在工程设计时，正确选择环境最高温度，对电气设备运行的安全性和经济性至关重要。选择导体及电气设备的环境最高温度宜采用表 7-1 所列数据。

表 7-1　选择导体和电气设备的环境最高温度

裸导体	屋外安装	最热月平均最高温度（最热月每日最高温度的月平均值；取多年平均值）
	屋内安装	该处通风设计温度。当无资料时，取最热月平均最高温度加 5℃
电气设备	屋外安装	年最高温度（一年中所测得的最高温度的多年平均值）
	屋内电抗器	该处通风设计最高排风温度
	屋内其他	该处通风设计温度。当无资料时，取最热月平均最高温度加 5℃

3. 选择设备的种类和形式

选择电气设备时，应在当地环境条件满足要求的条件下，尽量选用普通型产品。电气设备的装置地点也影响所选设备的形式。通常装设在户内的设备应选户内型，也可以选户外型，但不经济。装设在户外的设备只能选户外型。

①风速。一般高压电器可在风速≤35m/s 的环境下使用。在最大设计风速>35m/s 的地区，可在屋外配电装置的布置中采取措施，如加强基础固定或降低安装高度等措施。②冰雪。在积雪和覆冰严重的地区，应采取措施防止冰串引起瓷件绝缘对地闪络；重冰区应选破冰厚度大的隔离开关。③湿度。一般高压电器可在+20℃、相对湿度为 90%（电流互感器为 85%）的环境中使用。在长江以南和沿海地区，当相对湿度超过一般产品使用标准时，应选用湿热带型高压电器。④污秽。工厂（如化工厂、冶炼厂、火电厂及盐雾场所等）排出的含有二氧化碳、硫化氢、氨等成分的烟气、粉尘等对电气设备危害较大。在此地区可采用防污型绝缘子或选高一级电压的产品，以及采用屋内配电装置等办法来解决。⑤地震。选择电器时，应根据当地的地震烈度，选择能够满足地震要求的产品。一般电器产品可以耐受的地震烈度为 Ⅷ度地震力。

7.1.2 按短路条件校验热稳定和动稳定

1. 短路热稳定校验

热稳定是指电气设备承受短路电流热效应而不损坏的能力。热稳定校验的实质，使电气设备承受短路电流热效应时的短时发热最高温度不超过短时最高允许温度。导体通常按最小截面法校验热稳定。

电器的热稳定是由热稳定电流及其通过时间来决定的，满足热稳定的条件为

$$I_t^2 t \geqslant Q_k \tag{7-5}$$

式中，Q_k——短路电流热效应；I_t、t——所选用电气设备允许通过的热稳定电流和时间。

2. 短路动稳定校验

动稳定是电气设备承受短路电流产生的电动力效应而不损坏的能力。部分电气设备动稳定按应力和电动力校验。

电器满足动稳定的条件为

$$i_{es} \geqslant i_{sh} \text{ 或 } I_{es} \geqslant I_{sh} \tag{7-6}$$

式中，i_{sh}、I_{sh} 分别为短路冲击电流幅值及其有效值；i_{es}、I_{es} 分别为电气设备允许通过的动稳定电流的幅值及其有效值。

同时，应按电气设备在特定的工程安装使用条件，对电气设备的机械负荷能力进行校验，即电气设备的端子允许荷载应大于设备引线在短路时的最大电动力。

$$i_{sh} = \sqrt{2} K_{sh} I''$$

式中，I'' 为 0s 短路电流周期分量有效值；K_{sh} 为冲击系数，发电机机端取 1.9，发电厂高压母线及发电机电压电抗器后取 1.85，远离发电机时取 1.8。

i_{es} 为电器允许通过的动稳定电流幅值，生产厂家用此电流表示电器的动稳定特性，在此电流作用下电器能继续正常工作而不发生机械损坏。

下列几种情况可不校验热稳定或动稳定：
① 用熔断器保护的电气设备，其热稳定由熔断时间保证，故可不验算热稳定；
② 采用有限流电阻的熔断器保护的设备，可不校验动稳定；
③ 装设在电压互感器回路中的裸导体和电气设备可不验算动、热稳定。

3. 短路电流计算条件

（1）短路计算容量和接线

为使所选电气设备具有足够的可靠性、经济性和合理性，并在一定时期内适应电力系统发展的需要，作验算用的短路电流应按下列条件确定。

① 容量和接线。按工程设计最终容量计算，并考虑电力系统远景发展规划（一般为工程建成后 5～10 年）；其接线应采用可能发生最大短路电流的正常接线方式，但不考虑在切换过程中可能短时并列的接线方式（如切换厂用变压器时的并列）。

② 短路种类。一般按三相短路验算，若其他种类短路较三相短路严重时，则应按最严重的情况验算。

③ 短路计算点。在计算电路图中，同电位的各短路点的短路电流值均相等，但通过各支

路的短路电流将随着短路点的不同位置而不同。在校验电气设备和载流导体时,必须确定出电气设备和载流导体处于最严重情况的短路点,使通过的短路电流校验值为最大。

例如,校验图 7-1 中的发电机出口断路器 QF1 时,应比较 k1 和 k2 短路时流过 QF1 的电流,选较大的点作为短路计算点。

- 对两侧均有电源的电气设备,应选其前、后短路时,通过它的短路电流较大的地点作为短路计算点。
- 短路计算点选在并联支路时,应断开一条支路。因为断开一条支路时的短路电流大于并联短路时流过任一支路的短路电流。例如,校验图 7-1 中分段回路的断路器 QF5 或主变低压侧断路器 QF2 时,应选 k2 和 k3 点为短路计算点,并断开变压器 T2。
- 在同一电压等级中,汇流母线或无电源支路短路时,短路电流最大。校验汇流母线、厂用电分支电器(无电源支路)和母联回路的电器时,短路计算点应选在母线上。例如,校验图 7-1 中 10kV 母线时,选 k2 点。
- 带限流电抗器的出线回路,由于干式电抗器工作可靠,故校验回路中各电气设备时的短路计算点一般选在电抗器后。例如,校验图 7-1 中出线回路的断路器 QF3 时,短路计算点选在出线电抗器后的 k5 点。
- 110kV 及以上电压等级,因其电气设备的裕度较大,短路计算点可以只选一个,选在母线上。例如,校验图 7-1 中 110kV 的电气设备时,短路计算点可选在 110kV 母线上,即 k6 点。

(2) 短路电流的实用计算方法

在进行电气设备的热稳定验算时,需要用短路后不同时刻的短路电流,即计及暂态过程,通常采用短路电流实用计算方法,即运算曲线法。该内容应在电力系统分析课程中学习。

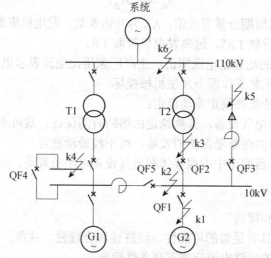

图 7-1 短路计算点选择示意图

在计算电路如图 7-2 中,同电位的各短路点的短路电流值均相等,但通过各支路的短路电流将随着短路点的不同位置而不同。在校验电气设备和载流导体时,必须确定出电气设备和载流导体处于最严重情况的短路点,使通过的短路电流校验值为最大。若发电机出口两相短路或中性点直接接地系统及自耦变压器等回路的单相、两相接地短路较三相严重时,则热稳定按严重情况校验。

选择通过校验对象的短路电流为最大的那些点作为短路计算点,对两侧都有电源的设备,将电器两侧的短路点进行比较,选出其中流过电器的短路电流较大的一点。

① 发电机回路的 QF1(QF2 类似):当 k4 短路时,通过 QF1 的电流为 G1 提供;当 k1 短路时,流过 QF1 的电流为 G2 及系统提供,如果 G1 和 G2 的容量相同,则后者大于前者,故应选 k1 为 QF1 的短路计算点。

② 母联 QF3:当用 QF3 向备用母线充电时,如备用母线故障,即 k3 短路,这时流过 QF3 的电流为 G1、G2 及系统供给的全部电流,情况最严重。故选 k3 为短路计算点。

③ 分段断路器:应在 T1 切除时,选 k4 为计算点。

④ 变压器回路的 QF5 和 QF6:对 QF5,应选 k5(k6 断开时);对 QF6,应选 k6(k5 断开时)。

⑤ 出线回路 QF7:显然,k2 短路时,比 k7 短路时流过 QF7 的电流大,但运行经验表明,电抗器工作可靠性高,且断路器和电抗器之间的连线很短,k2 短路可能性小,故选择 k7 为 QF7 的计算点,这样出线可选用轻型断路器。

⑥ 厂用变回路断路器 QF8:一般 QF8 至厂用变压器之间的连线多为较长电缆,存在短路的可能性,因此,选 k8 为 QF8 的短路计算点。

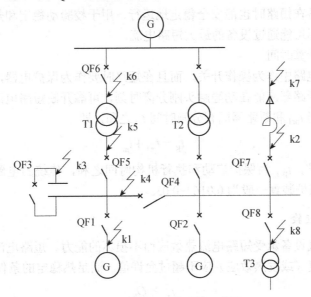

图 7-2 选择短路计算点的示意图

4. 短路计算时间

校验短路热稳定和开断电流时,必须合理地确定短路计算时间。

(1)热稳定短路计算时间 t_k

该时间用于检验电气设备在短路状态下的热稳定,其值为继电保护动作时间 t_{pr} 和相应断路器的全开断时间 t_{br} 之和,即

$$t_k = t_{pr} + t_{br} \tag{7-7}$$

其中,继电保护动作时间 t_{pr},按我国电气设计有关规定,验算电气设备时宜采用后备保护动作时间;验算裸导体宜采用主保护动作时间,如主保护有死区时,则采用能对该死区起

作用的后备保护动作时间，并采用相应处的短路电流值；验算电缆时，对电动机等直馈线应取主保护动作时间，其余宜按后备保护动作时间。

断路器全开断时间 t_{br} 是指给断路器的分闸脉冲传送到断路器操动机构的跳闸线圈时起，到各相触头分离后电弧完全熄灭为止的时间段。显然，t_{br} 包括两个部分，即

$$t_{br} = t_{in} + t_a \tag{7-8}$$

其中，t_{in} 为断路器固有分闸时间，它是由断路器接到分闸命令（分闸电路接通）起，到灭弧触头刚分离的一段时间，此值可在相应手册中查出。

无延时保护时校验热稳定的短路计算时间见表 7-2。

表 7-2 无延时保护时校验热稳定的短路计算时间

断路器开断速度	断路器全开断时间 t_{br}/s	短路计算时间 t_k/s
高速断路器	<0.08	0.1
中速断路器	0.08~0.12	0.15
低速断路器	>0.12	0.2

为保证电气设备在短路时也能安全稳定地运行，用于校验动稳定和热稳定以及开断的短路电流，必须是实际可能通过设备的最大短路电流。

(2) 短路开断计算时间

断路器不仅在电路中作为操作开关，而且在短路时要作为保护电器，能迅速可靠地切断短路电流。为此，断路器应能在动静触头刚分离时刻，可靠开断短路电流，该短路开断计算时间应为主保护时间 t_{pr1} 和断路器固有分闸时间 t_{in} 之和，即

$$t'_K = t_{pr1} + t_{in} \tag{7-9}$$

对于无延时保护，t_{pr1} 为保护启动和执行机构时间之和，传统的电磁式保护装置一般为 0.05~0.06s，微机保护装置一般为 0.016~0.03s。

5. 短路热稳定校验

热稳定：指电气设备承受短路电流热效应而不损坏的能力。短路电流通过电气设备时，电气设备各部件温度（或发热效应）应不超过允许值。满足热稳定的条件为

$$I_t^2 t \geq Q_k \tag{7-10}$$

式中，Q_k 为短路电流产生的热效应；I_t、t 分别为电气设备允许通过的热稳定电流和时间。

7.2 高压断路器的选择

1. 断路器种类和形式的选择

(1) 油断路器

采用油作灭弧介质，按绝缘结构分为多油式与少油式断路器。多油式断路器的油同时兼作灭弧介质和带电体与不带电体之间的绝缘介质，耗油量大，现已淘汰。而少油式断路器的

油只作灭弧和触头间弧隙的绝缘介质，断路器中的带电导体与接地部件之间的绝缘主要采用瓷件，油量少，占地少，价廉，已有长期运行经验，当前在110～220kV电压等级配电装置中仍占有一席之地。由于油断路器的开断性能差，且110kV电压以上产品为积木式、多断口的结构，很难实现断口电压均衡，因而封杀了在500kV及以上电压等级的运用。

（2）压缩空气断路器

采用压缩空气作灭弧介质，具有大容量下开断能力强及开断时间短的特点，但结构复杂、尚须配置压缩空气装置，价格较贵，而且合闸时排气噪声大，所以主要用于220kV及以上电压的屋外配电装置。

（3）SF_6断路器

采用SF_6气体作灭弧介质，具有优良的开断性能。SF_6断路器运行可靠性高，维护工作量少，故适用于各电压等级，特别在220kV及以上配电装置中得到最广泛的运用。但是，SF_6断路器在35kV及以下屋内配电装置中使用较少，这是因为气体虽无毒，但分解物有毒性，而且比重较空气大5.1倍，所以将断路器布置在屋内，需良好的通风、排风和可靠的检漏与检测设备，以防人员（特别是电缆沟内工作人员）中毒及窒息。

（4）真空断路器

利用真空的高介质强度灭弧，具有灭弧时间快、低噪声、高寿命及可频繁操作的优点，已在35kV及以下配电装置中获得最广泛的采用。真空断路器切断短路电流及分合电动机负荷时，会产生截流过电压，需采用氧化锌避雷器等过电压保护措施。6～10kV电网一般选择少油、真空和六氟化硫断路器；35kV电网一般选择少油、真空和六氟化硫断路器，某些35kV屋外配电装置也可用多油断路器；110～330kV电网一般选择少油和六氟化硫断路器；500kV电网一般选择六氟化硫断路器。

2. 额定电压和电流选择

额定电压和电流选择如下：

$$U_N \geqslant U_{SN}, \quad I_N \geqslant I_{max}$$

式中，U_N、U_{SN}分别为断路器和电网的额定电压（kV）；I_N、I_{max}分别为断路器的额定电流和电网的最大负荷电流（A）。

3. 开断电流选择

高压断路器的额定开断电流I_{Nbr}是指在额定电压下能保证正常开断的最大短路电流，它是表征高压断路器开断能力的重要参数。高压断路器在低于额定电压下，开断电流可以提高，但由于灭弧装置机械强度的限制，故开断电流仍有一极限值，该极限值称为极限开断电流，即高压断路器开断电流不能超过极限开断电流。额定开断电流应包括短路电流周期分量和非周期分量，而高压断路器的I_{Nbr}是以周期分量有效值表示，并计入了20%的非周期分量。

一般中小型发电厂和变电站采用中、慢速断路器，开断时间较长（≥0.1s），短路电流非周期分量衰减较多，可不计非周期分量影响，采用起始次暂态电流校验，即

$$I_{Nbr} \geqslant I'' \tag{7-11}$$

在大中型发电厂（125MW及以上机组）和枢纽变电站使用快速保护和高速断路器，其开断时间小于0.1s，当在电源附近短路时，短路电流的非周期分量可能超过周期分量的20%，需要用短路开断计算时间t_k'，对应的短路全电流I_k'进行校验，即

$$\left.\begin{array}{c}I_{\text{Nbr}} \geqslant I_{k}^{'} \\ I_{k}^{'} = \sqrt{I_{\text{pt}}^2 + (\sqrt{2}I^{''}e^{-\frac{\omega t_k^{'}}{T_a}})^2}\end{array}\right\} \quad (7-12)$$

式中，I_{pt} 为开断瞬间短路电流周期分量有效值，当开断时间小于 0.1s 时，$I_{\text{pt}} \approx I^{''}$（A）；$T_a$ 为非周期分量衰减时间常数，$T_a = x_\Sigma / r_\Sigma$（rad），其中的 x_Σ、r_Σ 分别为电源至短路点的等效总电抗和总电阻。

4. 短路关合电流的选择

在断路器合闸之前，若线路上已存在短路故障，则在断路器合闸过程中，动、静触头间在未接触时即有巨大的短路电流通过（预击穿），更容易发生触头熔焊和遭受电动力的损坏；且断路器在关合短路电流时，不可避免地在接通后又自动跳闸，此时还要求能够切断短路电流，因此，额定关合电流是断路器的重要参数之一。为了保证断路器在关合短路时的安全，断路器的额定短路关合电流 i_{Ncl} 不应小于短路电流最大冲击值 i_{sh}，即 $i_{\text{Ncl}} \geqslant i_{\text{sh}}$。

5. 短路热稳定和动稳定校验

校验式为

$$I_t^2 t \geqslant Q_k, i_{\text{es}} \geqslant i_{\text{sh}} \quad (7-13)$$

6. 发电机断路器的特殊要求

（1）额定值方面的要求

发电机断路器要求承载的额定电流特别高，而且开断的短路电流特别大，这都远超出相同电压等级的输配电断路器。

（2）开断性能方面的要求

发电机断路器应具有开断非对称短路电流的能力，其直流分量衰减时间可达 133ms，还应具有关合额定短路电流的能力，该电流峰值为额定短路开断电流有效值的 2.74 倍，以及要具有开断失步电流等能力等。

（3）固有恢复电压方面的要求

因为发电机的瞬态恢复电压是由发电机和升压变压器参数决定的，而不是由系统决定的，所以其瞬态恢复电压上升率取决于发电机和变压器的容量等级，等级越高，瞬态恢复电压上升得越快。

例 7-1 试选择某 10kV 高压配电所进线侧的 ZN12-12 型高压户内真空断路器的型号规格。已知该配电所 10kV 母线短路时的 $I_k = 4.5$kA，线路的计算电流为 750A，继电保护动作时间为 1.1s，断路器断路时间为 0.1s。

解： 根据线路计算电流 $I_{30} = 750$ A，试选 ZN12-12/1250 型真空断路器来进行校验，如表 7-3 所示。校验结果说明所选 ZN12-12/1250 型真空断路器是合格的。

表 7-3 选择校验结果

序号	装设地点的电气条件		ZN12-12/1250 型真空断路器		结论
	项目	数据	项目	数据	
1	$U_N/U_{\max}$	10kV/11.5kV	U_N	12kV	合格

(续表)

序号	装设地点的电气条件		ZN12-12/1250型真空断路器		结论
	项目	数据	项目	数据	
2	I_{30}	750A	I_N	1250A	合格
3	$I_k^{(g)}$	4.5kA	I_{oe}	25kA	合格
4	$I_{sh}^{(g)}$	2.55×4.5kA=11.5kA	i_{max}	63kA	合格
5	$I_k^{(g)2} t_{max}$	$4.5^2×(1.1×0.1)=24.3$	$I_t^2 t$	$25^2×4=2500$	合格

7.3 隔离开关的选择

隔离开关的选择方法与断路器相同，但隔离开关没有灭弧装置，不承担接通和断开负荷电流和短路电流的任务，因此，不需要选择额定开断电流和额定关合电流。

隔离开关按下列项目选择和校验：形式和种类；额定电压；额定电流；动、热稳定校验。选择时应根据安装地点选用室内式或户外式隔离开关；结合配电装置布置的特点，选择隔离开关的类型，并进行综合技术经济比较后确定，表7-4为隔离开关选型参考表。所选隔离开关的额定电压应大于装设电路所在电网的额定电压，额定电流应大于装设电路的最大持续工作电流。校验只考虑动稳定和热稳定校验，校验方法和断路器类似，这里不再重复。在选择时，隔离开关宜配用电动机构，地刀可采用手动机构。当有压缩空气系统时，也可采用气动机构。

表7-4 隔离开关选型参考表

使用场合		特点	参考型号
屋内	屋内配电装置成套高压开关柜	三极，10kV及以下	GN2，GN6，GN8，GN19
	发电机回路，大电流回路	单极，大电流3000～13000A	GN10
		三极，15kV，200～600A	GN11
		三极，10kV，大电流2000～6000A	GN18，GN22，GN2
		单极，插入式结构，带封闭罩20kV，大电流10000～13000A	GN14
屋外	200kV及以下各型配电装置	双柱式，220kV以下	GW4
	高型，硬母线布置	V形，35～110kV	GW5
	硬母线布置	单柱式，220～500kV	GW6
	220kV及以上中型配电装置	三柱式，220～500kV	GW7

当系统发生短路时，会出现短路电流的热效应和电动力效应。短路电流的热效应属于短时发热。选择电气设备时，必须遵循设备选择的一般条件。电气设备的选择包括两大部分内容：一是电气设备所必须满足的条件，即按正常工作条件（最高工作电压和最大持续工作电

流）选择，并按短路状态校验热稳定性和动稳定性；二是根据不同电气设备的各自特点而提出的选择和校验的项目。

隔离开关的选择要严格按照技术参数确定，并进行热稳定性和动稳定性校验。高压电气设备选择及校验项目如表 7-5 所示。

表 7-5 高压电气设备选择及校验项目

选择校验项目 设备名称	额定电压	额定电流	开断电流	短路电流稳定性		其他检验项目
				热稳定	动稳定	
断路器	√	√	√	√	√	
隔离开关	√	√	—	√	√	
熔断器	√	√	√	—	—	选择性
负荷开关	√	√	√	√	√	
母线	—	√	—	√	√	
电缆	√	√	—	√	—	
支柱绝缘子	√	—	—	—	√	
套管绝缘子	√	√	—	√	√	
电流互感器	√	√	—	√	√	准确度及二次负荷
电压互感器	√	—	—	—	—	准确度及二次负荷
限流电抗器	√	√	—	√	√	电压损失校验

例 7-2 已知：发电机容量为 25MW，$U_N = 10.5\text{kV}$，$\cos\phi = 0.9$，发电机出口短路电流值为 $I'' = 26.4\text{kA}$、$I_{2.01} = 30.3\text{kA}$、$I_{4.02} = 30.5\text{kA}$，主保护时间 $t_{pr1} = 0.05\text{s}$，后备保护时间 $t_{pr2} = 3.9\text{s}$，配电装置内最高室温为 42℃。所选择的断路器、隔离开关如表 7-6 所示。SN10-10III/2000 型少油断路器，固有分闸时间 t_{in} 和燃弧时间 t_a 均为 0.06s。

试求：（1）求出计算数据；

（2）所选设备是否合格。

解： 计算数据。

发电机最大持续工作电流为

$$I_{\max} = \frac{1.05 P_N}{\sqrt{3} U_N \cos\phi} = \frac{1.05 \times 25 \times 10^3}{\sqrt{3} \times 10.5 \times 0.9} = 1605(\text{A})$$

短路热稳定计算时间为

$$t_k = t_{pr2} + t_{in} + t_a = 3.9 + 0.06 + 0.06 = 4.02(\text{s})$$

由于 $t_k > 1\text{s}$，不计非周期热效应。短路电流热效应为

$$Q_k = \frac{I''^2 + 10 I_{tk/2}^2 + I_{tk}^2}{12} t_k = \frac{26.4^2 + 10 \times 30.3^2 + 30.5^2}{12} \times 4.02 = 3620[(\text{kA})^2 \text{s}]$$

短路开断时间为

$$t_k' = t_{pr1} + t_{in} = 0.05 + 0.06 = 0.11 > 0.1\text{s}$$

故用 I'' 校验 I_{Nbr}。

冲击电流为

$$i_{sh} = 1.9\sqrt{2}I' = 2.69 \times 26.4 = 71 \text{(kA)}$$

选择校验结果如表 7-6 所示。

表 7-6 选择校验结果

计算数据	SN10-10III/2000 型断路器	GN2-10/2000 型隔离开关
U_{NS} 10kV	U_N 10kV	U_N 10kV
I_{max} 1605A	I_N 2000A*	I_N 2000A*
I'' 26.4kA	I_{Nbr} 43.3kA	—
i_{sh} 71.0kA	I_{Ncl} 130kA	
Q_k 3620（kA）^{2}s	$I_t^2 t$ 43.3$^2 \times$4=7499（kA）^{2}s	$I_t^2 t$ 51$^2 \times$5=13005（kA）^{2}s
i_{sh} 71.0kA	i_{es} 130kA	i_{es} 85kA

7.4 电流互感器的选择

1. 种类和形式的选择

应根据安装地点（如屋内、屋外）和安装方式（如穿墙式、支持式、装入式等）选择其形式。

3~20kV 屋内配电装置的电流互感器，应采用瓷绝缘或树脂浇注绝缘结构；35kV 及以上配电装置宜采用油浸瓷箱式绝缘结构的独立式电流互感器。当有条件安装于断路器或变压器瓷套管内，且准确级满足要求时，应采用价廉、动热稳定性好的套管式电流互感器。当一次电流较小（在 400A 及以下）时，宜优先采用一次绕组多匝式，以提高准确度；220kV 及以上电压等级或采用微机监控系统时，二次额定电流宜采用 1A。而强电系统均采用 5A。

2. 一次回路额定电压和电流的选择

一次回路额定电压 U_N 和电流 I_N 应满足：

$$U_N \geqslant U_{SN}, \ I_N \geqslant I_{max}$$

测量用电流互感器的一次额定电流不应低于回路正常最大负荷电流，且应尽可能比电路中的正常工作电流大 1/3 左右，以保证测量仪表在正常运行时，指示在刻度标尺的 3/4 最佳位置，并且过负荷时能有适当指示。

3. 准确级和额定容量的选择

为了保证测量仪表的准确度，互感器的准确级不得低于所供测量仪表的准确级。对测量精度要求较高的大容量发电机和变压器、系统干线、发电企业上网电量、电网或供电企业之间的电量交换的关口计量点宜用 0.2 级；0 装于重要回路（如中小型发电机和变压器、调相机、厂用馈线、有收费电能计量的出线等）中的互感器的准确级采用 0.2~0.5 级；对供运行监视、

100MW 及以下发电机组的厂用电、较小用电负荷以及供电企业内部考核经济指标分析的电能表和控制盘上仪表的电流互感器应为 0.5~1 级。

当所供仪表要求不同准确级时,应按相应最高级别来确定电流互感器的准确级。表 7-7 所示仪表与配套的电流互感器的准确等级。

表 7-7 仪表与配套的电流互感器的准确等级

指示仪表		计量仪表		
仪表准确等级	电流互感器准确等级	仪表准确等级		电流互感器准确等级
		有功功率表	无功功率表	
0.5	0.5	0.2	1.0	0.1
1.0	0.5	0.5	2.0	0.2 或 0.2S
1.5	1.0	1.0	2.0	0.5 或 0.5S
2.5	1.0	2.0	3.0	0.5 或 0.5S

电流互感器的额定容量 S_{2N}:是指电流互感器在额定二次电流 I_{2N} 和额定二次阻抗 Z_{2N} 下运行时,二次绕组输出的容量,$S_{2N}=I_{2N}^2 Z_{2N}$。由于电流互感器的额定二次电流为标准值,为了便于计算,厂家常提供电流互感器的 Z_{2N} 值。

互感器按选定准确级所规定的额定容量 S_{2N} 应大于或等于二次侧所接负荷,即

$$\left.\begin{array}{l} S_{2N} \geqslant I_{2N}^2 Z_{2L} \\ Z_{2L} = r_a + r_{er} + r_L + r_c \end{array}\right\} \quad (7\text{-}14)$$

式中,r_a、r_{er} 分别为二次侧回路中所接仪表和继电器的电流线圈电阻(忽略电抗);

r_c 为接触电阻,一般可取 0.1Ω;

r_L 为连接导线电阻。

代入 $S = \rho L_c / r_L$,得到在满足电流互感器准确级额定容量要求下的二次导线的允许最小截面为

$$S \geqslant \frac{I_{2N}^2 \rho L_c}{S_{2N} - I_{2N}^2 (r_a + r_{er} + r_c)} = \frac{\rho L_c}{Z_{2N} - (r_a + r_{er} + r_c)} \quad (7\text{-}15)$$

式中,S、L_c 分别为连接导线截面(mm^2)和计算长度(m);ρ 为导线的电阻率,铜 $\rho = 1.75 \times 10^{-2}\,\Omega \cdot \text{mm}^2/\text{m}$。

式(7-15)中 L_c 与仪表到互感器的实际距离 L 及电流互感器的接线方式有关。对于电流互感器的单相接线,用于对称三相负荷时,测量一相电流,$L_c=2L$;对于电流互感器的星形接线,可不计中性线电流,$L_c=L$,由于导线计算长度小,测量误差小,常用于 110kV 及以上线路和发电机、变压器等重要回路;对于电流互感器图的不完全星形接线,常用于 35kV 及以下电压等级的不重要出线,按回路的电压降方程,可得 $L_c=\sqrt{3}L$。

工程上,二次连接导体均采用多芯电缆。按相关规定,芯线截面为 1.5~2.5mm^2,每根电缆芯数不宜超过 24 芯;4.0~6.0 mm^2,每根电缆芯数不宜超过 10 芯,即芯线截面越大,必增加电缆根数,给安装运行带来不便。当为减少电缆根数需要减少芯线截面而又不增加电流互感器的误差时,可采用下述措施。

① 将同一电流互感器的两个二次绕组同名端顺向串联。
② 将电流互感器二次侧接线方式由不完全星形改为完全星形,差电流接线改为不完全星形接线。
③ 采用额定二次负荷较大的电流互感器或低功耗的仪表与保护设备等。
④ 选用具有多个二次绕组的电流互感器,转移部分二次负荷。

4. 热稳定和动稳定校验

(1) 只对本身带有一次回路导体的电流互感器进行热稳定校验。

电流互感器热稳定能力常以 1s 允许通过的热稳定电流 I_t 或一次额定电流 I_{1N} 的倍数 K_t 来表示,热稳定校验式为

$$I_t^2 \geqslant Q_k \text{ 或 } (K_t I_{1N})^2 \geqslant Q_k \tag{7-16}$$

(2) 动稳定校验包括由同一相的电流相互作用产生的内部电动力校验,以及不同相的电流相互作用产生的外部电动力校验。

显然,多匝式一次绕组主要经受内部电动力;单匝式一次绕组不存在内部电动力,则电动力稳定性为外部电动力决定。

内部动稳定校验式为

$$i_{es} \geqslant i_{sh} \text{ 或 } \sqrt{2} I_{1N} K_{es} \geqslant i_{sh} \tag{7-17}$$

式中,i_{es}、K_{es} 分别为电流互感器的动稳定电流及动稳定电流倍数,由制造厂提供。

外部动稳定校验式为

$$F_{al} \geqslant 0.5 \times 1.73 \times 10^{-7} i_{sh}^2 \frac{L}{a} \tag{7-18}$$

式中,F_{al} 为作用于电流互感器瓷帽端部的允许力,由制造厂提供;L 为电流互感器出线端至最近一个母线支柱绝缘子之间的跨距;a 为相间距离;0.5 为系数,表示互感器瓷套端部承受该跨上电动力的一半。

此外,选用母线形电流互感器时,应注意校核窗口尺寸。

5. 电流互感器的配置

(1) 为了满足测量和保护装置的需要,在发电机、变压器、出线、母线分段及母联断路器、旁路断路器等回路中均设有电流互感器。对于中性点直接接地系统,一般按三相配置;对于中性点非直接接地系统,依据保护、测量与电能计量要求按二相或三相配置。

(2) 保护用电流互感器的装设地点应按尽量消除主保护装置的死区来设置。如有两组电流互感器,应尽可能设在断路器两侧,使断路器处于交叉保护范围之中。

(3) 为了防止电流互感器套管闪络造成母线故障,电流互感器通常布置在断路器的出线侧或变压器侧,即尽可能不在紧靠母线侧装设电流互感器。

(4) 为了减轻内部故障对发电机的损伤,用于自动调节励磁装置的电流互感器应布置在发电机定子绕组的出线侧。为了便于分析和在发电机并入系统前发现内部故障,用于测量仪表的电流互感器宜装在发电机中性点侧。

7.5 电压互感器的选择

1. 电压互感器的种类和形式

（1）在 6~35kV 屋内配电装置中，一般采用油浸式或浇注式电压互感器。

110~220kV 配电装置当容量和准确级满足要求时，宜采用电容式电压互感器，也可采用油浸式；500kV 均为电容式。

（2）三相式电压互感器投资省，但仅 20kV 以下才有三相式产品。三相五柱式电压互感器广泛用于 3~15kV 系统，而三相三柱式电压互感器，为避免电网单相接地时，因零序磁通的磁阻过大，致使过大的零序电流烧坏电压互感器，则电压互感器的一次侧三相中性点不允许接地，不能测量相对地电压，故很少采用。

（3）用于接入精度要求较高的计费电度表时，可采用三个单相电压互感器组或两个单相电压互感器接成不完全三角形（也称 V-V 接线），而不宜采用三相式电压互感器。

2. 一次额定电压和二次额定电压的选择

电压互感器一次绕组额定电压 U_{1N}，应根据互感器的高压侧接线方式来确定其相电压或相间电压。电压互感器二次绕组电压通常供额定电压为 100V 的仪表和继电器的电压绕组使用。显然，单相式电压互感器单独使用或接成 V-V 接线时，二次绕组电压为 100V，而接线方式为三相式的电压互感器，其二次绕组电压为 $100/\sqrt{3}$ V，并可获得相间电压 100V；电压互感器剩余电压绕组的电压，当用于 35kV 及以下中性点不接地系统时为 100/3V，110kV 及以上中性点接地系统时为 100V。

3. 接线方式选择

（1）一台单相电压互感器。用于 110kV 及以上中性点接地系统时，测量相对地电压；用于 35kV 及以下中性点不接地系统时，只能用于测量相间电压，不能测量相对地电压。

（2）三相式电压互感器（应用于 3~15kV 电压等级）及三台单相三绕组或四绕组电压互感器构成 YNynd11 接线或 YNyd11 接线（应用于各个电压等级），其二次侧星形绕组用于测量相间电压或相对地电压，须抽取同期并列电压时 b 相或 c 相接地（y 接线），否则为中性点接地（yn 接线）；而剩余绕组 d11 三相首尾串联接成开口三角形，在中性点不接地的电力系统中，供交流电网绝缘监视仪表与信号装置使用，在中性点直接接地的电力系统中，供接地保护使用。

（3）两台单相电压互感器分别跨接于电网的 U_{AB} 及 U_{BC} 的线间电压上，接成不完全三角形，广泛应用在 20kV 以下中性点不接地的电网中，用来测量三个相间电压，节省一台电压互感器（仍不能测量相对地电压）。

（4）容量和准确级选择。

按照所接仪表的准确级和容量，选择电压互感器的准确级和额定容量。

电压互感器的额定二次容量应大于电压互感器的二次负荷，即 $S_{2N} \geq S_{2L}$，而二次负荷

$$S_{2L} = \sqrt{(\Sigma S_0 \cos\phi)^2 + (\Sigma S_0 \sin\phi)^2} = \sqrt{(\Sigma P_0)^2 + (\Sigma Q_0)^2} \tag{7-19}$$

电压互感器三相负荷常不相等，为满足准确级要求，通常与最大相负荷进行比较。

计算电压互感器各相的负荷时,必须注意电压互感器和负荷的接线方式。

4. 电压互感器配置

(1) 母线

除旁路母线外,一般工作及备用母线都装有一组电压互感器,用于同期、测量仪表和保护装置。旁路母线上装设电压互感器的必要性,要根据出线同期方式而定。当须用旁路断路器代替出线断路器实现同期操作时,则应在旁路母线装设一台单相电压互感器供同期使用,否则,不必装设。

(2) 线路

35kV 及以上输电线路,当对端有电源时,为了监视线路有无电压、进行同期和设置重合闸,装有一台单相电压互感器。

(3) 发电机

一般装 2~3 组电压互感器。一组(三只单相、双绕组)供自动调节励磁装置,另一组供测量仪表、同期和保护装置使用。采用三相五柱式或三只单相接地专用互感器,其开口三角形供发电机在未并列之前检查是否有接地故障之用。

当电压互感器负荷太大时,可增设一组不完全星形连接的电压互感器,专供测量仪表使用。大中型发电机中性点常接有单相电压互感器,用于 100%定子接地保护。

(4) 变压器

变压器低压侧有时为了满足同期或继电保护的要求,设有一组电压互感器。

(5) 新型高压互感器

新型互感器大致可分为两类:一是电子式互感器;二是光电式互感器。

电子式互感器的传感原理与传统互感器相同,即应用变压器原理、分压器原理,有的也用霍尔效应。与传统互感器的区别只是它的传感部分不传送功率而只送信号,再由电子放大器放大后送到负荷,它依靠光导纤维传递光信号,并作为互感器高低压侧之间的绝缘。

光电式电流互感器的原理是:利用材料的磁光效应或电光效应,将电流的变化转换成激光或光波,经过光通道传送到低压侧,再转变成电信号经放大后供仪表和继电器使用。

7.6 高压熔断器的选择

1. 形式选择

按安装条件及用途选择不同类型高压熔断器,如屋外跌开式、屋内式。对用于 F-C 回路及保护电压互感器的高压熔断器应选专用系列。

2. 额定电压和额定电流选择

(1) 额定电压选择

对于一般的高压熔断器,其额定电压 U_N 必须大于或等于电网的额定电压 U_{SN}。但是对于充填石英砂有限流作用的熔断器,则不宜使用在低于熔断器额定电压的电网中。

(2) 额定电流的选择

① 熔管额定电流的选择。

为了保证熔断器壳不致损坏，高压熔断器的熔管额定电流 I_{FNT} 应大于或等于熔体的额定电流 I_{FSN}，即

$$I_{FNT} \geq I_{FSN} \tag{7-20}$$

② 熔体额定电流选择。

为了防止熔体在通过变压器励磁涌流和保护范围以外的短路及电动机自启动等冲击电流时误动作，保护 35kV 及以下电力变压器的高压熔断器，其熔体的额定电流应根据电力变压器回路最大工作电流 I_{max} 选择：

$$I_{FSN} = K I_{max} \tag{7-21}$$

式中，K 为可靠系数，不计电动机自启动时 $K=1.1 \sim 1.3$，考虑自启动 $K=1.5 \sim 2.0$。

保护电力电容器的高压熔断器的熔体，当系统电压升高或波形畸变引起回路电流涌流时不应熔断，其熔体的额定电流应根据电容器的回路的额定电流 I_{CN} 选择：

$$I_{FSN} = K I_{CN} \tag{7-22}$$

式中，K 为可靠系数，对限流式高压熔断器，当一台电力电容器时 $K=1.5 \sim 2.0$，当一组电力电容器时 $K=1.3 \sim 1.8$。

3. 开断电流和选择性校验

(1) 开断电流校验

校验式为

$$I_{Nbr} \geq I_{sh}(或)I'' \tag{7-23}$$

对于没有限流作用的熔断器，用冲击电流的有效值 I_{sh} 进行校验，对于有限流作用的熔断器，采用 I'' 进行校验。

(2) 选择性校验

为了保证前后两级熔断器之间或熔断器与电源（或负荷）保护装置之间动作的选择性，应进行熔体选择性校验。各种型号熔断器的熔体熔断时间可由制造厂提供的安秒特性曲线上查出。保护电压互感器用的高压熔断器，只需按额定电压及断流容量两项来选择。当短路容量较大时，可考虑在熔断器前串联限流电阻。

4. F-C 回路中高压熔断器特性曲线的配合

用于 F-C 回路专用的限流式高压熔断器，除应满足上述熔断器选择与校验的基本条件外，还必须依据 F-C 回路的大电流、极高的限流特性和快速切除的要求，通过对回路负荷的启动电流曲线与熔断器特性曲线的合理配合，选定高压熔断器。图 7-3 是采用双对数坐标系绘制的 F-C 回路启动电流持续时间与熔断器额定电流选择配合曲线。通常，熔断器额定电流不得小于电动机额定电流的 1.3 倍。

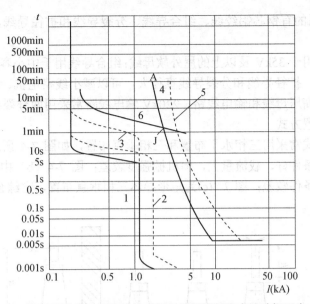

图 7-3 F-C 回路的启动电流持续时间与熔断器额定电流选择配合曲线

1、2、3—电动机的 3 种启动电流-时间曲线；4、5—熔断器的 2 种电流时间-特性曲线；6—接触器的综合保护反时限特性曲线

7.7 导体与电缆的选择

1. 导体的选择

（1）导体的材料

导体通常由铜、铝、铝合金制成。铜：电阻率低，机械强度高，耐腐蚀性比铝强，但储量少，价格高。铝：电阻率比铜高，机械强度低，耐腐蚀性较铜差，但储量高，价格低。一般优先采用铝导体，在工作电流大，地方狭窄的场所和对铝有严重腐蚀的地方可采用铜导体。纯铝的成型导体一般为矩形、槽形和管形；铝合金导体有铝锰合金和铝镁合金两种，形状均为管形，铝锰合金载流量大，但强度较差，而铝镁合金载流量小，但机械强度大，其缺点是焊接困难，因此使用受到限制；铜导体只用在持续工作电流大，且出线位置特别狭窄或污秽对铝有严重腐蚀的场所。

（2）导体的选形

① 常用硬导体的截面形状有矩形、槽形和管形。导体截面形状影响硬导体的散热、集肤效应系数和机械强度。

矩形导体广泛用于 35kV 及以下，工作电流不超过 4000A 的屋内配电装置中，例如，主母线、连接导体和变压器及小容量发电机的引出线母线。当单条导体的载流量不能满足要求时，每相可采用 2~4 条并列使用，矩形单条截面最大不超过 1250mm^2，以减小集肤效应；槽形导体适用于 35kV 及以下，工作电流为 4000~8000A 的配电装置中，例如，100MW 发电机的引出线母线；管形导体适用于 8000A 以上的大电流母线，例如，容量为 200MW 及以上的发电机引出线。对 110kV 及以上屋内外配电装置，采用硬母线时，应选用管形导体（防止电晕）。

② 软导线常用的有钢芯铝绞线、组合导线、分裂导线和扩径导线，后者多用于 330kV 及以上配电装置。

钢芯铝绞线适用于 35kV 及以上的屋外软母线；组合导线用于中小容量发电机和变压器的引出线；空心导线、扩径导线和分裂导线直径大，可以减小线路电抗、减小电晕损耗和对通讯的干扰，用于超高压母线和输电线路。220kV 输电线路常采用两分裂导线。

（3）导体的布置方式

导体的布置方式常采用三相水平布置和三相垂直布置，如图 7-4 所示。图 7-4（a）中矩形导体竖放，散热条件好，载流量大，但机械强度较差；图 7-4（b）中矩形导体平放，机械强度较高，但散热条件较差；图 7-4(c)为矩形导体三相垂直布置，它综合了图 7-4（a）、（b）的优点。

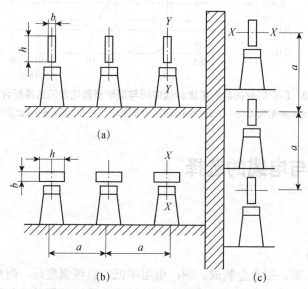

图 7-4　导体的布置方式

2. 导体截面选择

导体截面可按长期发热允许电流或经济电流密度选择。

对年负荷利用小时数大（通常指 $T_{max}>5000h$）、传输容量大、长度在 20m 以上的导体，如发电机、变压器的连接导体其截面一般按经济电流密度选择。

对配电装置的汇流母线通常在正常运行方式下，传输容量不大，故可按长期允许电流来选择。

（1）按导体长期发热允许电流选择

计算式为

$$I_{max} \leqslant KI_{al} \tag{7-24}$$

式中，I_{max} 为导体所在回路中最大持续工作电流（A）；I_{al} 为在额定环境温度 $\theta_0=+25℃$ 时导体允许电流（A）；K 为与实际环境温度和海拔有关的综合修正系数，可用下式计算：

$$K=\sqrt{\frac{\theta_{al}-\theta}{\theta_{al}-\theta_0}} \tag{7-25}$$

(2) 按经济电流密度选择

按经济电流密度选择导体截面可使年计算费用最低。不同种类的导体和不同的最大负荷利用小时数 T_{max}，将有一个年计算费用最低的电流密度，称为经济电流密度 J。导体的经济截面 S_J 为

$$S_J = \frac{I_{max}}{J} \tag{7-26}$$

各种铝导体的经济电流密度如图 7-5 所示。

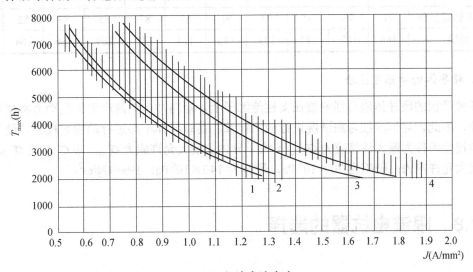

图 7-5 经济电流密度
1—变电所所用、工矿和电缆线路的铝纸绝缘铅包、铝包、塑料护套及各种铠装电缆；
2—铝矩形、槽形及组合导线；3—火电厂厂用的铝纸绝缘铅包、铝包、塑料护套及各种铠装电缆；
4—35~220kV 线路的 LGJ、LGJQ 型钢芯铝绞线

按经济电流密度选择的导体截面应尽量接近计算的经济截面，当无合适规格的导体时，允许选用小于但接近经济截面的导体。

按经济电流密度选择的导体截面还必须按式 $I_{max} \leq KI_{al}$ 进行检验。

由于汇流母线各段的工作电流大小不相同，且差别较大，故汇流母线不按经济电流密度选择截面。

3. 电晕电压校验

导体的电晕放电会产生电能损耗、噪声、无线电干扰和金属腐蚀等不良影响。

为了防止发生全面电晕，要求 110kV 及以上裸导体的电晕临界电压 U_{cr} 应大于其最高工作电压 U_{max}，即

$$U_{cr} \geq U_{max}$$

在海拔不超过 1000m 的地区，下列情况可不进行电晕电压校验。

① 110kV 采用了不小于 LGJ-70 型钢芯铝绞线和外径不小于 $\phi 20$ 型管形导体时；
② 220kV 采用了不小于 LGJ-300 型钢芯铝绞线和外径不小于 $\phi 30$ 型的管形导体时。

4. 热稳定校验

在校验导体热稳定时，若计及集肤效应系数 K_f 的影响，由短路时发热的计算公式可得到

短路热稳定决定的导体最小截面 $S_{\min}$ 为

$$S_{\min} = \sqrt{\frac{Q_k K_f}{A_h - A_w}} = \frac{1}{C}\sqrt{Q_k K_f} \quad (7\text{-}27)$$

式中，C 为热稳定系数，$C = \sqrt{A_h - A_w}$，其值见表 7-8；Q_k 为短路热效应（$A^2 \cdot s$）。

表 7-8 不同工作温度下裸导体的 C 值

工作温度（℃）	40	45	50	55	60	65	70	75	80	85	90
硬铝及铝锰合金	99	97	95	93	91	89	87	85	83	82	81
硬铜	186	183	181	179	176	174	171	169	166	164	161

5. 硬导体的动稳定校验

各种形状的硬导体通常都安装在支柱绝缘子上，短路冲击电流产生的电动力将使导体发生弯曲，因此，导体应按弯曲情况进行应力计算。而软导体不必进行动稳定校验。硬导体的动稳定校验条件为最大计算应力 $\sigma_{\max}$ 不大于导体的最大允许应力 σ_{al}，即 $\sigma_{\max} \leqslant \sigma_{al}$，硬导体的最大允许应力：硬铝为 70×10^6 Pa，硬铜为 140×10^6 Pa，$1\text{Pa} = 1\text{N/m}^2$。

7.8 限流电抗器的选择

1. 额定电压和额定电流的选择

额定电压选择：$\quad U \geqslant U_{NS}$

额定电流选择：$\quad I_N \geqslant I_{\max}$

当分裂电抗器用于发电厂的发电机或主变压器回路时，$I_{\max}$ 一般按发电机或主变压器额定电流的 70% 选择；而用于变电站主变压器回路时，$I_{\max}$ 取两臂中负荷电流较大者，当无负荷资料时，一般也按主变压器额定容量的 70% 选择。

2. 电抗百分值的选择

（1）按将短路电流限制到要求值来选择

设要求将经电抗器后的短路电流限制到 I''，则电源至电抗器后的短路点的总电抗标幺值 $x_{*\Sigma} = I_d / I''$（基准电流 I_d、基准电压 U_d）。设电源至电抗器前的系统电抗标幺值是 $x'_{*\Sigma}$，则所需电抗器的电抗标幺值 $x_{*L} = x_{*\Sigma} - x'_{*\Sigma}$。以电抗器额定参数（$U_N$、$I_N$）下的百分值电抗表示，则应选择电抗器的电抗百分值为

$$x_L \% = \left(\frac{I_d}{I''} - x'_{*\Sigma}\right) \frac{I_N U_d}{I_d U_N} \times 100 (\%) \quad (7\text{-}28)$$

（2）电压损失校验

正常运行时电抗器的电压损失 $\Delta U\%$ 不得大于额定电压的 5%，考虑到电抗器电阻很小，且 $\Delta U\%$ 主要是由电流的无功分量 $I_{\max}\sin\phi$ 产生，则

$$\Delta U\% \approx \frac{x_L}{100}\frac{I_{max}}{I_N}\sin\phi \times 100(\%) \leqslant 5\% \tag{7-29}$$

(3) 短路时母线残压校验

若出线电抗器回路未设置速断保护，为减轻短路对其他用户的影响，当线路电抗器后短路时，母线残压 $\Delta U_{re}\%$ 应不低于电网电压额定值的 60%～70%，即

$$\Delta U_{re}\% = \frac{x_L\%}{100}\frac{I'}{I_N} \times 100\% \geqslant (60\% \sim 70\%) \tag{7-30}$$

3. 分裂电抗器电抗百分值的选择

(1) 按将短路电流限制到要求值来选择

采用分裂电抗器限制短路电流所需的电抗器电抗百分值 $x_L\%$ 可按普通电抗器百分值公式计算，但因分裂电抗器产品系按单臂自感电抗 x_{L1} 标称的电抗值，所以应按设计中可能的运行方式进行换算，以求出待选定电抗器的 $x_L\%$ 值。$x_{L1}\%$ 与 $x_L\%$ 的关系决定于电源连接方式和限制某一侧短路电流有关，如图 7-6（a）所示。

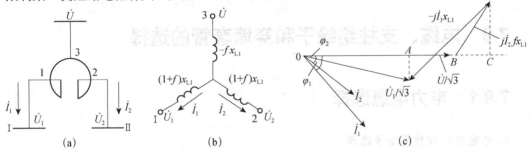

图 7-6 分裂电抗器

图 7-6 中，仅当 3 侧有电源，1（或 2）侧短路时，有

$$x_{L1}\% = x_L\% \tag{7-31}$$

图 7-6 中，当 1、2 侧均有电源，3 侧短路时，有

$$x_{L1}\% = \frac{2}{1-f}x_L\% \tag{7-32}$$

式中，f 为分裂电抗器的互感系数，如无厂家资料，取 $f=0.5$。

(2) 电压波动检验

Ⅰ、Ⅱ 段母线电压的百分值分别为

$$U_1\% = \left[U\% - \frac{x_{L1}\%}{100}\left(\frac{I_1}{I_N}\sin\phi_1 - f\frac{I_2}{I_N}\sin\phi_2\right) \times 100\right]\% \tag{7-33}$$

$$U_2\% = \left[U\% - \frac{x_{L1}\%}{100}\left(\frac{I_2}{I_N}\sin\phi_2 - f\frac{I_1}{I_N}\sin\phi_1\right) \times 100\right]\% \tag{7-34}$$

正常运行时，要求两臂母线的电压波动不大于母线额定电压的 5%。

(3) 短路时残压及电压偏移校验

设 Ⅰ 段母线故障，短路电流为 I_k，则分裂电抗器电源侧的残压百分值 $U\%$ 及非故障母线 Ⅱ 段上的电压百分值 $U_2\%$ 可用式 (7-35) 计算：

$$\left.\begin{aligned}U\% &= \frac{X_{L1}\%}{100}\left(\frac{I_K}{I_N} - f\frac{I_2}{I_N}\sin\phi_2\right) \times 100\% \\ U_2\% &= \frac{X_{L1}\%}{100}(1+f)\left(\frac{I_K}{I_N} - \frac{I_2}{I_N}\sin\phi_2\right) \times 100\%\end{aligned}\right\} \quad (7\text{-}35)$$

同理，Ⅱ段母线故障时的 $U\%$ 及 $U_2\%$ 与式（7-35）类似。

要求残压 $U\%$ 不低于 60%～70%，非故障母线残电压 $U_2\%$ 为继电保护的过电压整定值提供依据。

4. 热稳定和动稳定校验

普通电抗器和分裂电抗器的动、热稳定校验相同，即均应满足

$$I_t^2 t \geq Q_k, \quad i_{es} \geq i_{sh}$$

分裂电抗器除分别按单臂流过短路电流校验外，还应按两臂同时流过反向短路电流进行动稳定校验。

7.9 电缆、支柱绝缘子和穿墙套管的选择

7.9.1 电力电缆选择

1. 电缆芯线材料及型号选择

电缆基本结构由导电线芯、绝缘层和保护层三部分组成。

电缆线芯材料有铜芯和铝芯两种。

常用的线芯数目：单芯充油电缆（用于110kV及以上）、三芯电缆（用于35kV及以下三相系统）、双芯电缆（用于单相系统）、四芯、五芯电缆（用于380/220V三相四线系统或有一线芯用于安全接地）。

选择电缆时，应根据其用途、敷设方式和场所、工作条件及负荷大小，选择线芯材料、线芯数目、线芯绝缘材料和保护层等，进而确定电缆的型号。

电力电缆绝缘类型选择。应根据用途、敷设方式和使用条件进行选择。

① 油纸绝缘电缆具有优良的电气性能，使用历史悠久，一般场合下均可选用。对低、中压（35kV及以下），如电缆落差较大时，可选用不滴流电缆；63kV、110kV可选自容式充油电缆；220kV及以上优先选用自容式充油电缆。

② 由于聚乙烯绝缘电缆（PVC）介质损耗大，在较高电压下运行不经济，故只推荐用于1kV及以下线路。

③ 对于6～110kV交联聚乙烯电缆（XLPE），因有利于运行维护，通过技术经济比较后，可因地制宜采用；但对220kV及以上电压等级的产品，在选用时应慎重。

④ 乙丙橡胶绝缘电缆（EPR）适用于35kV及以下的线路。虽价格较高，但耐湿性能好，可用于水底敷设和弯曲半径较小的场合。

⑤ 高温场所如主厂房宜用阻燃电缆。重要直流回路、消防和保安电源电缆宜选用耐火型

电缆；直埋地下一般选用钢带铠装电缆；潮湿或腐蚀地区应选用塑料护套电缆；敷设在高差大的地点，则应采用挤压绝缘电缆。

2. 额定电压选择

① 电缆缆芯的相间额定电压 U_N 应大于或等于所在电网的额定电压 U_{SN}，即 $U_N \geqslant U_{SN}$。

② 电缆缆芯与绝缘屏蔽或金属套之间的额定电压选择原则。

中性点直接接地（或经低阻抗接地）的系统，当接地保护切除故障时间很短（不超过1min）时，按使用回路的工作相电压，否则不宜低于133%相电压；

中性点不接地系统，一般不宜低于133%相电压，对于单相接地故障可能持续保持时间在8h以上或对发电机等安全性要求较高的回路电缆，宜采用该回路的线电压。

3. 截面选择

（1）长度在20m以下的电缆，一般按长期发热允许电流选择其截面，即 $I_{max} \leqslant I_{Ial}$

用于电缆选择时，其修正系数 K 与敷设方式和环境温度有关，综合修正系数 K 的计算。

在空气中敷设时

$$K = K_t K_1$$

在空气中穿管敷设时

$$K = K_t K_2$$

在土壤中直埋或穿管直埋时

$$K = K_t K_3 K_4$$

以上三式中：K_t 为温度修正系数，按式 $K = \sqrt{\dfrac{\theta_{al} - \theta}{\theta_{al} - \theta_0}}$ 计算；

K_1 为电缆在空气中多根并排敷设时的修正系数；

K_2 为空气中穿管敷设时的修正系数，当电压在10kV及以下时，截面 $S \leqslant 95\text{mm}^2$ 时，$K_2=1$；当截面 $S=120 \sim 185\text{mm}^2$ 时，$K_2=0.85$；K_3 为直埋因土壤热阻不同的修正系数；K_4 为土壤中多根并排敷设的修正系数。

（2）年最大负荷利用时数大于或等于5000h，长度在20m以上的电缆，按经济电流密度选择电缆截面：

$$S = \frac{I_{max}}{J}$$

按经济电流密度选择的电缆还应满足长期发热要求：

$$I_{max} \leqslant K I_{al}$$

为了便于敷设，一般尽量选用线芯截面不大于185mm²的电缆。

4. 热稳定校验

电缆的热稳定校验仍采用最小截面法，即所选截面 S（单位为mm²）应满足：

$$S \geqslant S_{min} = \frac{1}{C}\sqrt{Q_k} \tag{7-36}$$

式中，Q_k——短路电流热效应（A²·s），$K_S=1$。

热稳定系数 C 用下式计算：

$$C = \frac{1}{\eta}\sqrt{\frac{4.2Q}{K_S \rho_{20} \alpha} \ln \frac{1+\alpha(\theta_h - 20)}{1+\alpha(\theta_w - 20)}} \times 10^{-2} \qquad (7\text{-}37)$$

式中，η——计及电缆芯线充填物热容量随温度变化以及绝缘散热影响的校正系数，对于 3～6kV 厂用回路，取 0.93；对于 10kV 及以上回路取 1.0；

Q——电缆芯单位体积的热容量，铝芯取 0.59 J/（$cm^3 \cdot ℃$），铜芯取 0.81 J/（$cm^3 \cdot ℃$）；

α——电缆芯在 20℃时的电阻温度系数，铝芯取 0.00403/℃，铜芯取 0.00393/℃；

K_S——电缆芯在 20℃时的集肤效应系数，$S<150mm^2$ 的三芯电缆 $K_S=1$，$S=150～240mm^2$ 的三芯电缆 $K_S=1.01～1.035$；

ρ_{20}——电缆芯在 20℃时的电阻温度系数，铝芯取 $3.1\times10^{-6}\Omega \cdot cm^2/cm$，铜芯取 $1.84\times10^{-6}\Omega \cdot cm^2/cm$；

θ_h——短路时电缆的最高允许温度（℃）；

θ_w——短路前电缆的工作温度（℃）。

5. 允许电压降校验

对供电距离较远的电缆线路应校验其电压损失：

$$\Delta U\% = \frac{\sqrt{3}}{U_N} I_{max} L(r\cos\phi + x\sin\phi) \times 100 \leq 5\% \qquad (7\text{-}38)$$

式中，U_N、$\cos\phi$——线路额定电压（线电压）和功率因数；

L——电缆线路长度（km）；

$r=\rho/S$、x——单位长度电缆的电阻和电抗（Ω/km）。

6～10kV 三芯电缆电抗约为 0.08Ω/km，35kV 三芯电缆约为 0.12Ω/km。

例 7-3 某变电所用 10kV 电压母线双回电缆线路向一重要用户供电，用户最大负荷 5400kW，功率因数 $\cos\phi=0.9$，最大负荷利用小时数为 5200h/年，当一回电缆线路故障时，要求另一回仍能供给 80%的最大负荷。线路直埋地下，长度为 1200m，电缆净距为 200mm，土壤温度 10℃，热阻系数 80℃·cm/W，短路电流 $I''=8.7kA$，$I_1=7.2kA$，$I_2=6.6kA$，短路切除时间为 2s，试选择该电缆。

解：正常情况下每回路的最大持续工作电流为

$$I_{max} = \frac{1.05 \times 5400}{2\sqrt{3} \times 10 \times 0.9} = 181.86(A)$$

根据最大负荷利用小时数查经济电流密度曲线 1，得 $J=0.72$

$$S = \frac{I_{max}}{J} = \frac{181.86}{0.72} = 252.6(mm^2)$$

直埋敷设一般选用钢带铠装电缆，每回路选用两根三芯油浸纸绝缘铝芯铝包铠装防腐电缆，每根 $S=120mm^2$，热阻系数 80℃·cm/W 时的允许载流量为 $I_{al}=215A$，最高允许温度为 60℃，额定环境温度为 25℃。

长期发热按一回电缆线路故障时转移过来的负荷校验，即

$$I'_{max} = \frac{1.05 \times 5400}{\sqrt{3} \times 10 \times 0.9} \times 0.8 = 291A < I_{al10℃} = K_t K_3 K_4 I_{al} = 1.2 \times 1 \times 0.92 \times 215 \times 2 = 475(A)$$

满足长期发热要求。

短路热效应：

$$Q_k \approx Q_P = \frac{t_K}{12}(I''^2 + 10I_{t_K/2}^2 + I_{t_K}^2) = \frac{2}{12} \times (8.7^2 + 10 \times 7.2^2 + 6.6^2) = 106.3[(kA)^2 \cdot s]$$

短路前电缆的工作温度：

$$\theta_W = \theta + (\theta_{al} - \theta)\frac{I_{max}'^2}{I_{al0}^2} = 10 + (60-10)\frac{291^2}{475^2} = 28.77 \text{（℃）}$$

热稳定系数 C 为

$$C = \frac{1}{\eta}\sqrt{\frac{4.2Q}{K_s\rho_{20}\alpha}\ln\frac{1+\alpha(\theta_h-20)}{1+\alpha(\theta_W-20)}} \times 10^{-2}$$

$$= \sqrt{\frac{4.2 \times 0.59}{3.1 \times 10^{-6} \times 0.00403}\ln\frac{1+0.00403(200-20)}{1+0.00403(28.77-20)}} \times 10^{-2} = 100.65\sqrt{J/(\Omega \cdot mm^4)}$$

$$S_{min} = \frac{1}{C}\sqrt{Q_k} = \frac{\sqrt{106.3 \times 10^6}}{100.65} = 102.4 < 2 \times 120 (mm^2)$$

满足热稳定要求。

电压损失校验：

$$\Delta U\% = \frac{\sqrt{3}}{U_N}I_{max}L(r\cos\phi + x\sin\phi) \times 100$$

$$= \frac{\sqrt{3}}{10000} \times \frac{291}{2} \times 1.2 \times \left(\frac{0.0315 \times 1000}{120} \times 0.9 + 0.08 \times 0.436\right) \times 100 = 0.82\% < 5\%$$

根据以上计算可以看出，所选电缆满足要求。

7.9.2 支柱绝缘子的选择

支柱绝缘子与穿墙套管用作裸导体的对地绝缘和支撑固定。

支柱绝缘子只承受导体的电压、电动力和正常机械荷载，不载流，没有发热问题。

1. 种类和形式选择

屋内型支柱绝缘子：由瓷件及用水泥胶合剂胶装于瓷件两端的铁底座和铁帽组成。

胶装方式：铁底座和铁帽胶装在瓷件外表面的称为外胶装（Z 型），胶装入瓷件孔内的称为内胶装（ZN 型）。

性能：外胶装机械强度高，内胶装增大了电气距离，电气性能好，但不能承受扭矩，对机械强度要求较高时，应采用外胶装或联合胶装绝缘子（ZL 型，铁底座外胶装，铁帽内胶装）。屋外型支柱绝缘子采用棒式绝缘子。

2. 额定电压选择

无论支柱绝缘子或套管均应符合产品额定电压大于或等于所在电网电压的要求。

3~20kV 屋外支柱绝缘子和套管，宜选用高一电压等级的产品。

3~6kV 屋外支柱绝缘子和套管，必要时也可采用提高两等级电压的产品，以提高运行过电压的安全性，而对其价格的影响甚微。

3. 动稳定校验

当三相导体水平布置时，如图 7-7 所示，支柱绝缘子所受电动力应为两侧相邻跨导体受力总和的一半，即

$$F_{max} = \frac{F_1 + F_2}{2} = 1.73 \frac{L_1 + L_2}{2a} i_{sh}^2 \times 10^{-7}$$

式中　L_1、L_2——与绝缘子相邻的跨距（m）。

由于制造厂家给出的是绝缘子顶部的抗弯破坏负荷 F_{de}，因此必须将 F_{max} 换算为绝缘子顶部所受的电动力 F_c（单位为 N）（如图 7-8 所示），根据力矩平衡关系得

$$F_c = F_{max} \frac{H_1}{H}$$

式中　H——绝缘子高度（mm）；

H_1——绝缘子底部到导体水平中心线的高度（mm）。

$$H_1 = H + b + \frac{h}{2}$$

h 为导体放置高度；

b 为导体支持器下片厚度，一般竖放矩形导体为 18 mm，平放矩形导体及槽形导体为 12 mm。

动稳定校验条件为

$$F_c \leqslant 0.6 F_{de}$$

式中　F_{de}——抗弯破坏负荷（N），0.6 为安全系数。

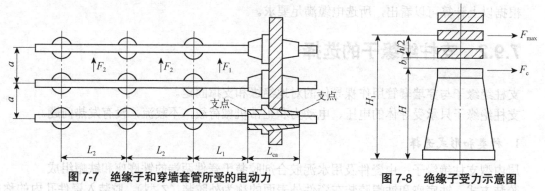

图 7-7　绝缘子和穿墙套管所受的电动力　　图 7-8　绝缘子受力示意图

7.9.3　穿墙套管的选择

1. 种类和形式选择

根据装设地点：可选屋内型和屋外型。

根据用途：可选择带导体的穿墙套管和不带导体的母线型穿墙套管。屋内配电装置一般选用铝导体穿墙套管。

2. 额定电压选择

$U_N \geqslant U_{Ns}$，当有冰雪时，应选用高一级电压的产品。

3. 额定电流选择

带导体的穿墙套管，其额定电流：

$$I_N \geq I_{max}$$

母线型穿墙套管本身不带导体，没有额定电流选择问题，但应校核窗口允许穿过的母线尺寸。

4. 穿墙套管的额定电流选择与窗口尺寸配合

具有导体的穿墙套管额定电流 I_N 应大于或等于回路中最大持续工作电流 I_{max}，当环境温度 θ 为 40~60℃，导体的 θ_{al} 取 85℃，应将套管的额定电流 I_N 乘以温度修正系数 K_θ，即

$$\sqrt{\frac{85-\theta}{45}} I_N \geq I_{max} \tag{7-39}$$

5. 热稳定校验

热稳定校验公式为

$$Q_k \leq I_t^2 t$$

式中，Q_k 为短路电流热效应 [(kA)^2·s]；I_t 制造厂家给出的 t 秒内允许通过的热稳定电流（kA）。母线型穿墙套管无热稳定校验。

6. 动稳定校验

穿墙套管端部所受电动力 F_{max}（单位为N）为

$$F_{max} = \frac{F_1 + F_2}{2} = 1.73 \frac{L_1 + L_2}{2a} i_{sh}^2 \times 10^{-7} \tag{7-40}$$

式中，L_1——套管端部至最近一个支柱绝缘子间的距离（m），如图 7-7 所示；L_2——套管本身长度 L_{ca}（m）。

动稳定校验条件为

$$F_{max} \leq 0.6 F_{de} \tag{7-41}$$

式中，F_{de}——抗弯破坏负荷（N），0.6 为安全系数。

例 7-4 试选择例 7-1 中变压器低压侧引出线中的支柱绝缘子和穿墙套管。已知 $I_{1.3}$=19.7kA，$I_{2.6}$=16.2kA。

解： 根据装设地点及工作电压，位于屋内部分选择 ZB-10Y 型户内支柱绝缘子，其高度 H = 215mm，抗弯破坏负荷 F_{de} = 7350N。

$$F_{max} = 1.73 \times 10^{-7} \frac{L_1 + L_2}{2a} i_{sh}^2 = 1.73 \times 10^{-7} \times \frac{1.2}{0.7} \times (64500)^2 = 1235.24(N)$$

$$H_1 = H + b + \frac{h}{2} = (215 + 12 + \frac{30}{2}) = 242(mm)$$

$$F_C = F_{max} \frac{H_1}{H} = 1235.24 \times \frac{242}{215} = 1390.36N < 0.6 F_{de} = 0.6 \times 7350 = 4410(N)$$

可以满足动稳定要求。户外部分选高一级电压的 ZS-20/8 型支柱绝缘子。

复习思考题 7

1. 电气设备选择的一般要求是什么？
2. 配电装置的汇流母线为何不按经济电流密度选择导体截面？
3. 限流式高压熔断器为何不允许在低于熔断器额定电压的电网中使用？
4. 某降压变电站有 20MVA 主变压器两台，电压为 110/38.5/10.5kV，请选择主变压器高压侧断路器和隔离开关及主变压器低压侧引线（采用硬导体）？
5. 有一降压变电站，由两台变压器供电，10kV 共有 7 回，架空出线和 2 回，电缆出线 5 回，其中架空线路总长度为 40km，电缆线路总长度 45km，试选择变压器 10kV 侧的消弧线圈。
6. 某新建厂距终端变电站 500m，采用两根 10kV 电缆双回路供电，工厂的计算负荷为 3600kW，年最大负荷利用小时数 T_{max}=4500h，年平均功率因数 $\cos\phi$=0.8，电缆采用直埋地下，电缆末端可能发生三相短路的最大稳态短路电流 I_k=8kA，土壤温度 θ_0=20℃，热阻系数 g=80，线路主保护 t_{pr}=0.6s，开关全分断时间 t_{ab}=0.6s，试选择该供电缆。
7. 如图 7-9 所示接线及参数：
（1）设发电机容量为 25MW，最大负荷利用小时数 6000h，主保护动作时间 t_{pr}=0.5s，后备保护动作时间 t_{pr1}=0s，母线垂直布置，相间距 700mm，周围环境温度+40℃。试选择发电机回路母线及断路器 QF。
（2）设 10.5kV 出线最大负荷 560A，出线保护动作时间 t_{pr2}=4s 若出线上采用 SN10—10 型断路器，请选择出线电抗器 L。
（3）设发电机回路装有下列仪表。电流表 3 只，有功功率表 1 只，无功功率表 1 只，有功电度表 1 只，无功电度表 1 只，电压表和频率表各 1 只，电压及电流互感器接线如图 7-9 所示，互感器距控制室 60m，试选择电流互感器 TA 及电压互感器 2TV。

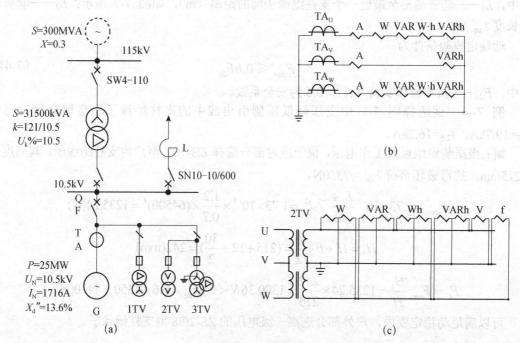

图 7-9 习题 7 图

第8章 配电装置

本章首先概括了对配电装置的基本要求、配电装置的类型、配电装置的设计原则及步骤，然后重点介绍了成套配电装置中的典型的低压配电屏、高压开关柜、箱式变电站、SF_6全封闭组合电器（GIS），屋内配电装置、屋外配电装置的布置原则并且列举了配电装置的实例。

8.1 概述

对配电装置的基本要求。

配电装置是根据电气主接线的连接方式，由开关电器、保护和测量电器、母线和必要的辅助设备组建而成的总体装置。辅助设备包括安装布置电气设备的构架、基础、房屋和通道等。

配电装置在正常运行情况下，用来接收和分配电能，而在系统发生故障时，迅速切断故障部分，维持系统正常运行。

配电装置应满足下述基本要求。

① 安全：设备布置合理清晰，采取必要的保护措施。
② 可靠：设备选择合理、故障率低、影响范围小，满足对设备和人身的安全距离。
③ 方便：设备布置便于集中操作，便于检修、巡视。
④ 经济：在保证技术要求的前提下，合理布置、节省用地、节省材料、减少投资。
⑤ 发展：预留备用间隔、备用容量，便于扩建和安装。

8.1.1 配电装置的类型

1. 按设备安装地点

可分为屋内配电装置和屋外配电装置。
（1）屋内配电装置的特点
① 由于允许安全净距小和可以分层布置而使占地面积较小；
② 维修、巡视和操作在室内进行，可减轻维护工作量，不受气候影响；
③ 外界污秽空气对电器影响较小，可以减少维护工作量；
④ 房屋建筑投资较大，建设周期长，但可采用价格较低的户内型设备。

(2) 屋外配电装置的特点

① 土建工作量和费用较小，建设周期短；
② 与屋内配电装置相比，扩建比较方便；
③ 相邻设备之间距离较大，便于带电作业；
④ 与屋内配电装置相比，占地面积大；
⑤ 受外界环境影响，设备运行条件较差，须加强绝缘；
⑥ 不良气候对设备维修和操作有影响。

2. 按其组装方式

可分为装配式和成套式。在现场将电器组装而成的称为装配配电装置；在制造厂按要求预先将开关电器、互感器等组成各种电路组装成套后运至现场安装使用的称为成套配电装置。

成套配电装置的特点：

① 电器布置在封闭或半封闭的金属外壳或金属框架中，相间和对地距离可以缩小，结构紧凑，占地面积小；
② 所有电器元件已在工厂组装成一体，如 SF_6 全封闭组合电器、开关柜等，大大减少现场安装工作量，有利于缩短建设周期，也便于扩建和搬迁；
③ 运行可靠性高，维护方便；
④ 耗用钢材较多，造价较高。

3. 按电压等级

可分为低压配电装置（1kV以下）、高压配电装置（1~220kV）、超高压配电装置（330~750kV）、特高压配电装置（1000 kV 和直流±800 kV）。

8.1.2 配电装置的最小安全净距

1. 最小安全净距

是指在这一距离下，无论在正常最高工作电压或出现内、外部过电压时，都不致使空气间隙被击穿。图 8-1、图 8-2 分别为屋内、屋外配电装置安全净距校验图，图中有关尺寸说明如下。

① 配电装置中，电气设备的栅状遮栏高度不应低于 1200mm，栅状遮栏至地面的净距以及栅条间的净距应不大于 200mm。
② 配电装置中，电气设备的网状遮栏高度不应低于 1700mm，网状遮栏网孔不应大于 40mm×40mm。
③ 位于地面（或楼面）上面的裸导体导电部分，如其尺寸受空间限制不能保证 C 值时，应采用网状遮栏隔离。网状遮栏下通行部分的高度不应小于 1900mm。

我国《高压配电装置设计技术规程》规定的屋内、屋外配电装置各有关部分之间的最小安全净距，可分为 A、B、C、D、E 五类，含义分别叙述如下。

（1）A 值

A 值是各种间隔距离中最基本的最小安全净距，分为两项，A_1 和 A_2。

A_1 为带电部分至接地部分之间的最小安全净距；A_2 为不同相的带电导体之间的最小安全净距。

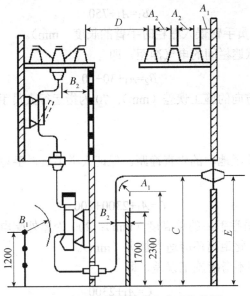

图 8-1 层内配电装置安全净距校验图

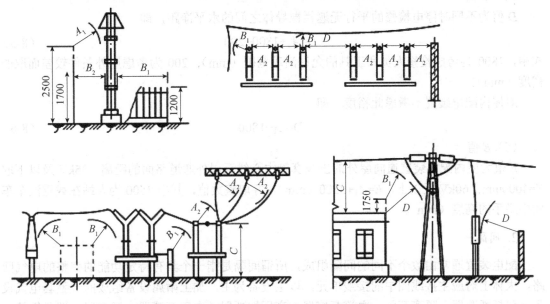

图 8-2 屋外配电装置安全净距校验图

A 值与电极的形状、冲击电压波形、过电压及其保护水平、环境条件以及绝缘配合等因素有关。一般地说，220kV 及以下的配电装置，大气过电压起主要作用；330kV 及以上，内过电压起主要作用。当采用残压较低的避雷器（如氧化锌避雷器）时，A_1 和 A_2 值可减小。当海拔超过 1000m 时，按每升高 100m，绝缘强度增加 1% 来增加 A 值。

（2）B 值

B 值分为两项，B_1 和 B_2。

B_1 为带电部分至栅状遮栏间的距离和可移动设备的外廓在移动中至带电裸导体间的距离，即

$$B_1 = A_1 + 750 \tag{8-1}$$

式中，750 为考虑运行人员手臂误入栅栏时手臂的长度（mm）。

B_2 为带电部分至网状遮栏间的电气净距，即

$$B_2 = A_1 + 30 + 70 \tag{8-2}$$

式中，30 为考虑在水平方向的施工误差（mm）；70 为指运行人员手指误入网状遮栏时，手指长度不大于此值（mm）。

（3）C 值

C 值为无遮栏裸导体至地面的垂直净距。保证人举手后，手与带电裸体间的距离不小于 A_1 值，即

$$C = A_1 + 2300 + 200 \tag{8-3}$$

式中，2300 为指运行人员举手后的总高度（mm）；200 为屋外配电装置在垂直方向上的施工误差，在积雪严重地区，此距离还应适当加大（mm）。

对屋内配电装置，可不考虑施工误差，即

$$C = A_1 + 2300 \tag{8-4}$$

（4）D 值

D 值为不同时停电检修的平行无遮栏裸导体之间的水平净距，即

$$D = A_1 + 1800 + 200 \tag{8-5}$$

式中，1800 为考虑检修人员和工具的允许活动范围（mm）；200 为考虑屋外条件较差而取的裕度（mm）。

对屋内配电装置不考虑此裕度，即

$$D = A_1 + 1800 \tag{8-6}$$

（5）E 值

E 值为屋内配电装置通向屋外的出线套管中心线至屋外通道路面的距离。35kV 及以下取 $E = 4000$mm；60kV 及以上，$E = A_1 + 3500$（mm），并取整数值，其中 3500 为人站在载重汽车车厢中举手的高度（mm）。

2. 间隔

配电装置通常由数个不同的间隔组成，所谓间隔是指一个具有特定功能的完整的电气回路，大体上对应主接线图中的接线单元，以主设备为主，加上附属设备组成的一整套电气设备（包括断路器、隔离开关、电流互感器、高压熔断器、电压互感器、避雷器、端子箱等中不同数量的电器设备等）。

3. 分界

一般由架构（屋外配电装置）或隔板（或墙体）来分界，使不同电气回路互相隔离，故称为间隔。

根据其功能，间隔可分为进线（发电机、变压器引出线回路）间隔、出线间隔、旁路间隔、母联间隔、分段间隔、电压互感器和避雷器间隔等。

对成套式配电装置，如果采用的是高压开关柜，则每个开关柜为一个间隔。

各间隔依次排列起来即为列，屋外配电装置的布置通常按断路器的列数分为单列布置、

双列布置和三列布置。

采用高压开关柜的屋内配电装置则按开关柜布置的列数分为单列布置和双列布置。

4. 层

设备布置位置的层次,有单层、两层、三层。

5. 列

一个间隔断路器的排列次序,有单列式、双列式、三列式。

6. 通道

为便于设备的操作、检修和搬运,配电装置在布置时设置了维护通道、操作通道、防爆通道。

7. 配电装置图

为了表示整个配电装置的结构、电气设备的布置以及安装情况,一般采用三种图进行说明,即平面图、断面图、配置图。

(1) 平面图

平面图按照配电装置的比例进行绘制,并标出尺寸;图中标出房屋轮廓、配电装置间隔的位置与数量、各种通道与出口、电缆沟等。平面图上的间隔不标出其中所装设备。

(2) 断面图

断面图按照配电装置的比例进行绘制,用以校验其各部分的安全净距(成套配电装置内部除外);图中表示配电装置典型间隔的剖面,表明间隔中各设备具体的布置以及相互之间的联系。

(3) 配置图

配置图是一种示意图,可不按照比例进行绘制,主要用于了解整个配电装置中设备的布置、数量、内容;对应平面图的实际情况,图中标出各间隔的序号与名称、设备在各间隔内布置的轮廓、进出线的方式与方向、通道名称等。

8. 配电装置的应用

35kV 及以下的配电装置多采用屋内配电装置,其中 3~10kV 的配电装置大多采用成套配电装置,110kV 及以上大多采用屋外配电装置。对 110~220kV 配电装置有特殊要求时,也可以采用屋内配电装置。

成套配电装置一般布置在屋内,3~35kV 的各种成套配电装置,已被广泛采用。110~1000kV 的 SF_6 全封闭组合电器也已得到应用。

8.1.3 配电装置的设计原则及步骤

1. 配电装置的设计原则

配电装置的设计必须认真贯彻国家的技术经济政策,遵循有关规程、规范及技术规定,并根据电力系统、自然环境特点和运行、检修、施工方面的要求,合理制定布置方案和选用设备,积极慎重地采用新布置、新设备、新材料、新结构,使配电装置设计不断创新,做到技术先进、经济合理、运行可靠和维护方便。

2. 配电装置的设计要求

（1）满足安全净距的要求

屋内配电装置的安全净距要小于表 8-1 所列数值，并按表 8-1 进行校验。屋内配电装置带电部分的上面不应有明敷的照明或动力线路跨越；屋内配电装置带电部分的上面不应有明敷的照明或动力线路跨越；屋内电气设备外绝缘体最低部位距地小于 2.3m 时，应装设固定遮栏。

表 8-1 屋内配电装置的安全净距（mm）

符号	适用范围	额定电压（kV）									
		3	6	10	15	20	35	63	110J[①]	110	220J[①]
A_1	（1）带电部分至接地部分之间； （2）网状和板状遮栏向上延伸线距地 2.3m 处，与遮栏上方带电部分之间	75	100	125	150	180	300	550	850	950	1800
A_2	（1）不同相的带电部分之间； （2）断路器和隔离开关的断口两侧带电部分之间	75	100	125	150	180	300	550	900	1000	2000
B_1	（1）栅状遮栏至带电部分之间； （2）交叉的不同时停电检修的无遮栏带电部分之间	825	850	875	900	930	1050	1300	1600	1700	2550
B_2[②]	网状遮栏至带电部分之间	175	200	225	250	280	400	650	950	1050	1900
C	无遮栏裸导体至地（楼）面之间	2375	2400	2425	2450	2480	2600	2850	3150	3250	4100
D	平行的不同时停电检修的无遮栏裸导体之间	1875	1900	1925	1950	1980	2100	2350	2650	2750	3600
E	通向屋外的出线套管至屋外通道的路面[③]	4000	4000	4000	4000	4000	4000	4500	5000	5000	5500

① 110J、220J 系指中性点直接接地电网。
② 当为板状遮栏时，其 B_2 值可取 A_1+30mm。
③ 当出线套管外侧为屋外配电装置时，其至屋外地面的距离，不应小于表 8-2 中所列屋外部分 C 值。

屋外配电装置的安全净距不应小于表 8-2 所列数值，并按表 8-2 进行校验。屋外配电装置带电部分的上面或下面不应有照明、通信和信号线路架空跨越或穿过。屋外电气设备外绝缘体最低部位距地小于 2.5m 时，应装设固定遮栏。屋外配电装置使用软导线时，带电部分到接地部分和不同相的带电部分之间的最小电气距离，应根据外过电压和风偏，内过电压和风偏，最大工作电压、短路摇摆和风偏 3 种条件进行校验，并取其中最大数值。配电装置中相邻带电部分的额定电压不同时，应按较高的额定电压确定其安全净距。

表 8-2　屋外配电装置的安全净距（mm）

符号	适用范围	额定电压（kV）								
		3~10	15~20	35	63	110J	110	220J	330J	500J
A_1	（1）带电部分至接地部分之间； （2）网状遮栏向上延伸线距地 2.5m 处，与遮栏上方带电部分之间	200	300	400	650	900	1000	1800	2500	3800
A_2	（1）不同相的带电部分之间； （2）断路器和隔离开关的断口两侧引线带电部分之间	200	300	400	650	1000	1100	2000	2800	4300
B_1	（1）设备运输时，其外廓至无遮栏带电部分之间； （2）交叉的不同时停电检修的无遮栏带电部分之间； （3）栅栏遮栏至绝缘体和带电部分之间； （4）带电作业时的带电部分至接地部分之间	950	1050	1150	1400	1650	1750	2550	3250	4550

（2）施工、运行和检修的要求

① 施工要求。配电装置的结构在满足安全运行的前提下应尽量予以简化，采用标准化的构件，减少架构的类型，缩短建设工期，设计时要考虑安装检修时设备搬运即起吊的便利；还应考虑土建施工误差，保证电气安全净距要求，一般不宜选用规程规定的最小值，而应留有裕量（50mm 左右）。

② 运行要求。各级电压配电装置之间，以及它们和各种建筑物之间的距离和相对位置，应按最终规模统筹规划，充分考虑运行安全和便利。

③ 检修要求。为保证检修人员在检修电器及母线时的安全，屋内配电装置间隔内硬导体及接地线上，应留有接触面和连接端子，以便于安装携带式接地线。电压为 60kV 及以上的配电装置，对断路器两侧的隔离开关和线路隔离开关的线路侧，宜配置接地开关；每段母线是宜装设接地开关或接地器。电压为 110kV 及以上的屋外配电装置，应视其在系统中的地位、接线方式、配电装置形式以及该地区的检修经验等情况，考虑带电作业的要求。

（3）噪声的允许标准及限制措施

噪声级为 30~40dB 是比较安静的正常环境；超过 50dB 就会影响睡眠和休息。由于休息不足，疲劳不能消除，正常生理功能会受到一定的影响；70dB 以上干扰谈话，造成心烦意乱，精神不集中，影响工作效率，甚至发生事故；长期工作或生活在 90dB 以上的噪声环境，会严重影响听力和导致其他疾病的发生。

配电装置主要声源主要是变压器、电抗器及电晕放电。

对 500kV 电气设备，据外壳 2m 处的噪声水平要求不超过下述数值。

电抗器：80dB（A）。断路器：连续性噪声水平 85dB（A）；非连续性噪声水平 90dB（A）；屋外空气断路器为 110dB（A），屋外 SF_6 断路器为 85dB（A）。变压器等其他设备为 85dB（A）。

抑制噪声的措施有：①优先选用低噪声或符合标准的电气设备；②注意主控室、通信楼、办公室等与主变压器的距离和相对位置,尽量避免平行相对布置。

(4) 静电感应的场强水平和限制措施

在设计 330~750kV 超高压和 1000kV 特高压配电装置时,除了要满足绝缘配合的要求外,还应做静电感应的测定及考虑防护措施。

关于静电感应限制措施,设计时应注意:①尽量不要在电器上方设置带电导线;②对平行跨导线的相序排列要避免或减少同相布置,尽量减少同相母线交叉及同相转角布置,以免场强直接叠加;③当技术经济合理时,可适当提高电器及引线安装高度,这样既降低了电场强度又满足检修机械与带电设备的安全净距;④控制箱和操作设备尽量布置在场强较低区,必要时可增设屏蔽线或设备屏蔽环等。

(5) 电晕无线电干扰和控制

在超高压配电装置内的设备、母线和设备间的连接导线,由于电晕产生的电晕电流具有高次谐波分量,形成向空间辐射的高频电磁波,从而对无线电通信、广播和电视产生干扰。根据实测,频率为 1MHz 时产生的无线电干扰最大。对上海地区 8 个 220kV 和 110kV 变电站进行实测,测得 220kV 变电站的最大值为 41dB(A),110kV 变电站为 44dB(A)。

我国目前在超高压配电装置设计中,无线电干扰水平的允许标准暂定为在晴天配电装置围墙外 20m 处(距出线边相导线投影的横向距离为 20m 外),对 2MHz 的无线电干扰值不大于 50dB(A)。为增加载流量及限制无线电干扰,超高压配电装置的导线采用扩径空芯导线、多分裂导线、大直径铝管或组合铝管等。对于 330kV 及以上的超高压电器设备,规定在 1.1 倍最高工作相电压下,屋外晴天夜间电气设备上应无可见电晕,1MHz 时无线电干扰电压应不大于 2500μV。

3. 配电装置设计的基本步骤

① 选择配电装置的形式;

② 配电装置的形式确定后,接着拟定配电装置的配置图;

③ 按照所选电气设备的外形尺寸、运输方法、检修及巡视的安全和方便等要求,遵照配电装置设计有关技术规程的规定,并参考各种配电装置的典型设计和手册,设计绘制配电装置平面图和断面图。

8.2 成套配电装置

成套配电装置是在制造厂成套制造后供应给用户的配电装置,它按照电气主接线的配置和用户的具体要求,将一个回路的开关电器、测量仪表、保护电器和一些辅助设备等都装配在一个整体柜内,形成标准模块,由制造厂按主接线成套供应,各模块在现场装配而成的配电装置称为成套配电装置。有全封闭式和半封闭式之分。

成套配电装置的类型:低压配电屏(或开关柜)、高压开关柜、成套变电站和六氟化硫(SF_6)全封闭组合电器(也称 GIS,是英文 Gas Insulated Switchgear 的缩写)等。35kV 及以下成套配电装置的各种电器带电部分间用空气作绝缘,称为高压开关柜(1000V 以下的称之为低压配电屏);110kV 及以上成套配电装置用 SF_6 气体作绝缘和灭弧介质,并将整套电器密封在一起，称之为六氟化硫全封闭组合电器。成套配电装置整体性强，制造水平高，可靠性高，现场安装工作量小，故被广泛采用。成套（箱式）变电站是由高压开关设备（柜）、电力变压器和低压开关设备（柜）三部分组合构成的配电装置。

成套配电装置的特点：

① 有金属外壳（柜体）的保护，电器设备和载流导体不易积灰，便于维护，特别处在污秽地区更为突出。

② 易于实现系列化、标准化，具有装配质量好、速度快，运行可靠性高的特点。其结构紧凑，布置合理，缩小了体积和占地面积，降低了造价。

③ 电器安装、线路敷设与变配电室的施工分开进行，缩短了基建时间。

8.2.1 低压配电屏

1. PGL 型交流低压配电屏

低压成套配电装置是电压为 1000V 及以下电网中用来接受和分配电能的成套配电设备。低压成套配电装置可分为配电屏（盘、柜）和配电箱两类；按控制层次可分为配电总盘、分盘和动力、照明配电箱。

低压配电屏，又称配电柜或开关柜，是将低压电路中的开关电器、测量仪表、保护装置和辅助设备等，按照一定的接线方案安装在金属柜内，用来接受和分配电能的成套配电设备，它用在 1000V 以下的供配电电路中。我国生产的低压配电屏基本以固定式（即固定式低压配电屏）和手车式（又称抽屉式）低压开关柜两大类为主。低压配电屏结构简单、价廉，并可双面维护，检修方便，在发电厂（或变电站）中，作为厂（站）用低压配电装置。一般几回低压线路共用一块低压配电屏。图 8-3 所示为 PGL 系列低压配电屏结构示意图。

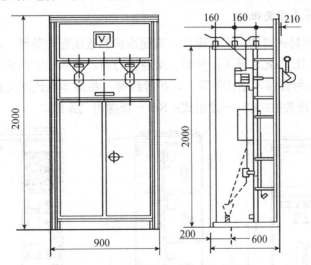

图 8-3　PGL-1 低压配电屏结构示意图

开启式双面维护的低压配电装置，其型号的意义：P——低压开启式；G——元件固定安装、固定接线；L——动力用。

低压配电屏按用途可分为：电源进线、受电、备用电源架空受电或电缆受电、联络馈电、刀熔开关馈电、熔断器馈电、断路器馈电和照明等。

2. GGD 型固定式低压配电屏

GGD 型交流低压配电柜是单面操作、双面维护的低压配电装置。其分断能力高，动热稳定性好，电气方案灵活，组合方便，防护等级高。型号的含义：G——交流低压配电柜；G——电器元件固定安装、固定接线；D——电力用柜。图 8-4 所示为 GGD 系列固定式低压配电屏结构示意图。

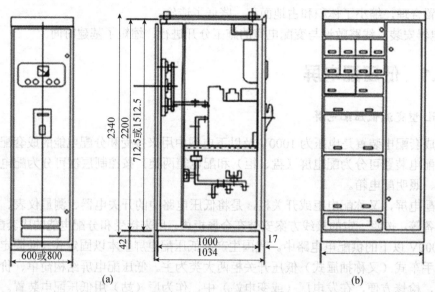

图 8-4　GGD 系列固定式低压配电屏结构示意图

3. GCS 低压抽屉式开关柜

GCS 开关柜为密封式结构，正面操作，双面维护的低压配电装置。图 8-5 所示为低压抽屉式开关柜结构示意图。GCS 开关柜分断、接通能力高，动热稳定性好，电气方案灵活，组合方便，系列性、实用性强，结构新颖，防护等级高，将逐步取代固定式低压配电屏。型号含义：G——封闭式开关柜；C——抽出式；S——森源电气系统。

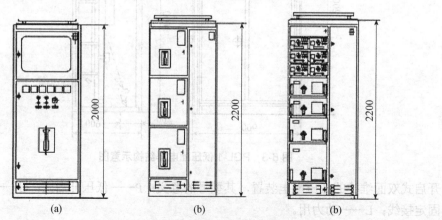

图 8-5　低压抽屉式开关柜结构示意图

4. MNS 低压抽出式开关柜

用标准模件组装的组合装配式结构，设计紧凑，组装灵活，通用性强。图 8-6 所示为 MNS 系列低压抽出式开关柜结构示意图，其型号含义：M——标准模件；N——低压；S——开关配电设备。

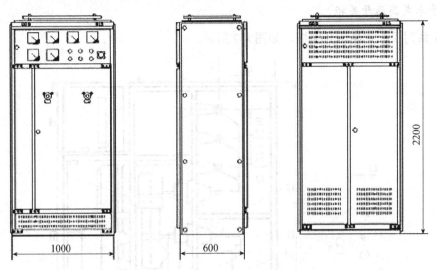

图 8-6　MNS 系列低压抽出式开关柜结构示意图

8.2.2　高压开关柜

1. 高压开关柜的种类及型号

固定式高压开关柜：断路器安装位置固定，各功能区相通而且敞开，采用母线和线路的隔离开关作为断路器检修的隔离措施。

手车式高压开关柜：高压断路器安装于可移动手车上，便于检修，其各个功能区是采用金属封闭或者采用绝缘板的方式封闭，有一定的限制故障扩大的能力。

高压开关柜的"五防"功能：防止误分、误合断路器；防止带负荷分、合隔离开关或带负荷推入、拉出金属封闭式开关柜的手车隔离插头；防止带电挂（合）接地线（接地开关）；防止带接地线合闸或带接地开关合闸；防止误入带电间隔，以保证可靠的运行和操作人员的安全。

高压开关柜的型号有两个系列的表示方法：

| 1 | 2 | 3 | 4 |

1：表示高压开关柜，J——间隔型，K——铠装型；
2：代表类别，Y——移开式，G——固定式；
3：N 表示户内式；
4：代表额定电压（kV）。

| 1 | 2 | 3 | 4 | 5 |

1：G 表示高压开关柜；
2：F 表示封闭型；
3：代表形式，C——手车式，G——固定式；

4：代表额定电压（kV）或设计序号；
5：F 表示防误型。

例如：KGN—10 型号含义为金属封闭铠装户内 10kV 的固定式开关柜。
GFC—10 型号含义为手车式封闭型的 10kV 高压开关柜。

2. 手车式高压开关柜

JYN 系列手车式高压开关柜，如图 8-7 所示。

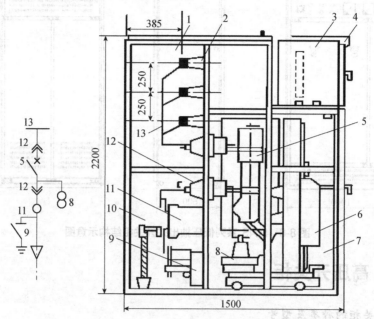

图 8-7　JYN2—10/01～05 高压开关柜内部结构示意图

这种系列的开关柜，为单母线接线，一般由下述几部分组成：手车室、继电器仪表室、母线室、出线室、小母线室。

8.2.3　箱式变电站

1. 箱式变电站的提出

国家在城乡供电网络建设中，要求高压直接进入负荷中心。有资料显示，将供电电压从 400V 提高到 10kV，可以减少线路损耗 60%，减少总投资和用铜量 52%，其经济效益相当可观。要实现高压深入负荷中心，箱式变电站是最经济、方便、有效的配电设备，因此，箱式变电站是社会经济发展的必然产物。箱式变电站是一种将高压开关设备、变压器和低压配电装置按一定接线方式组成一体，在制造厂预制的紧凑型中压配电装置，即将高压受电、变压器降压和低压配电等功能有机组合在一起。

2. 箱式变电站的分类

① 按产品结构可分为组合式变电站和预装式变电站；
② 按安装场所分为户内和户外；

③ 按高压接线方式分为终端接线、双电源接线和环网接线；
④ 按箱体结构分为整体和分体。

组合式变电站是将高压开关设备一室称为高压室，变压器一室称为变压器室，低压配电装置一室称为低压室，这三个室组成的变电站可有两种布置，即"目"字形布置和"品"字形布置，直接装于箱内，使之成为一个整体。

3. 箱式变电站的接线和特点

箱式变电站按产品结构分为组合式变电站和预装式变电站，如 ZBW 型为组合式变电站，YB27 型为预装式变电站。图 8-8 所示为 ZBW 型组合式变电站的电气一次接线。图 8-9 为 ZBW 型组合式变电站的内部结构示意图。

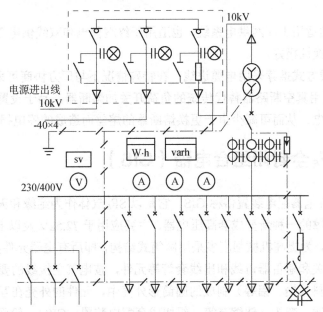

图 8-8 ZBW 型组合式变电站的电气一次接线

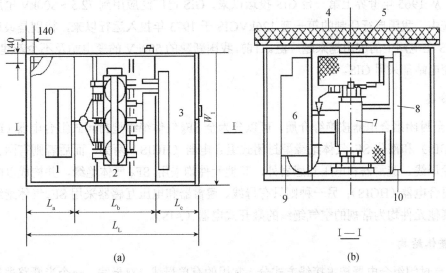

图 8-9 ZBW 型组合式变电站的结构示意图

箱式变电站具有以下特点。

① 组合式变电站箱体材料采用非金属玻纤增强特种水泥制成，它具有易成形、隔热效果好、机械强度高、阻燃特性好以及外形美观、易与周围建筑群体形成一体化的环境等特点。

② 箱体内部用金属钢板分为高压开关室、变压器室和低压开关室，各室间严格隔离。

③ 高压室采用完善可靠的紧凑型设计，具有全面的防误操作联锁功能，性能可靠，操作方便，检修灵活。

④ 变压器可选用 SC 系列干式变压器和 S7、S9 型油浸变压器以及其他低损耗变压器。

⑤ 低压室有配电柜，计量柜和无功补偿柜，满足不同用户的需求，方便变电站和变压器的正常运行。

⑥ 箱式变电站适用于环网供电系统，也适用于终端供电和双线供电等供电方式，并且这三种供电方式的互换性极好。

⑦ 高压侧进线方式推荐采用电缆进线，在特殊情况下与厂方协商可采用架空进线。

⑧ 10kV 侧采用真空断路器替代传统的负荷开关加熔断器，易于设置保护和快速消除故障，可迅速恢复供电，从而可减少由于更换熔断器的熔丝而造成的停电损失。

8.2.4　SF_6 全封闭组合电器（GIS）

SF_6 全封闭组合电器配电装置俗称 GIS，它是以 SF_6 气体作为绝缘和灭弧介质，以优质环氧树脂绝缘子作支撑的一种新型成套高压电器，主要应用于 72.5kV 及以上的电压等级。由于内部气体压力较高，为提高机械强度多采用圆筒式结构，即所有电器元件如断路器、互感器、隔离开关、接地开关和避雷器母线和出线套管等元件，按电气主接线的要求依次连接，都放置在接地的金属材料（钢、铝等）制成的圆筒形外壳中，元件的外壳在互相连接时再辅以一些过渡元件，如三通、弯头、伸缩节等，组成成套配电装置。GIS 一般用于户内，也可于户外使用。从 1965 年世界上第一台 GIS 投运以来，GIS 已广泛应用到 72.5~800kV 电压等级的电力系统中。我国自行研制的第一套 126kVGIS 于 1973 年投入运行以来，特别是最近一二十年来，GIS 在电网中的应用越来越广泛。目前，我国新建的 500kV 的变电站及不少新建的 110~220kV 变电站都采用 GIS。

1. **分类**

SF_6 全封闭组合电器按绝缘介质，可以分为全 SF_6 气体绝缘型封闭式组合电器（FGIS，常简写为 GIS）和部分 SF_6 气体绝缘型封闭式组合电器（HGIS）两类。而后者则有两种情况：一种是除母线、避雷器和电压互感器外，其他元件均采用 SF_6 气体绝缘，并构成以断路器为主体的复合电器（HGIS）；另一种则只有母线、避雷器和电压互感器采用 SF_6 气体绝缘的封闭母线，其他元件均为常规的空气绝缘的敞开式电器（AIS）。

2. **整体结构**

SF_6 全封闭组合电器按主接线方式分。常用的有单母线、双母线、一个半断路器接线、桥形和角形等接线方式。126kV GIS 总体布置图如图 8-10 所示。

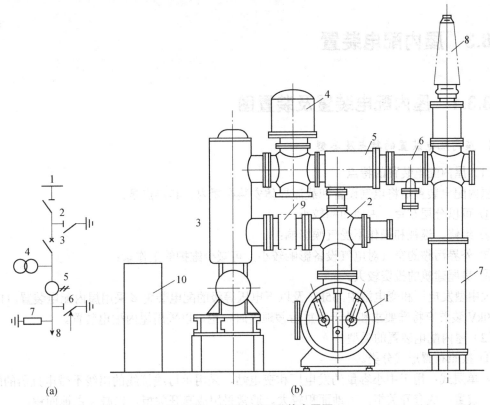

图 8-10　126kV GIS 总体布置图

1—母线；2—隔离开关/接地开关；3—断路器；4—电压互感器；5—电流互感器；
6—快速接地开关；7—避雷器；8—引线套管；9—波纹管；10—操动机构

3. GIS 的特点

① 缩小了配电装置的尺寸，减少了变配电站的占地面积和空间。由 GIS 组成的变电所的占地面积和空间体积远比由常规电器组成的变电所小，电压等级愈高，效果愈显著。60kV 由 GIS 组成的变电站户内布置所占面积和体积，分别只有 60kV 由常规电器组成的变电站户内布置所占面积和体积的 22%和 25.4%；110kV 时只有 7.6%和 6.1%；220kV 只有 3.7%~4%和 1.8%~2.1%；500kV GIS 变电站占地面积仅为常规变电站的 1.2%~2%。因此，GIS 特别适合于变电站征地特别困难的场所，如水电站、大城市地下变电站等。

② 运行可靠性高。GIS 由于带电部分封闭在金属筒外壳内，故不会因污秽、潮湿、各种恶劣气候和小动物等造成接地和短路事故。SF_6 气体为不燃的惰性气体，不致发生火灾，一般不会发生爆炸事故。因此，GIS 适用于污染严重的重工业区域和沿海盐污区域，如钢铁厂、水泥厂、炼油厂、化工厂等。

③ 维护工作量小，检修周期长，普通定为 10~20 年，安装工期短。

④ 由于封闭金属筒外壳的屏蔽作用，消除了无线电干扰、静电感应和噪声。

⑤ 抗震性能好，所以也适宜使用在高地震烈度地区。

但是，GIS 金属消耗量较多，对采用的材料性能、加工和装配工艺及环境要求高。因此采用这种组合电器的配电装置造价是昂贵的。

8.3 屋内配电装置

8.3.1 屋内配电装置及装置图

1. 屋内配电装置的特点及类型

（1）屋内配电装置的特点

屋内配电装置是将电气设备和载流导体安装在屋内，其特点是：
① 可以分层布置，占地面积较小；
② 维修、巡视和操作不受气候影响；
③ 外界污秽的空气对电气设备影响较小，可减少维护的工作量；
④ 房屋建筑的投资较大。

大中型发电厂和变电站中，35kV及以下电压等级的配电装置多采用屋内配电装置。110kV及220kV装置有特殊要求和处于严重污秽地区时，也可以采用屋内配电装置。

（2）屋内配电装置的类型

① 按照布置形式分类。
- 单层式：用于中小容量的发电厂和变电站，采用单母线接线的出线不带电抗器的配电装置，成套开关柜，占地面积较大。通常采用成套开关柜，以减少占地面积。
- 二层式：将所有电气设备按照轻重分别布置，较重的设备布置在一层，较轻的设备布置在二层。一般用于有出线电抗器的情况，将断路器和电抗器布置在第一层，将母线、母线隔离开关等较轻设备布置在第二层。结构简单，占地较少、运行与检修较方便、综合造价较低。
- 三层式：是将所有电气设备依其轻重分别布置在各层中，它具有安全、可靠性高、占地面积少等特点，但其结构复杂，施工时间长，造价较高，检修和运行维护不大方便，目前已较少采用。

② 按照安装形式分类。
- 装配式：将各种电气设备在现场组装构成配电装置称为装配式配电装置。
- 成套式：由制造厂预先将各种电气设备按照要求装配在封闭或半封闭的金属柜中，电器安装、线路敷设与配电室的施工分开进行，缩短了基建时间。

2. 屋内配电装置图

电气工程中常用配电装置配置图（也称布置图）、平面图和断面图来描述配电装置的结构、设备布置和安装情况。

配置图是一种示意图，按选定的主接线方式，用来表示进线（如发电机、变压器）、出线（如线路）、断路器、互感器、避雷器等合理分配于各层、各间隔中的情况，并表示出导线和电器在各间隔的轮廓外形，但不要求按比例尺寸绘出。

平面图是在平面上按比例画出房屋及其间隔、通道和出口等处的平面布置轮廓，平面上的间隔只是为了确定间隔数及排列，故可不表示所装电器。

断面图是用来表明所取断面的间隔中各种设备的具体空间位置、安装和相互连接的结构图，断面图也应按比例绘制。

8.3.2 屋内配电装置的布置原则

1. 整体布置要求

① 尽量将电源布置在每段母线的中部，使母线截面通过较小的电流，但有时为了连接的方便，根据主厂房或变电站的布置而将发电机或变压器间隔设在每段母线的端部。
② 同一回路的电气设备和载流导体应布置在一个间隔内，以保证检修和限制故障范围。
③ 较重的设备（如电抗器）布置在下层，以减轻楼板的荷重并便于安装。
④ 满足安全净距要求的前提下，充分利用间隔位置。
⑤ 布置清晰，力求对称，便于操作，容易扩建。

2. 电气设备有关要求

(1) 断路器及其操动机构

断路器通常设在单独的小室内。

按照油量多少及防爆结构要求，可分为敞开式、封闭式、防爆式。屋内的单台断路器、电压互感器、电流互感器，总油量在 60kg 以下时，一般可装在两侧有隔板的敞开小室内。总油量超过 60kg 时，应装在单独的防爆小室内；总油量为 60～600kg 时，应装在有防爆隔墙的小室内；为了防火安全，总油量在 100kg 以上时，屋内的单台断路器、电流互感器应设置贮油或挡油设施。断路器的操动机构设在操动通道内。手动操动机构和轻型远距离控制操动机构均装在墙壁上，重型远距离控制操动机构（如 CD3 型等）则落地装在混凝土基础上。

(2) 互感器和避雷器

电流互感器和断路器放在同一室内；电流互感器无论是干式或油浸式，都可以和断路器放在同一个小室内。穿墙式电流互感器应尽可能作为穿墙套管使用。电压互感器经隔离开关和熔断器（60kV 及以下采用熔断器）接到母线上，它须占用专门的间隔，但在同一间隔内，可以装设几个不同用途的电压互感器。当母线上接有架空线路时，母线上应装设阀型避雷器，由于其体积不大，通常与电压互感器共用一个间隔，但应以隔层隔开。

(3) 母线及隔离开关

母线通常装在配电装置的上部，一般呈水平、垂直和直角三角形布置，水平布置设备安装比较容易。垂直布置时，相间距离较大，无须增加间隔深度；支持绝缘子装在水平隔板上，绝缘子间的距离可取较小值，因此，母线结构可获得较高的机械强度。但垂直布置的结构复杂，并增加建筑高度，垂直布置可用于 20kV 以下、短路电流很大的装置中。直角三角形布置方式，其结构紧凑，可充分利用间隔高度和深度。母线相间距离决定于相间电压，并考虑短路时的母线和绝缘子的电动力稳定与安装条件。在 6～10kV 小容量装置中，母线水平布置时，为 250～350mm；垂直布置时，为 700～800mm；35kV 母线水平布置时，约为 500mm。双母线布置中的两组母线应以垂直的隔板分开，这样，在一组母线运行时，可安全地检修另一组母线。母线隔离开关，通常设在母线的下方。为了防止带负荷误拉隔离开关造成电弧短路，并延烧至母线,在双母线布置的屋内配电装置中,母线与母线隔离开关之间宜装设耐火隔板。为确保设备及工作人员的安全,屋内外配电装置应设置闭锁装置,以防止带负荷误拉隔离开关、带接地线合闸、误入带电间隔等电气误操作事故。

(4) 电抗器

按其容量不同布置:三相垂直、品字形和三相水平布置。

当电抗器的额定电流超过 1000A、电抗值超过 5%~6%时,宜采用品字形布置;额定电流超过 1500A 的母线分段电抗器或变压器低压侧的电抗器,则采用水平装设。在采用垂直或品字形布置时,只能采用 U_V 或 V_W 两相电抗器上下相邻叠装,而不允许 U_W 两相电抗器上下相邻叠装在一起。配电装置室内各种通道最小宽度如表 8-3 所示。变压器外廓与变压器室四壁的最小距离如表 8-4 所示。

表 8-3 配电装置室内各种通道最小宽度(净距:mm)

通道分类 布置方式	维护通道	操作通道		防爆通道
		固定式	手车式	
一面有开关设备	800	1500	单车长+900	1200
二面有开关设备	1000	2000	双车长+600	1200

表 8-4 变压器外廓与变压器室四壁的最小距离(mm)

变压器容量(kV·A)	320 及以下	400~1000	1250 及以上
至后壁和侧壁净距 A	600	600	800
至大门净距 B	600	800	1000

(5) 电缆构筑物

电缆隧道及电缆沟是用来放置电缆的。电缆隧道为封闭狭长的构筑物,高 1.8m 以上,两侧设有数层敷设电缆的支架,可容纳较多的电缆,人在隧道内能方便地进行敷设和维修电缆工作。电缆隧道造价较高,一般用于大型电厂主厂房内。电缆沟为有盖板的沟道,沟深与宽不足 1m,敷设和维修电缆必须揭开水泥盖板,很不方便。沟内容易积灰,可容纳的电缆数量也较少;但土建工程简单,造价较低,常为变电站和中小型电厂所采用。为确保电缆运行的安全,电缆隧道(沟)应设有 0.5%~1.5%排水坡度和独立的排水系统。电缆隧道(沟)在进入建筑物处,应设带门的耐火隔墙(电缆沟只设隔墙),以防发生火灾时,烟火向室内蔓延扩大事故,同时,也防止小动物进入室内为使电力电缆发生事故时不致影响控制电缆,一般将电力电缆与控制电缆分开排列在过道两侧。如布置在一侧时,控制电缆应尽量布置在下面,并用耐火隔板与电力电缆隔开。

(6) 通道和出口

① 维护通道:最小宽度比最大搬运设备大 0.4~0.5m;

② 操作通道:最小宽度为 1.5~2.0m;

③ 防爆通道:最小宽度为 1.2m。

当配电装置长度大于 7m 时,应有两个出口;当长度大于 60m 时,在中部适宜再增加一个出口。

(7) 屋内配电装置

配电装置室可以开窗采光和通风,但应采取防止雨雪和小动物进入室内的措施。

8.3.3 屋内配电装置实例

1. 6~10kV 屋内配电装置

6~10kV 出线无电抗器时采用单层式,且多采用成套式高压开关柜,如各种类型降压变电所的 6~10kV、发电厂的高压厂用电和小型发电厂的电气主系统,图 8-11 所示为 10kV 屋内单层单列配电装置主变进线间隔断面图。

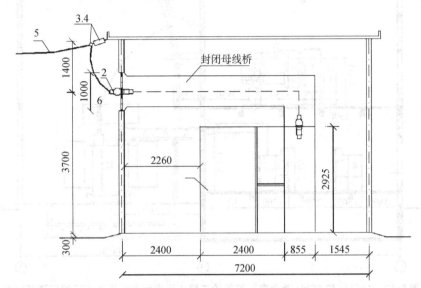

图 8-11　10kV 屋内单层单列配电装置主变进线间隔断面图
1—开关柜（JYN1-35 型）；2—穿墙套管；3—耐张绝缘子串；4—钢芯铝绞线

常用的手车式开关柜有 JYN2-10 型和 KYN28A-12 型。

6~10kV 出线带电抗器时,采用三层式或二层式配电装置（装配式配电装置）。三层式结构是将各回路电气设备按设备的重量,自上而下地分别布置在三层楼房内,母线和母线隔离开关布置在最高层,断路器布置在第二层,而笨重的电抗器布置在底层。二层式结构是把各回路电气设备按设备的重量分别布置在二层楼房内,断路器和电抗器布置在底层,母线和母线隔离开关在二层。

2. 多种电压等级的屋内配电装置

多种电压等级的屋内配电装置一般采用三层式或二层式。为进一步节省占地面积,这种布置方式将各电压等级的配电装置都安排在一栋楼内。

对于 110kV、35kV 和 10kV 三个电压等级的电气主接线（一般均采用单母线分段的接线形式）,采用三层式配电装置。110kV 电气主接线布置在两层中,楼房的二层安装装配式的 110kV 六氟化硫小车式断路器和隔离开关,楼房的三层是 110kV 母线,可采用管形母线或钢芯铝绞线。在楼房的一层安装的是 35kV 和 10kV 配电装置。

图8-12所示是具有110kV和10kV两个电压等级的二层式屋内配电装置主变进线间隔断面图,110kV和10kV均采用单母线分段接线,110kV配电装置采用六氟化硫全封闭组合电器,10kV配电装置采用手车式成套开关柜。为了便于与主变连接,110kV配电装置布置在二层,10kV配电装置双列布置在一层,主变进线也放在屋内。该配电装置是全屋内配电装置。

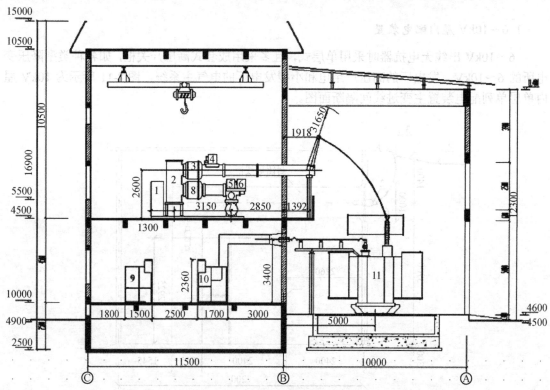

图8-12　110kV和10kV两个电压等级的二层式屋内配电装置主变进线间隔断面图
1—控制柜;2—断路器;3—电流互感器;4—快速接地开关;5—隔离开关;6—接地开关;7—母线;
8—电流互感器;9—开关柜;10—开关柜;11—主变压器

图8-13为采用GIS的220kV和110kV二层式屋内配电装置主变进线断面图。

3. 屋内配电装置的配置图和平面图

配置图是把发电机回路、变压器回路、引出线回路、母线分段回路、母联回路以及电压互感器回路等,按电气主接线的连接顺序,分别布置在各层的间隔(架构或隔板制成的分间,使不同电路互相隔离)中,并示出走廊、间隔以及母线和电器在各间隔中的轮廓和相对位置的图形,但不要求按比例尺寸绘制。它已不是单纯的电路图,而是配电装置布置设计的基础图。平面图表明了间隔、间隔中的电气设备、架构、建筑物、电缆沟、道路等在平面中的相对位置和尺寸。

35kV屋内配电装置一般采用单列布置,10kV屋内配电装置有单列和双列两种布置方式。按开关柜的尺寸(不同方案编号的开关柜尺寸不一定相同),对通道、操作和维护走廊的尺寸要求,对布置方式的要求等,按一定比例绘制平面布置图,并在开关柜上标注方案编号或名称。

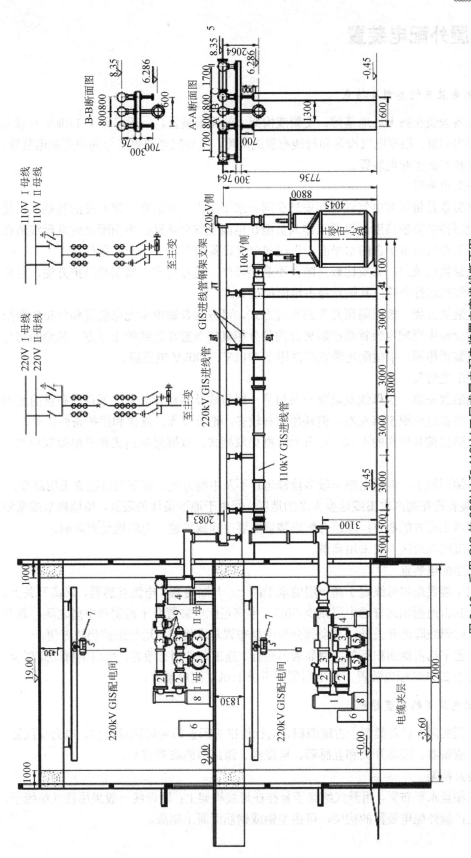

图 8-13 采用 GIS 的 220kV 和 110kV 二层式屋内配电装置主变进线断面图

1—断路器；2—电流互感器；3—隔离开关；4—避雷器；5—母线；6—控制柜；7—行车；8—断路器操作机构；9—接地隔离开关

8.4 屋外配电装置

1. 屋外配电装置的类型及特点

将电气设备安装在露天场地基础、支架或构架上的配电装置。一般多用于 110kV 及以上电压等级的配电装置。根据电气设备和母线布置的高度,屋外配电装置可分为中型配电装置、高型配电装置和半高型配电装置。

(1) 中型配电装置

中型配电装置是将所有电气设备都安装在同一水平面内,并装在一定高度的基础上,使带电部分对地保持必要的高度,以便工作人员能在地面上安全活动;中型配电装置母线所在的水平面稍高于电气设备所在的水平面,母线和电气设备均不能上、下重叠布置。

中型配电装置优缺点:布置比较清晰,不易误操作,运行可靠,施工和维护方便,造价较省,并有多年的运行经验;其缺点是占地面积过大。

中型配电装置分类:按照隔离开关的布置方式,可分为普通中型配电装置和分相中型配电装置。所谓分相中型配电装置系指隔离开关是分相直接布置在母线的正下方,其余的均与普通中型配电装置相同。中型配电装置广泛用于 110kV、500kV 电压级。

(2) 高型配电装置

高型配电装置是将一组母线及隔离开关与另一组母线及隔离开关上、下重叠布置的配电装置,可以节省占地面积 50%左右,但耗用钢材较多,造价较高,操作和维护条件较差。

高型配电装置按其结构的不同,可分为单框架双列式、双框架单列式和三框架双列式三种类型。

优点是占地面积小。但耗用钢材较多检修运行不及中型方便。在下列情况宜采用高型:
① 配电装置设在高产农田或地少人多的地区;②由于地形条件的限制,场地狭窄或需要大量开挖、回填土石方的地方;③原有配电装置需要改建或扩建,而场地受到限制。

在地震烈度较高地区不宜采用高型。

(3) 半高型配电装置

半高型配电装置是将母线置于高一层的水平面上,与断路器、电流互感器、隔离开关上、下重叠布置,其占地面积比普通中型减少 30%。半高型配电装置介于高型和中型之间,具有两者的优点,除母线隔离开关外,其余部分与中型布置基本相同,运行维护仍较方便。

半高型布置节约占地面积不如高型显著但运行、施工条件稍有改善,所用钢材比高型少。一般高型适用于 220kV 配电装置,而半高型适用于 110kV 配电装置。

2. 屋外配电装置的布置原则

应综合工程实际、设备类型、占地面积、运行价格等因素确定母线及构架、电力变压器、高压断路器、避雷器、隔离开关和互感器、电缆沟、道路等的布置方案。

(1) 母线及构架

软母线三相呈水平布置,用悬式绝缘子悬挂在母线构架上;硬母线一般采用柱式绝缘子,安装在支柱上;屋外配电装置的构架,可由型钢或钢筋混凝土制成。

（2）电力变压器

变压器基础做成双梁形并铺以铁轨轨距等于变压器的滚轮中心距。单个油箱油量超过1000kg 以上的变压器在设备下面须设置贮油池或挡油墙。主变压器与建筑物的距离不应小于1.25m 且距变压器 5m 以内的建筑物在变压器总高度以下及外廓两侧各 3m 的范围内不应有门窗和通风孔。

（3）电气设备的布置

断路器可分为单列、双列和三列布置。少油（或空气、SF_6）断路器有低式和高式两种布置。在中型配电装置中，断路器和互感器多采用高式布置，即把断路器安装在约高 2m 的混凝土基础上。避雷器也有高式和低式两种布置。110kV 及以上的阀型避雷器，由于器身细长，如安装在 2.5m 高的支架上，共顶部引线离地面高达 59m 稳定度很差，因此多落地安装在 0.4m 的基础上。磁吹避雷器及 35kV 阀型避雷器形体矮小稳定度较好一般可采用高式布置。

（4）电缆沟和通道

屋外配电装置中电缆沟的布置应使电缆所走的路径最短。为了运输设备和消防的需要应在要设备近旁铺设行车道路。大中型变电所内一般应铺设宽 3 m 的环行道；屋外配电装置内应设置 0.8～1m 的巡视小道以便运行人员巡视电气设备，电缆沟盖板可作为部分巡视小道。

3. 屋外配电装置实例

屋外配电装置的结构形式与主接线、电压等级、容量、重要性以及母线、构架、断路器和隔离开关的类型有密切关系，与屋内配电装置一样，必须注意合理布置，并保证电气安全净距，同时还应考虑带电检修的可能性。

图 8-14、图 8-15、图 8-16、图 8-17 分别为普通中型、分相中型、高型及半高型配电装置的布置实例。

复习思考题 8

1. 对配电装置的基本要求是什么？
2. 试述最小安全净距的定义及其分类。
3. 试述配电装置的类型及特点。
4. 屋内配电装置与屋外配电装置相比较，各有哪些优、缺点？
5. 简述配电装置的设计原则和设计要求。
6. 何谓配电装置的配置图、平面图和断面图？
7. 如何区别屋外中型、高型和半高型配电装置？它们的特点和应用范围是什么？
8. 气体全封闭组合电器由哪些元件组成？与其他类型配电装置相比，有何特点？
9. 低压成套装置分为几类？
10. 高压成套装置的基本形式有几种？
11. 简述发电机引出线装置的分类及其应用范围。

12. 对发电厂中各种电气设施的布置有哪些基本要求？
13. 封闭母线具有哪些特点和作用？

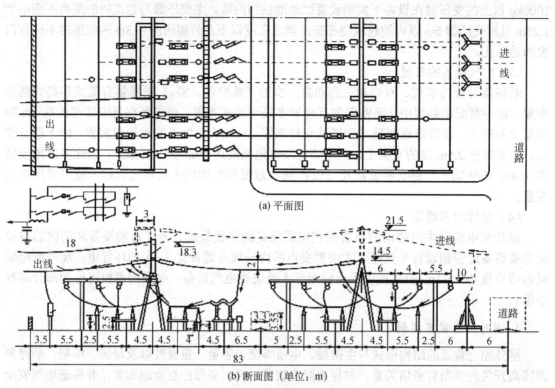

图 8-14 220kV 双母线进出线带旁路、合并母线架、断路器单列布置的配电装置（普通中型）

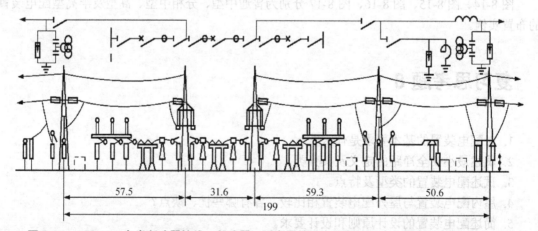

图 8-15 500kV 一台半断路器接线、断路器三列布置的进出线断面图（分相高型）（单位：m）

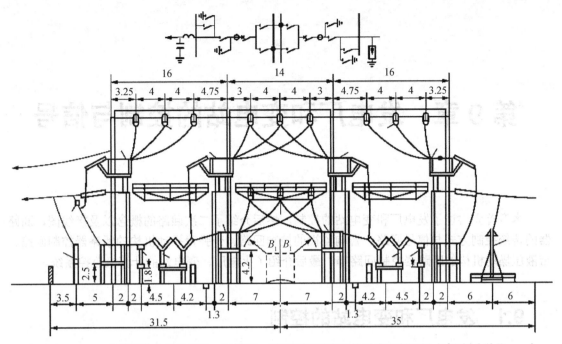

图 8-16　220kV 双母线进出线带旁路、三框架、断路器双列布置的进出线断面图（高型）（单位：m）

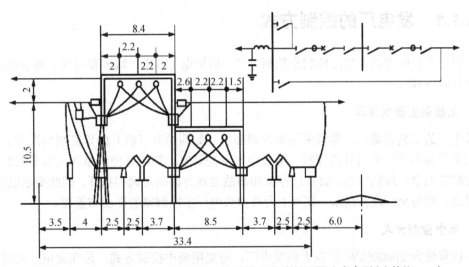

图 8-17　110kV 单母线、进出线带旁路布置的进出线断面图（半高型）（单位：m）

*第 9 章 发电厂和变电站的控制与信号

本章首先讲述了发电厂和变电站的控制，然后介绍了二次回路的概念以及接线图，断路器的传统控制方式与信号回路、音响监视的控制回路、带弹簧操动机构的断路器控制回路、带液压操动机构的断路器控制回路等。最后介绍了火电厂、变电站的计算机监控系统。

9.1 发电厂和变电站的控制

9.1.1 发电厂的控制方式

发电厂的控制方式分为主控制室控制方式、机炉电（汽机、锅炉和电气）集中控制方式、和综合控制方式。

1. 主控制室控制方式

发电厂的单机容量小，常常采用多炉对多机（如四炉对三机）的母管制供汽方式，机炉电气相关设备的控制采用分离控制，即设电气主控制室、锅炉分控制室和汽机分控制室。电气主控制室为全厂控制中心，负责起停机和事故处理方面的协调和指挥，因此要求监视方便、操作灵活，能与全厂进行联系。图 9-1 为典型火电厂主控制室的平面布置图。

2. 集中控制方式

单机容量为 200000kW 及以上的发电厂，应采用集中控制方式，是在发电厂或变电站内设置一个中心控制室（又称主控室），对全厂（站）的主要电气设备实行远方集中控制。一般将机、炉、电设备集中在一个单元控制室简称集控室控制。

现代大型火电厂为了提高热效率，趋向采用亚临界或超临界高压、高温机组，锅炉与汽机之间采用一台锅炉对一台汽机构成独立单元系统的供汽方式，不同单元系统之间没有横向的蒸汽管道联系，这样管道最短，投资较少；且运行中，锅炉能配合机组进行调节，便于机组启停及事故处理。

机炉电集中控制的范围，包括主厂房内的汽轮机、发电机、锅炉、厂用电以及与它们有密切联系的制粉、除氧、给水系统等，以便让运行人员注意主要的生产过程。至于主厂房以外的除灰系统、化学水处理等，均采用就地控制。在集中控制方式下，常设有独立的高压电力网络控制室(简称网控室),实际上就是一个升压变电站控制室,主变压器及接于高压母线的各断路器的控制与信号均设于网络控制室。网络控制室发展方向是无人值班,其操作与监视则由全厂的某一集控室代管。另外,电厂的高压出线较少时一般不再设网控室,主变压器和高压出线的信号与控制均设在某一集控室。

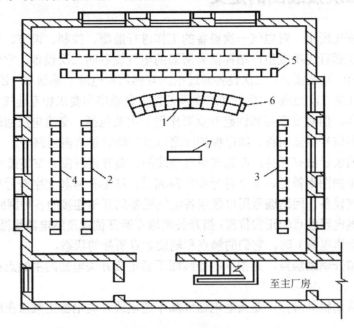

图 9-1 典型火电厂主控制室的平面布置图
1—发电机、变压器、中央信号控制屏台;2—线路控制屏;3—厂用变压器控制屏;
4—直流屏、远动屏;5—继电保护及自动装置屏;6—同步小屏;7—值班台

3. 综合控制方式

即是以电子计算机为核心,同时完成发电厂及变电站的控制、监察、保护、测量、调节、分析计算、计划决策等功能,实现最优化运行。

目前,上述各种方式并存于我国电力系统,但发展方向是集中控制方式和综合控制方式。

9.1.2 变电站的控制方式

变电站的控制方式按有无值班员分为:值班员控制方式、调度中心或综合自动化站控制中心远方遥控方式。

按断路器的控制方式分为:控制开关控制和计算机键盘控制。

按控制开关控制方式分为:在主控制室内的集中控制和在设备附近的就地控制。

按控制电源电压的高低分为:强电控制和弱电控制。前者的工作电压为直流 110V 或 220V;后者的工作电压为直流 48V(个别为 24V),且一般只用于控制开关所在的操作命令发出回路和电厂的中央信号回路,以缩小控制屏所占空间,而合跳闸回路仍采用强电。

9.2 二次回路接线图

9.2.1 二次接线图的定义

在发电厂和变电所中,对电气一次设备的工作进行监测、控制、调节、保护,以及为运行、维护人员提供运行工况或生产指挥信号所需的电气设备叫二次设备。它包括测量仪表、继电保护、控制和信号装置等。二次设备通过电压互感器和电流互感器与一次设备相互关联。

二次接线图(或二次回路),是电气二次设备按一定顺序和要求相互连接构成的电路。虽然不是电路的主体,但对安全可靠性起着重要作用。主要包括:交流电压回路、交流电流回路、断路器控制和信号直流回路、继电保护回路以及自动装置直流回路等。

二次接线图的表示法有三种:归总式原理接线图、展开接线图、安装接线图。

二次接线图中的图形符号、文字符号和回路编号:图形符号和文字符号用以表示和区别接线图中各个电气设备,回路编号用以区别各电气设备间互相连接的各种回路。

开关电器和继电器触点的正常位置:指开关电器在断开位置及继电器线圈中没有电流(或电流很小未达到动作电流)时,它们的触点和辅助触点所处的状态。

常开触点或常开辅助触点,是指继电器线圈不通电或开关电器的主触点在断开位置时,该触点是断开的。

常闭触点或常闭辅助触点,是指继电器线圈不通电或开关电器主触点在断开位置时,该触点是闭合的。

二次接线图常用图形符号新旧对照表,如表 9-1 所示;常用文字符号对照表,如表 9-2 所示。

表 9-1 二次接线常用新旧图形符号对照表

序号	名称	图形符号 新	图形符号 旧	序号	名称	图形符号 新	图形符号 旧
1	继电器			7	按钮开关(动合)	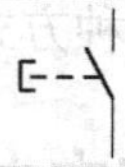	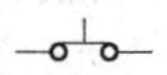
2	过流继电器	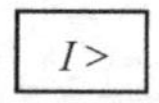 $I>$	 I	8	按钮开关(动断)	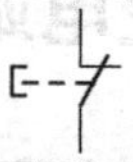	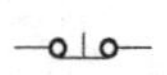
3	欠压继电器	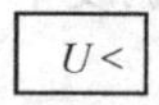 $U<$	 U	9	常开触点		
4	气体继电器	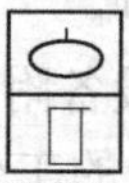		10	常闭触点		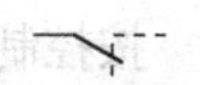
5	电铃			11	延时闭合的常开触点	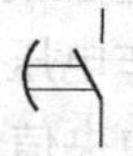	
6	电喇叭	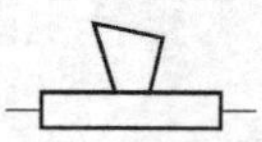	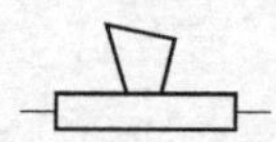	12	延时闭合的常闭触点	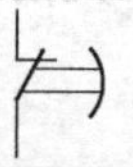	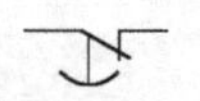

(续表)

序号	名称	图形符号 新	图形符号 旧	序号	名称	图形符号 新	图形符号 旧
13	延时断开的常闭触点			18	位置开关常开触点		
14	延时断开的常开触点				常闭触点		
15	接通的连接片 断开的连接片			19	非电量触点常开（动合）触点 常闭（动断）触点		
16	熔断器			20	切换片		
17	接触器常开（动合）触点			21	指示灯		
	接触器常闭（动断）触点			22	蜂鸣器		

注：元件不带电（或断路器未合闸）时的状态为"常态"。

表 9-2 常用文字符号对照表

序号	元件名称	新符号	旧符号	序号	元件名称	新符号	旧符号
1	电流继电器	KA	LJ	16	合闸接触器	KM	HC
2	电压继电器	KV	YJ	17	跳闸线圈	YT	TQ
3	时间继电器	KT	SJ	18	控制开关	SA	KK
4	控制继电器	KC	ZJ	19	转换开关	SM	ZK
5	信号继电器	KS	XJ	20	一般信号灯	HL	XD
6	温度继电器	KT	WJ	21	红灯	HR	HD
7	瓦斯继电器	KG	WSJ	22	绿灯	HG	LD
8	继电保护出口继电器	KCO	BCJ	23	光子牌	HL	GP
9	自动重合闸继电器	KRC	ZCJ	24	蜂鸣器	HA	FL
10	合闸位置继电器	KCC	HWJ	25	电铃	HA	DM
11	跳闸位置继电器	KCT	TWJ	26	按钮	SB	AN
12	闭锁继电器	KCB	BSJ	27	复归按钮	SB	FA
13	监视继电器	KVS	JJ	28	音响信号解除按钮	SB	YJA
14	脉冲继电器	KM	XMJ	29	试验按钮	SB	YA
15	合闸线圈	YC	HQ	30	连接片	XB	LP

(续表)

序号	元件名称	新符号	旧符号	序号	元件名称	新符号	旧符号
31	切换片	XB	QP	39	直流合闸电源小母线	+	+HM
32	熔断器	FU	RD			−	−HM
33	断路器及其辅助触点	QF	DL	40	预告信号小母线	M709	1YBM
34	隔离开关及其辅助触点	QS	G			M710	2YBM
35	电流互感器	TA	LH	41	事故音响信号小母线	M708	SYM
36	电压互感器	TV	YH		不发遥信		
37	直流控制回路电源小母线	+	+KM	42	辅助小母线	M703	FM
		−	−KM	43	掉牌未复归牌	M716	PM
38	直流信号回路电源小母线	700	+XM		字牌小母线		
		−700	−XM	44	闪光小母线	M100（+）	（+）SM

9.2.2 归总式原理接线图

归总式原理图是把二次设备或装置各组成部分的图形符号，按照其相互关系、动作原理集中绘制在一起的电路，以整体的形式表示各二次设备。图 9-2 为某 10kV 线路过电流保护归总式原理接线图。其中 KA1、KA2 分别接于交流 A 相（第一相）和 C 相（第三相）的交流电流继电器；KT 为时间继电器；KS 为信号继电器；YR 为断路器 QF 的跳闸线圈。

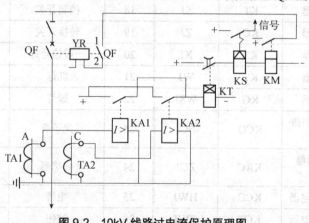

图 9-2　10kV 线路过电流保护原理图

从图 9-2 中可以看出它的特点，一次设备和二次设备都以完整的图形符号表示出来，能使我们对整套保护装置的工作原理有一个整体概念。其相互联系的交流电流回路、交流电压回路及直流回路都综合在一起，其按实际连接顺序绘出。但是这种图存在许多缺点：

① 只能表示继电保护装置的主要元件，而对细节之处无法表示；
② 不能表明继电器之间接线的实际位置，不便于维护和调试；

③ 没有表示出各元件内部的接线情况,如端子编号、回路编号等;
④ 标出的直流"+""−"极符号多而散,不易看图;
⑤ 对于较复杂的继电保护装置很难表示,即使画出了图,也很难让人看清楚;
⑥ 信号部分只标出"至信号",未绘出具体接线。

9.2.3 展开接线图

展开图是按供电给二次接线每个独立电源来划分的,将每套装置的交流电流回路,交流电压回路和直流回路分开来表示。

属于同一仪表或继电器的电流线圈、电压线圈和触点分开画在不同的回路里。为了避免混淆,属于同一元件的线圈和触点采用相同的文字标号,主要用于说明二次系统工作原理。在绘制展开图时,一般是分成交流电流回路、交流电压回路、直流操作回路和信号回路等几个主要组成部分。每一部分又分成许多行。交流回路按 A、B、C 的相序,直流回路按继电器的动作顺序依次从上到下地排列。在每一回路的右侧通常有文字说明,以便于阅读。如图 9-3 所示为某 10kV 线路过电流保护展开式原理接线图。

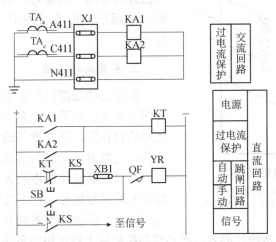

图 9-3 某 10kV 线路过电流保护展开式原理接线图

由图 9-3 可见,元件的线圈、触点分散在交流回路和直流回路中,故分别叫做交流回路展开图(包括交流电流回路展开图和交流电压回路展开图)以及直流回路展开图。

展开图具有如下优点:
① 容易跟踪回路的动作顺序;
② 在同一个图中可清楚地表示某一次设备的多套保护和自动装置的二次接线回路,这是原理图所难以做得到的;
③ 易于阅读,容易发现施工中的接线错误。

9.2.4 安装接线图

安装接线图是在原理图和展开图的基础上进一步绘制的,主要包括屏面布置图、屏背面接线图和端子排图三部分。控制电缆联系图与电缆清册也可视为安装接线图的一部分。

1. 屏面布置图

屏面布置图是展示在控制屏（台）、继电保护屏和其他监控屏台上二次设备布置情况的图纸，是制造商加工屏台、安装二次设备的依据。

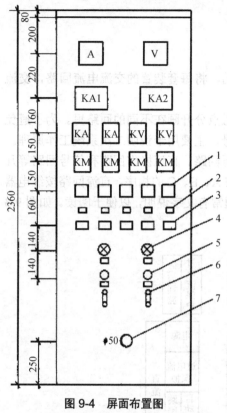

图 9-4 屏面布置图
1—信号继电器；2—标签框；3—光字牌；
4—信号灯；5—按钮；6—连接片；7—穿线孔

屏面布置应满足下列一些要求：

① 凡需经常监视的仪表和继电器都不要布置得太高；

② 操作元件（如控制开关、调节手轮、按钮等）的高度要适中，使得操作、调节方便，它们之间应留有一定的距离，操作时不致影响相邻的设备；

③ 检查和试验较多的设备应布置在屏的中部，而且同一类型的设备应布置在一起，这样检查和试验都比较方便。此外，屏面布置应力求紧凑和美观。

图 9-4 是一屏面布置图。各项目按相对位置布置；各项目一般采用框形符号，但信号灯、按钮、连接片等采用一般符号，项目的大小没有完全按实际尺寸画出，但项目的中心间距则标注了严格的尺寸。

2. 屏背面接线图

屏背面接线图以屏面布置图为基础，以原理展开图为依据绘制而成，是工作人员在屏背后工作时使用的背视图，所以设备的排列与屏面布置图是相应的，左右方向正好与屏面布置图相反，为了配线方便，在安装接线图中对各元件和端子排都采用相对编号法进行编号，每个接线柱上还注有明确的去向，即为了说明两设备相互连接的关系，可在甲设备接线柱上标出乙设备接线柱的号，而乙设备接线柱上标出甲设备接线柱的号。简单来说就是"甲编乙的号，乙编甲的号"，表明此甲乙设备对应两接线柱之间要连接起来。用以说明这些元件间的相互连接关系。

屏背面接线图又可分为屏内设备接线图和端子排安装接线图，前者主要作用是表明屏内各设备（元件）引出端子之间在屏背面的连接情况，以及屏上设备（元件）与端子排的连接情况；后者专门用来表示屏内设备与屏外设备的连接情况。

3. 端子排图和电缆联系图

（1）端子排图

端子排图是表示屏上两端相互呼应，需要装设的端子数目、类型及排列次序以及它与屏外设备连接情况的图纸。在端子接线图中，端子的视图应从布线时面对端子的方向。

（2）电缆联系图

电缆联系图用于表明控制室内的各二次屏台及配电装置端子箱之间电缆编号、长度和规格，各屏台或配电装置用方框表示，框内注明其名称。

端子排标志图如图9-5所示。

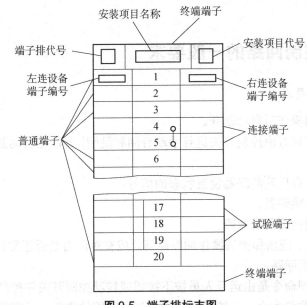

图9-5 端子排标志图

控制电缆的编号应符合以下基本要求：
① 能表明电缆属于哪一个安装单位；
② 能表明电缆的种类、芯数和用途；
③ 能表明电缆的走向。

控制电缆编号遵循穿越原则：每一条连接导线的两端标以相同的编号。每根电缆芯线都印有阿拉伯数字，知道了电缆的编号，再根据电缆芯号，可方便地查到所要找的回路。

电缆编号一般由打头字母和一字线加上三位阿拉伯数字构成。首字母表征电缆的归属，如"Y"表示该电缆归属于110kV线路间隔单元、"E"表示220kV线路间隔单元等。数字表示电缆走向。表9-3为部分控制电缆的数字标号组。

表9-3 电缆数字标号组

序号	电缆起止点	电缆标号
1	主控室到220kV配电装置	100~110
2	主控室到6~10kV配电装置	111~115
3	主控室到35kV配电装置	116~120
4	主控室到110kV配电装置	121~125
5	主控室到变压器	126~129
6	控制室内各个屏柜联系电缆	130~149
7	35kV配电装置内联系电缆	160~169
8	其他配电装置内联系电缆	170~179
9	110kV配电装置内联系电缆	180~189

9.3 断路器的传统控制方式

9.3.1 对控制回路的一般要求

1. 对控制回路的要求

① 分、合闸回路操作后自动断开。
② 断路器既能在远方由控制开关进行手动合闸和跳闸，又能在自动装置和继电保护作用下自动合闸或跳闸。
③ 控制回路应具有反映断路器位置状态的信号。
④ 应加装电气防跳装置。
⑤ 应能监视控制回路断线故障。
⑥ 对于采用气压、液压和弹簧操作的断路器，应有对压力是否正常、弹簧是否拉紧到位的监视回路和动作闭锁回路。

断路器的合、跳闸命令是由运行人员按下按钮或转动控制开关等控制元件而发出的。按钮虽然简单，但触点数量太少，不能满足控制与信号回路的需要，故多采用带有转动手柄的控制开关。由运行人员直接操作，发出合、跳闸命令脉冲，使断路器合、跳闸。控制开关的种类较多，但其作用是类似的，即在开关合到不同位置时不同的触点接通，因而制造商都会提供产品的触点图表。

2. 控制开关及触点

类型：
（1）LW2-Z 型，用于电磁操作机构用灯光监视的控制回路；
（2）LW2-YZ 型，用于电磁操动机构用音响监视的控制回路。
LW2-Z 型控制开关的结构如图 9-6 所示。

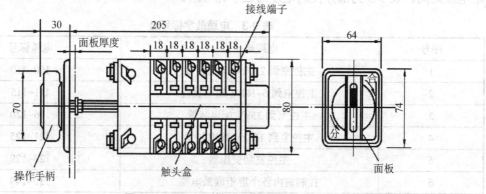

图 9-6　LW2-Z 型控制开关结构图

触点图表是用于表明控制开关的操作手柄在不同位置时触点盒内各触点通断情况的图表。LW2 型控制开关的触点图表如图 9-7 所示。

其中"跳闸后"和"合闸后"为两个固定位置，即手柄在水平位置和垂直位置；"预备合

有"跳闸"后位置的手柄（正面）的样式和触点盒（背面）接线图 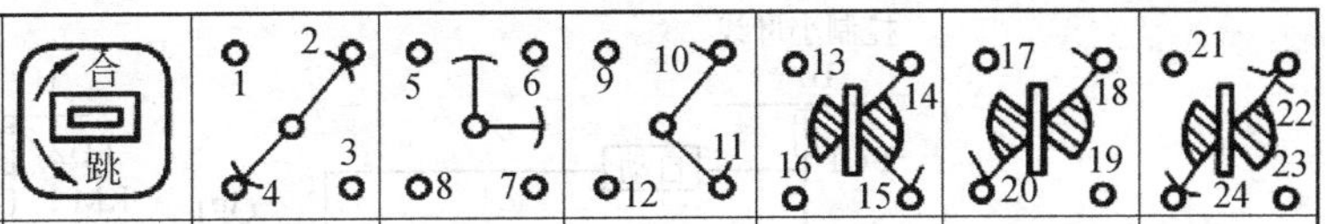	合跳	2 1 3 4	5 6 8 7	10 9 11 12	13 14 15 16	17 18 19 20	21 22 23 24
手柄和触点盒形式	F8	1a	4	6a	40	20	20
位置 \ 触点号	—	1—3	2—4	5—8	6—7	9—10	10—11	13—14	14—15	13—16	17—19	18—20	21—23	21—22	22—24
跳闸后	▭	—	—	—	—	•	•	—	—	•	—	—	•	—	—
预备合闸	▮	•	—	—	—	—	—	—	•	—	—	•	—	—	—
合闸	◥	—	•	—	•	—	—	•	—	—	•	—	•	—	—
合闸后	▮	—	•	—	•	—	—	•	—	—	—	—	—	•	—
预备跳闸	▭	—	—	•	—	—	—	—	•	—	•	—	—	—	—
跳闸	◥	—	—	•	—	•	—	—	—	•	—	•	—	—	•

注：● 表示触点接通   — 表示触点断开

图 9-7 LW2 型控制开关的触点图表

闸"和"预备跳闸"为两个预备位置，在操作过程为一种过渡位置，并不长久停留在该位置上；"合闸"和"跳闸"为两个自动复归位置。注："·"表示接通，"—"表示断开。控制开关的图形符号如图 9-8 所示，"·"触表示在该操作位置触点接通，否则表断开。操作手柄位置：PC——预备合闸，C——合闸，CD——合闸后，PT——预备跳闸，T——预备跳闸，TD——预备跳闸。

分类：

（1）按监视方式分：①灯光监视的控制回路，多用于中小型发电厂和变电所；②音响监视的控制回路，常用于大型发电厂和变电所。

（2）按电源电压分：①强电控制，直流电压为 220V 或 110V；②弱电控制，直流电压一般为 48V。

9.3.2 带电磁操动机构的灯光监视的断路器控制和信号回路

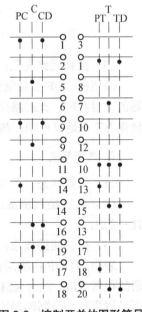

图 9-8 控制开关的图形符号

控制回路如图 9-9 所示，控制回路的元件分别为：熔断器 FU1、绿灯 HG、红灯 HR、断路器的辅助触点 QF1、合闸接触器 KM、跳闸线圈 YT、合闸接触器的辅助触点 KM、合闸线圈 YC。

1. 合闸状态

（1）位置状态：控制开关的位置在"合闸后"，断路器的位置在合闸状态。

（2）回路接通情况：此时，1L+→FU1→SA（16—13）→HR→R→QF2→YT→FU2→1L—接通；

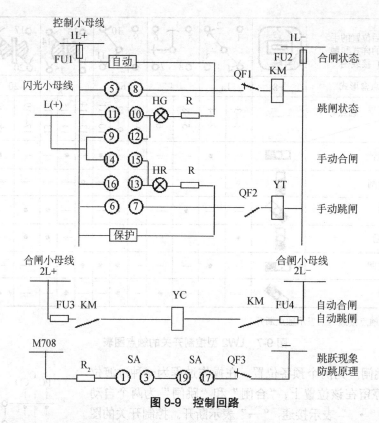

图 9-9 控制回路

（3）控制回路现象：红灯发平光。

表明：①QF 在合闸位置；②熔断器 FU1、FU2 及跳闸回路完好；③控制开关位置与断路器的位置对应。此时跳闸线圈 YT 虽有电流流过，但由于红灯和附加电阻的作用，电流较小，使得 YT 不足以启动，故断路器不会跳闸。

2. 跳闸状态

（1）位置状态：控制开关的位置在"跳闸后"，断路器的位置在跳闸状态。

（2）回路接通情况：此时，1L+→FU1→SA（11—10）→HG→R→QF1→KM→FU2→1L-接通；

（3）控制回路现象：绿灯发平光。

表明：①QF 在跳闸位置；②熔断器 FU1、FU2 及合闸回路完好；③控制开关位置与断路器的位置对应。此时 KM 虽有电流流过，但由于绿灯和附加电阻的作用，电流较小，使得 KM 不足以启动，故断路器不会合闸。

3. 手动合闸

（1）将 SA 的手柄顺时针旋转 90°至"预备合闸"位置。此时，L（+）→SA（9—10）→HG→R→QF1→KM→FU2→1L-闪光装置启动，绿灯发出闪光。

表明：①预备合闸，提醒操作人员核对所操作的 QF 是否有误（这时 QF 仍在跳闸位置）；②合闸回路仍完好。

（2）将 SA 的手柄再顺时针旋转 45°至"合闸"位置。此时，1L+→FU1→SA（5—8）→

QF1→KM→FU2→1L−

控制回路电压几乎全部加到 KM 上，KM 启动，其两对常开触点闭合接通合闸线圈 YC 回路，YC 启动，操动机构使 QF 合闸。当 QF 完成合闸动作后，QF1 断开，自动切断 KM 和 YC 的电流。即 2L+→FU3→KM→YC→KM→FU4→2L−

（3）将 SA 松开，手柄自动返回到"合闸后"位置。这时断路器在合闸位置，相当于合闸状态。此时红灯发平光。即：1L+→FU1→SA（16—13）→HR→R→QF2→YT→FU2→1L−

4. 手动跳闸

（1）将 SA 的手柄逆顺时针旋转 90°至"预备跳闸"位置。此时，L（+）→SA（13—14）→HR→R→QF2→YT→FU2→1L−闪光装置启动，红灯发出闪光。

表明：①预备跳闸，提醒操作人员核对所操作的 QF 是否有误（这时 QF 仍在合闸位置）；②跳闸回路仍完好。

（2）将 SA 的手柄再逆时针旋转 45°至"跳闸"位置。此时，1L+→FU1→SA（6—7）→QF2→YT→FU2→1L−控制回路电压几乎全部加到 YT 上，YT 启动，操动机构使 QF 跳闸。当 QF 完成跳闸动作后，QF2 断开，自动切断 YT 的电流。

（3）将 SA 松开，手柄自动返回到"跳闸后"位置。这时断路器在跳闸位置，相当于跳闸状态，绿灯发平光。此时，1L+→FU1→SA（11—10）→HG→QF1→R→KM→FU2→1L−

5. 自动合闸

（1）位置状态：断路器处于合闸位置，控制开关在"跳闸后"。

（2）回路接通情况：

① 1L+→FU1→自动→QF1→KM→FU2→1L—这时，HG 被短接，KM 动作，使 QF 合闸。同时 QF1 断开，QF2 闭合。

② L（+）→SA（14—15）→HR→R→QF2→YT→FU2→1L−

（3）控制回路现象：HR 闪光，表明 QF 已完成自动合闸。此时断路器的位置与控制开关的位置"不对应"，只需操作人员将 SA 操作到"合闸后"的位置，这时 HR 变成平光。

6. 自动跳闸

（1）位置状态：断路器处于跳闸位置，控制开关处于"合闸后"位置。

（2）控制回路接通情况：

① 1L+→FU1→继电保护→QF2→YT→FU2→1L−

这时，HR 被短接，YT 动作，使 QF 跳闸；同时 QF2 断开，QF1 闭合，QF3 也闭合。

② L（+）→SA（9—10）→HG→ R→QF1→KM→FU2→1L−

7. 控制回路现象

HG 闪光，表明 QF 已完成自动跳闸。此时断路器的位置与控制开关的位置"不对应"，只需操作人员将 SA 操作到"跳闸后"的位置，这时 HG 变成平光。

QF3 的闭合使下列回路接通：M708→R2→SA（1—3）→SA（19—17）→QF3→−

8. 断路器的"跳跃"现象

当手动合闸到永久性故障线路上时,如果由于某种原因造成 SA(5~8)未断开,则 QF 会重新合闸;而故障是永久性的,继电保护再次动作,使断路器再次分闸;然后又再次合闸,直到合闸回路断开为止。这种断路器多次重复跳闸、分闸动作的现象,称为断路器的"跳跃"。

9. 防跳原理

当手动合闸到有永久性故障线路时,继电保护使触点 KCO 闭合,接通跳闸回路,使 QF 跳闸。同时,跳闸电流流过 KCF1,使 KCF 启动,触点 KCF2 断开合闸回路,KCF1 接通 KCFV,若此时触点 SA(5~8)未断开,则 KCFV 经 SA(5~8)或 KC 实现自保持,使 KCF2 保持断开状态,QF 不能再次合闸,直到 SA(5~8)或 KC 复归为止。

9.3.3 音响监视的控制回路

1. 音响监视的控制回路与灯光监视的区别

① 合闸回路中,用 KCT 代替绿灯 HG;在跳闸回路中,用 KCC 代替红灯。

② 断路器的位置信号灯回路与控制回路是分开的,而且只用一个信号灯装在控制开关的手柄内。控制开关为 LW2-YZ 型。

③ 在位置信号灯回路及事故音响信号启动回路,分别用 KCT 和 KCC 的动合触点代替断路器的辅助触点,从而可以节省控制电缆。

音响监视的控制回路如图 9-10 所示。合闸回路如图 9-11 所示。

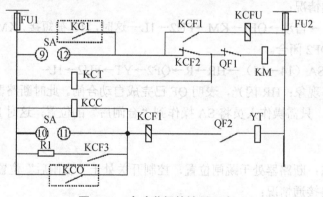

图 9-10 音响监视的控制回路

2. 工作原理

(1) 手动合闸

操作前,断路器 QF 在跳闸位置,控制开关 SA 的手柄在"跳闸后"位置。下列回路接通:
+→FU1→KCT→QF1→KM→FU2→-
+700→FU3→SA(15—14)→KCT1→SA(1—3)及灯→R→-700

前一回路使 KCT 启动,触点 KCT1 闭合;后一回路使信号灯发平光,再借助 SA 的手柄位置可判断 QF 在跳闸位置。

① 将 SA 手柄顺时针转 90°至"预备合闸"位置。下述回路接通:

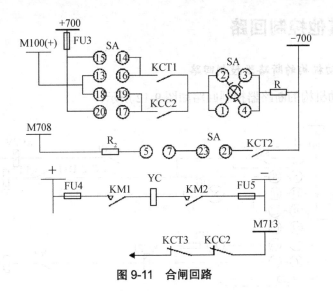

图 9-11 合闸回路

M100（+）→SA（13—14）→KCT1→SA（2—4）及灯→R→信号灯闪光

② 将 SA 手柄再顺时针转 45°至"合闸"位置。下述回路接通：

+→FU1→SA（9—12）→KCF2→QF1→KM→FU2→-KCT 被短接，KCT1 断开，信号灯短时熄灭，同时 KM、YC 相继动作，操动机构使 QF 合闸。当 QF 完成合闸动作后，下述回路接通：

+→FU1→KCC→KCFI→QF2→YT→FU2→-

+700→FU3→SA（17—20）→KCC1→SA（2—4）及灯→R-700

前一回路使 KCC 启动，触点 KCC1 闭合；后一回路使信号灯发平光，表明 QF 已合上。

③ 将 SA 的手柄松开，手柄自动返回到"合闸后"位置。这时 SA（17—20）仍接通，信号灯保持平光，再借助 SA 的手柄位置可判断 QF 处在合闸位置。

（2）手动跳闸

操作过程及原理与手动合闸非常相似。

（3）自动合闸

+→FU1→KC1→KCF2→QF1→KM→FU2→-KCT 被短接 KCT1 断开，信号灯短时熄灭，同时 KM、YC 相继动作，使 QF 合闸。当 QF 完成合闸动作后，下述回路接通：

M100（+）→SA（18—19）→KCC1→SA（1—3）及灯→R→-700

信号灯闪光，表明 QF 已完成自动合闸。这时，值班人员应将 SA 操作到"合闸后"位置，使信号灯变平光，回路与手动"合闸后"相同。

（4）自动跳闸

+→FU1→KCO→KCFI→QF2→YT→FU2→-

M708→R2→SA（5—7）→SA（23—21）→KCT2→-700

QF 实际位置的判断：

① 手柄在"合闸后"位置，灯发平光为手动合闸；

② 手柄在"合闸后"位置，灯发闪光为自动跳闸；

③ 手柄在"跳闸后"位置，灯发平光为手动跳闸；

④ 手柄在"跳闸后"位置，灯发闪光为自动合闸。

9.3.4 其他控制回路

1. 带弹簧操动机构的断路器控制回路

带弹簧的操动机构的断路器控制回路如图 9-12 所示。

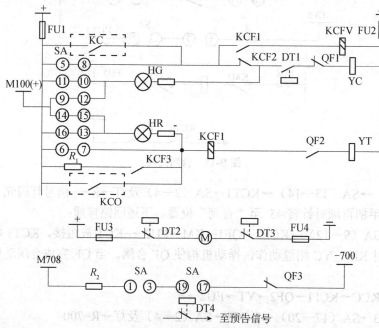

图 9-12 带弹簧操作机构的断路器控制电路
DT1～DT4—储能弹簧触点；M—储能电动机

工作原理如下：

① 弹簧操作机构是预先利用电动机使合闸弹簧拉紧储能，合闸线圈的作用是在合闸时使锁扣转动，释放合闸弹簧，最终实现断路器合闸。

② 储能弹簧触点 DT1～DT4 为弹簧未拉紧时的状态，当弹簧拉紧时，状态相反。

③ 在合闸回路中，串入了储能弹簧常开触点 DT1，在弹簧未拉紧时，触点 DT1 断开，合闸回路被闭锁而不能合闸；只有弹簧拉紧、触点 DT1 闭合后，才能进行合闸。

④ 在电动机 M 的回路中，串入了储能弹簧动断触点 DT2、DT3，在断路器合闸时弹簧释放能量后闭合，启动 M 重新给弹簧储能，储能结束，DT2、DT3 断开，电动机停运，DT1 闭合，为下次合闸做准备。

⑤ 利用动断触点 DT4 构成弹簧未储能信号回路。当弹簧未拉紧时，DT4 闭合，发出"弹簧未拉紧"预告信号。

2. 带液压操动机构的断路器控制回路

带液压操动机构的断路器控制回路如图 9-13 所示。

工作原理如下：

① 在合闸回路中串入微动开关动断触点 CK1，当压力高于"合闸闭锁"值时，CK1 闭合，允许合闸；当压力低至"合闸闭锁"值及以下时，CK1 断开，切断合闸回路，实现合闸

闭锁。

② 在跳闸回路中串入继电器 2KC 的动合触点，而 2KC 由微动开关动断触点 CK4 启动。

③ 当"压力过低"，压力继电器动断触点 KP1 闭合；"压力过高"时，动合触点 KP2 闭合。

④ 当压力低至"油泵启动"值时，在油泵电动机回路中的触点 CK2 闭合，接触器 KM 启动，并经触点 CK3 及 KM1 自保持，其主触点 KM2、KM3 启动油泵电动机 M 进行升压，同时辅助触点 KM4 发"油泵电动机启动"信号。

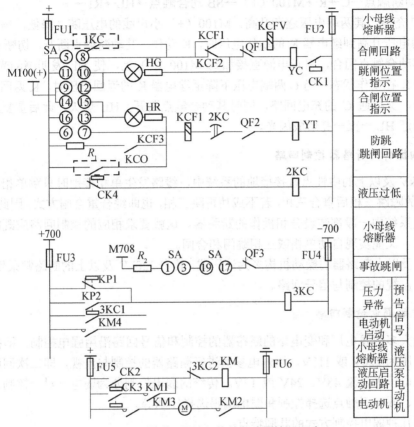

图 9-13　带液压操动机构的断路器控制回路

3. 闪光装置

闪光装置电路如图 9-14 所示。

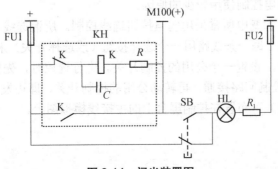

图 9-14　闪光装置图

工作原理如下：

闪光继电器 KH 由中间继电器 K、电容 C 及电阻 R 组成。

（1）未按下 SB 时，下述回路接通：

+→FU1→SB 动断触点→HL→R1→FU2→−

信号灯 HL 发平光，监视闪光装置的电源的完好性。

（2）当按下 SB 时，其动断触点断开，动合触点闭合，KH 的下述回路接通：

+→K 动断触点→C→R→M100（+）→SB 动合触点→HL→R1→−

电容 C 充电，其两端电压逐渐升高，M100（+）小母线的电压随之降低，信号灯 HL 变暗；当 C 的电压升高到继电器 K 的动作电压时，K 动作，其动断触点断开，切断 K 的线圈回路，同时其动合触点闭合，将正电源直接加到 M100（+）上，使 HL 发明亮的光，此时，C 放电，保持 K 在动作状态；当 C 两端电压下降至继电器 K 的返回电压时，K 返回，其动断触点重新闭合，又接通 C 的充电回路，同时其动合触点断开，HL 熄灭，此后重复上述过程。于是，信号灯 HL 一灭一亮形成闪光。

4. 分相操作的断路器控制回路

在 220kV 及以上的中性点直接接地的系统中，线路发生单相接地时只跳单相，然后单相重合；其他故障跳三相后重合三相，若不成功再跳三相，也即综合重合闸方式。因此，在 220kV 以上的输电系统中一般都装设分相操作的断路器。这就要求相应的控制回路应既能实现手动的三相操作，又能实现自动单相或三相跳闸和合闸。

110kV 及以上断路器的操动机构多为液压式，其中 220kV 及以上的断路常采用 CY3 型液压分相灯光监视的控制与信号回路。

5. 传统的弱电控制回路

我国绝大多数发电厂和变电站的断路器的控制和信号回路沿用强电控制，即控制与信号电源直流电压为 220V 或 110V，用弱电参数进行断路器的控制与监视，即二次回路的控制与信号的电源电压为直流 48V、24V 或 12V。传统的弱电控制分为弱电一对一控制、弱电有触点选择控制、弱电无触点选择控制和弱电编码选择控制等。

传统的几种弱电控制方式的共同特点：

① 因弱电对绝缘距离、缆线的截面积都要求较小，控制屏（台）上单位面积可布置的控制回路增多，可缩小控制室的面积，电缆投资也小；

② 制造工艺要求较高，且运行中需要定期清扫，否则会因二次设备及接线之间的距离小而引发短路，这正是弱电控制使用较少的原因。

目前，大中型电厂和变电所常采用弱电按钮选线控制。所谓选线，是指每个断路器的操作都要通过选择来完成。每一条线路用一个选择按钮（或选择开关）来代替常用的控制开关，仅在全厂（或一组）中，设置一个公用的控制开关。进行选控时，先操作选择按钮（或选择开关），使被控对象的控制回路接通，再转动公用的控制开关，即可发出"分""合"闸命令。选择按钮（或选择开关）可布置在控制屏台上的主接线模拟图上。

9.4 火电厂的计算机监控系统

1. 火电厂监控系统的基本电气监控功能

火电厂监控系统的基本电气监控功能为：数据的采集和处理；发电机、变压器组或发电机、变压器、线路组顺序控制；厂用电源系统的顺序控制；通过 CRT 和键盘（或鼠标）实现的软手操；事故顺序记录和追忆；自动发电控制；自动电压控制；故障和异常及越限报警；在线显示、实时打印和拷贝；操作指导与培训；系统自诊断和自恢复；时钟同步；性能计算和统计报表。

2. 大型火电厂微机监控系统的结构

大型火电厂微机监控系统为开放式、分层分布式结构，由厂级监控级、单元机组/公用系统/辅助车间监控级、功能组控制级和现场驱动层组成，如图 9-15 所示。

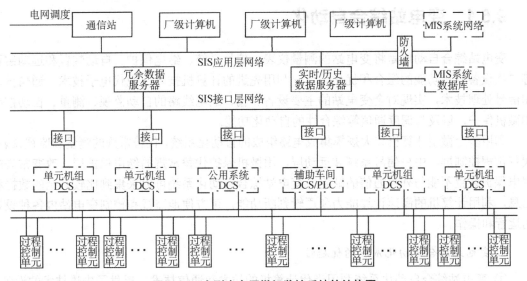

图 9-15 大型火电厂微机监控系统的结构图

（1）厂级监控级的功能

主要实现全厂实时生产过程管理，包括实时数据服务、全厂综合性能计算与分析、全厂有功负荷和无功负荷优化调度、机组优化控制、机组寿命管理、状态监视、故障诊断和操作指导；根据电网调度指令进行机组实时负荷分配，实施自动发电控制（AGC）的功能。厂级监控信息系统可通过远程数据通道与电网调度系统相连，还为厂级管理信息系统（包括发电侧报价辅助系统）提供生产过程信息。

（2）单元机组或辅助车间监控级的功能

以微机为基础的分散控制系统或 PLC，电气监控方面的功能有数据采集与处理、电气系统顺序控制、软手操、事故顺序记录和追忆、故障和异常及越限报警、在线显示、实时打印和拷贝、系统自诊断和自恢复、时钟同步与人机接口等。主厂房电气监控功能纳入单元机组 DCS，公用系统或辅助车间的电气监控功能由相应 DCS 或 PLC 实现，或以子系统的形式纳入单元机组 DCS。

（3）功能组控制级的功能

由一系列过程控制单元或智能模件组成，属于电气控制方面的有电气继电保护系统、自动准同期装置、自动电压调整装置、高压厂用电源自动切换装置、机组及高压启动/备用变压器故障录波装置、高压启动/备用变压器有载调压装置控制系统。

发电机变压器组和厂用电系统的顺序控制系统可作为单元机组 DCS 顺序控制系统的子系统，具有专用的现场采控装置，并有可靠的冗余配置。厂用 6 kV 系统的电气量采用具有控制、测量、保护、计量及故障录波、通信功能的智能终端，以现场总线方式组网，用光纤或双绞线直接进入 DCS 主网，或者先进入 DCS 的多功能处理单元，再进入 DCS 主网。

9.5 变电站的计算机监控系统

9.5.1 变电站综合自动化

变电站综合自动化是将变电站的测量仪表、信号系统、继电保护、自动装置和远动装置等二次设备经过功能的组合和优化设计，利用先进的计算机技术、现代电子技术、通信技术和信号处理技术，实现对全变电站的主要设备和输、配电线路的自动监视、测量、自动控制和微机保护，以及与调度通信等综合性的自动化功能。

利用多台微型计算机和大规模集成电路组成的自动化系统，代替常规的测量和监视仪表，代替常规控制屏、中央信号系统和远动屏，用微机保护代替常规的继电保护屏。改变常规的继电保护装置不能与外界通信的缺陷。变电站综合自动化系统可以采集到比较齐全的数据和信息，利用计算机的高速计算能力和逻辑判断功能，可方便地监视和控制变电站内各种设备的运行和操作。

1. 变电站综合自动化系统的优越性

① 变电站综合自动化系统利用当代计算机的技术和通信技术，提供了先进技术的设备，改变了传统的二次设备模式，信息共享，简化了系统，减少了连接电缆，减少占地面积，降低造价，改变了变电站的面貌。

② 提高了自动化水平，减轻了值班员的操作量，减少了维修工作量。

③ 随着电网复杂程度的增加，各级调度中心要求各变电站能提供更多的信息，以便及时掌握电网及变电站的运行情况。

④ 提高变电站的可控性，要求更多地采用远方集中控制、操作、反事故措施等。

⑤ 采用无人值班管理模式，提高劳动生产率，减少人为误操作的可能。

⑥ 全面提高运行的可靠性和经济性。

2. 变电站综合自动化的内容

① 电气量的采集和电气设备（如断路器等）的状态监视、控制和调节。

② 实现变电站正常运行的监视和操作，保证变电站的正常运行和安全。

③ 发生事故时，由继电保护和故障录波等完成瞬态电气量的采集、监视和控制，并迅速切除故障和完成事故后恢复正常操作。

④ 高压电器设备本身的监视信息（如断路器、变压器和避雷器等的绝缘和状态监视等）。

除了需要将变电站所采集的信息传送给调度中心外，还要送给运行方式科和检修中心，以便为电气设备的监视和制订检修计划提供原始数据。

3. 变电站综合自动化系统需完成的功能

① 控制、监视功能；
② 启动控制功能；
③ 测量表计功能；
④ 继电保护功能；
⑤ 与继电保护有关功能；
⑥ 接口功能；
⑦ 系统功能。

4. 变电站综合自动化系统的基本功能体现

变电站综合自动化系统的基本功能体现在 5 个子系统中：
① 微机监控子系统；
② 微机保护子系统；
③ 电压、无功综合控制子系统；
④ 微机低频减负荷控制子系统；
⑤ 备用电源自投控制子系统。

9.5.2 变电站微机监控子系统的功能

1. 数据采集

变电站的数据包括：模拟量、开关量和电能量。

（1）模拟量的采集

变电站需采集的模拟量有各段母线电压、线路电压、电流、有功功率、无功功率，主变压器电流、有功功率和无功功率，电容器的电流、无功功率，馈出线的电流、电压、功率以及频率、相位、功率因数等。此外，模拟量还有主变压器油温、直流电源电压、站用变压器电压等。

（2）开关量的采集

变电站的开关量有断路器的状态、隔离开关状态、有载调压变压器分接头的位置、同期检测状态、继电保护动作信号、运行预警信号等。这些信号都以开关量的形式，通过光电隔离电路输入至计算机。

（3）电能计量

电能计量即指对电能量（包括有功电能和无功电能）的采集。为了使计算机能够对电能量进行计量，一般采用电能脉冲计量法和软件计算方法。

2. 事件顺序记录 SOE

事件顺序记录 SOE（Sequence Of Events）包括断路器跳合闸记录、保护动作顺序记录。

3. 故障记录、故障录波和测距

① 故障记录。故障记录是记录继电保护动作前后与故障有关的电流量和母线电压。

② 故障录波与测距。变电站的故障录波和测距可采用两种方法实现，一种方法是由微机保护装置兼作故障记录和测距，再将记录和测距的结果送监控机存储及打印输出或直接送调度主站，这种方法可节约投资，减少硬件设备，但故障记录的量有限；另一种方法是采用专用的微机故障录波器，并且故障录波器应具有串行通信功能，可以与监控系统通信。

4. 操作控制功能

无论是无人值班还是少人值班变电站，操作人员都可通过 CRT 屏幕对断路器和隔离开关（如果允许电动操作的话）进行分、合操作，对变压器分接开关位置进行调节控制，对电容器进行投、切控制，同时要能接受遥控操作命令，进行远方操作；为防止计算机系统故障时，无法操作被控设备，在设计时保留了人工直接跳、合闸手段。

5. 安全监视功能

监控系统在运行过程中，对采集的电流、电压、主变压器温度、频率等量要不断进行越限监视，如发现越限，立刻发出告警信号，同时记录和显示越限时间和越限值，监视保护装置是否失电，自控装置工作是否正常等。

6. 人机联系功能

（1）操作人员或调度员只要面对 CRT 显示器的屏幕通过操作鼠标或键盘，就可对全站的运行工况和运行参数一目了然，可对全站的断路器和隔离开关等进行分、合操作，彻底改变了传统的依靠指针式仪表和依靠模拟屏或操作屏等手段的操作方式。

（2）作为变电站人机联系的主要桥梁和手段的 CRT 显示器，不仅可以取代常规的仪器、仪表，而且可实现许多常规仪表无法完成的功能。

变电站 CRT 显示器可以显示的内容：
① 显示采集和计算的实时运行参数；
② 显示实时主接线图；
③ 事件顺序记录（SOE）显示；
④ 越限报警显示；
⑤ 值班记录显示；
⑥ 历史趋势显示；
⑦ 保护定值和自控装置的设定值显示；
⑧ 故障记录显示、设备运行状况显示等。

（3）输入数据功能。

7. 打印功能

对于有人值班的变电站，监控系统可以配备打印机，完成以下打印记录功能：①定时打印报表和运行日志；②开关操作记录打印；③事件顺序记录打印；④越限打印；⑤召唤打印；

⑥抄屏打印；⑦事故追忆打印。对于无人值班变电站，可不设当地打印功能，各变电站的运行报表集中在控制中心打印输出。

8. 数据处理与记录功能

历史数据的形成和存储是数据处理的主要内容。为满足继电保护专业和变电站管理的需要，必须进行一些数据统计，其内容包括：

① 主变和输电线路有功和无功功率每天的最大值和最小值以及相应的时间；
② 母线电压每天定时记录的最高值和最低值以及相应的时间；
③ 计算受配电电能平衡率；
④ 统计断路器动作次数；
⑤ 断路器切除故障电流和跳闸次数的累计数；
⑥ 控制操作和修改定值记录。

9.5.3 变电站综合自动化系统的结构

变电站综合自动化：是将变电站的二次设备（包括测量仪表、信号系统、继电保护、自动装置和远动装置等）经过功能的组合和优化设计，利用先进的计算机技术、现代电子技术、通信技术和信号处理技术，实现对变电站主要设备和输、配电线路的自动监视、测量、控制、保护，以及调度通信等全部功能。

变电站综合自动化系统，即利用多台微型计算机和大规模集成电路组成的自动化系统，代替常规的测量和监视仪表，代替常规控制屏、中央信号系统和远动屏，用微机保护代替常规的继电保护屏，改变常规继电保护装置不能与外界通信的缺陷。可以收集到所需要的各种数据和信息，利用计算机的高速计算能力和逻辑判断能力，监视和控制变电站的各种设备。分级分布式系统的变电站综合自动化系统体系结构图如图9-16所示。

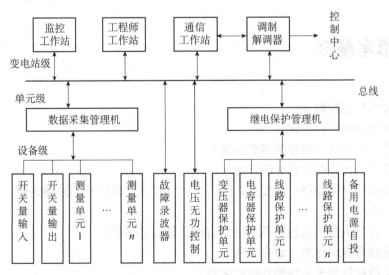

图9-16 变电站综合自动化系统体系结构图

整个变电站的一、二次设备可分为3级，即变电站级、单元级和设备级。变电站级称为

2级，单元级为1级，设备级为0级。

设备级主要指变电站内的变压器和断路器、隔离开关及其辅助触点，电流、电压互感器等一次设备。单元级一般按断路器间隔划分，具有测量、控制部件或继电保护部件。变电站级包括全站性的监控主机、远动通信机等。变电站级设现场总线或局域网，供各主机之间和监控主机与单元级之间交换信息。

分层分散模式为间隔层+变电站层，间隔层按高压间隔划分，以每个电网元件为对象，集测量、控制、保护于一体，设计在同一个机箱中，将这种模块单元安装在一次主设备的开关柜中。

各模块单元与监控主机通过网络联系，综合自动化系统本身已具有对模拟量、开关量、电能脉冲量进行数据采集和数据处理的功能，也具有收集继电保护动作信息、事件顺序记录等功能，因此不必另设独立的RTU装置，不必为调度中心单独采集信息，而将综合自动化系统采集的信息通过网络直接传送给调度中心。同时也接受调度中心下达的控制、操作命令和在线修改保护定值命令。并且为实现电力系统的潮流、电压和稳定控制功能提供了技术上的支持，为变电站综合自动化系统的发展奠定了一定的基础。高压线路保护，变压器保护，自动装置（备自投、电压无功控制，低频减载）仍可安装在中央控制室内。

模块化结构，可靠性高。有与各功能模块都由独立的电源供电，输入/输出回路都相互独立，任何一个模块故障，只影响局部功能，不影响全局，而且个功能模块基本上是面向对象设计的，因而软件结构相对集中式简单，因此，调试方便，也便于扩充。室内工作环境好，管理维护方便。分级分布式系统采用集中组屏结构，全部屏（柜）安放在室内，工作环境好，电磁干扰相对开关柜附近较弱，而且管理维护方便。

分布集中式结构的主要缺点是安装时需要的控制电缆相对较多。但对于35～110kV中、低压变电站，一次设备都比较集中，有不少是组合式设备，分布面不广，所用信号电缆不太长，采用分布集中式结构较为适合。目前这种结构形式的产品较多，如DISA-3型、BSJ-2200型、FZY-JB型分布式变电站综合自动化系统。

复习思考题 9

1. 简述发电厂的控制方式。
2. 简述变电站的控制方式。
3. 什么是二次设备，都包括哪些装置？
4. 什么是二次接线图？它分哪几种？
5. 对断路器控制回路的一般要求有哪些？试以灯光监视的控制回路为例，分析它是如何满足这些要求的。
6. 火电厂计算机监控系统的基本电气监控功能包括哪些？
7. 变电站综合自动化的内容有哪些？
8. 变电站微机监控子系统的功能有哪些？
9. 控制电缆的编号应符合哪些基本要求？
10. 什么是断路器的"跳跃"？在控制回路中，防止"跳跃"的措施是什么？

第 10 章　电气装置的接地

本章首先讲述了接地的有关概念，然后介绍了接地装置布置的一般原则、人工接地体的装设、自然接地体的利用。最后介绍了防雷装置的接地装置要求、接地装置的测试，包括采用电压表、电流表和功率表（三表法）测量接地电阻以及接地电阻测试仪测量接地电阻。

10.1　概述

电气装置的某部分与大地之间作良好的电气连接，称为接地。埋入地中并直接与大地接触的金属导体，称为接地体或接地极。专门为接地而人为装设的接地体，称为人工接地体；兼作接地体用的直接与大地接触的各种金属构件、金属管道及建筑物的钢筋混凝土基础等，称为自然接地体。连接接地体与设备、装置接地部分的金属导体，称为接地线。接地线在设备、装置正常运行情况下是不载流的，但在故障情况下要通过接地故障电流。

接地线与接地体合称接地装置。由若干接地体在大地中相互用接地线连接起来的一个整体，称为接地网。其中接地线又分接地干线和接地支线，如图 10-1 所示。

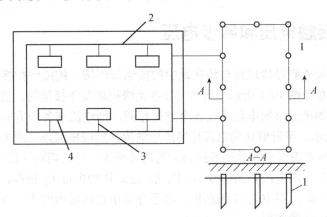

图 10-1　接地网示意图

1—接地体；2—接地干线；3—接地支线；4—电气设备

接地干线一般应采用不少于两根导体在不同地点与接地网相连接。接地按用途可分为 4 种。

① 工作（或系统）接地。在电力系统电气装置中，为运行需要所设的接地称为工作（或

系统）接地，如中性点直接接地或经其他装置接地。

② 保护接地。为保护人身和设备的安全，将电气装置正常不带电而由于绝缘损坏有能带电的金属部分（电气装置的金属外壳、配电装置的金属构架、线路杆塔等）接地，称为保护接地。

③ 防雷接地。为雷电保护装置（避雷针、避雷线、避雷器等）向大地泄雷电流而设的接地，称为防雷接地。

④ 防静电接地。为防止静电对易燃油、天然气贮罐和管道等的危险情况而设。

无论是哪种接地，都是通过接地装置实现的，接地装置由接地体和接地线两部分组成。埋入地中并直接与大地接触的金属导体，称为接地体。接地体有自然接地体和人工接地体两类。兼作接地体用的直接与大地接触的各种金属构件、非可燃液体及气体的金属管道、建筑物或构筑物基础中的钢筋、电缆外皮、电杆的基础及其 L 曲架空避雷线或中性线等，称为自然接地体。为满足接地装置接地电阻的要求而专门埋设的接地体，包括垂直埋入地中的钢管、角钢、角钢、槽钢、水平敷设的圆钢、扁钢、铜带等，称为人工接地体。将电气装置、设施应该接地的部分与接地体连接的金属导体，称为接地线。由垂直和水平接地体组成的供发电厂、变电所使用的兼有泄放电流和均压作用的较大型的水平网状接地装置，称为接地网。

电流经接地装置的接地体流入大地时，大地表面将形成分布电位，接地装置与大地零电位点之间的电位差，称为接地装置的对地电压（或电位）。接地线电阻与接地体的对地电阻（接地电流自接地体向地中散流时所遇到的电阻，又称散流电阻或扩散电阻）之和，称为接地装置的接地电阻。接地电阻的数值等于接地装置对地电压与通过接地体流入地中电流的比值。其中，按通过接地体流入地中工频交流电流求得的电阻，称为工频接地电阻；按通过接地体流入地中冲击电流求得的电阻，称为冲击接地电阻。

10.2 接地和接地装置

10.2.1 接触电压和跨步电压

电气设备的金属外壳经接地线与埋在地中的接地体连接，构成保护接地，接地电流的散流场和地面电位分布如图 10-2 所示。当电气设备绝缘损坏发生接地时，接地电流通过接地体向大地四周散流。如果土壤的电阻率在各个方向相同，则电流在各个方向的分布是均匀的。如图 10-2 中箭头所示，可近似认为电流作半球形散流，形成电流场。因半球体的表面积与半径的平方成正比，所以表面积随着半径的增大而迅速增大，与之相对应的土壤电阻迅速减小，电流通过大地时所产生的电压降迅速减小。因此，接地体的电位 U_E 最高，随着与接地体的距离增加，电位迅速下降，图 10-2 中还示出，处于分布电位区域内的人，可能有两种方式触及不同电位点而受到电压的作用。

1. 接触电压

人站在地面上离设备水平距离为 0.8m 处，手触到设备外壳、构架离地面垂直距离为 1.8m 处时，加于人手与脚之间的电压，称为接触电压。设地面上离设备水平距离为 0.8m 处的电位

为 $U_{0.8}$，设备外壳的电位（或接地体的对地电位）为 U_u，则接触电压 U_C 为

$$U_C = U_u - U_{0.8} \tag{10-1}$$

因为设备外壳的电位总是与接地体的对地电位相当，而设备愈远离接地体时 $U_{0.8}$ 愈小，所以 U_C 愈大。若设备置于离接地体 20m 以外处，则 $U_{0.8}=0$，这时 U_C 最大，达 U_u。

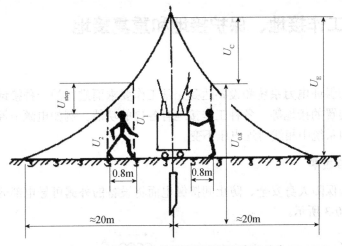

图 10-2 接地电流的散流场和地面电位分布

2. 跨步电压

人在分布电位区域内沿地中电流的散流方向行走，步距为 0.8m 时，两脚之间所受到的电压，称为跨步电压。设地面上水平距离为 0.8m 的两点的电位分别为 U_1 和 U_2。则跨步电压为

$$U_{step} = U_1 - U_2 \tag{10-2}$$

由图 10-2 中电位分布曲线可看出，在同一接地装置附近，人体愈靠近接地体，愈大；反之，愈小，人体距接地地体 20m 以外处则为零。

3. 接触电压和跨步电压的允许值

人体所能耐受的接触电压和跨步电压的允许值，与通过人体的电流值、持续时间的长短、地面土壤电阻率及电流流经人体的途径有关。

① 在 110kV 及以上有效接地系统和 6~35kV 低电阻接地系统，发生单相接地或同点两相接地时，发电厂、变电所接地装置的接触电压和跨步电压的允许值按式（10-3）计算：

$$U_C = \frac{174 + 0.17\rho f}{\sqrt{t}} \tag{10-3}$$

$$U_{step} = \frac{174 + 0.7\rho f}{\sqrt{t}}$$

式中，ρ 为人脚站立处地表面的土壤电阻率；

t 为接地短路电流的持续时间，一般采用主保护动作时间加相应的断路器全分闸时间，单位为 s。

② 3~63kV 不接地、经消弧线圈接地和高电阻接地系统，发生单相接地且不迅速切除故障时，发电厂、变电所接地装置的接触电压和跨步电压的允许值按式（10-4）计算：

$$U_C = 50 + 0.05\rho f \qquad (10\text{-}4)$$
$$U_{step} = 50 + 0.2\rho f$$

③ 在条件特别恶劣的场所，例如矿山井下和水田中，接触电压和跨步电压的允许值宜降低。

10.2.2 工作接地、保护接地和重复接地

1. 工作接地

工作接地是为保证电力系统和设备达到正常工作要求而进行的一种接地，例如电源中性点的接地、防雷装置的接地等。各种工作接地有各自的功能。例如电源中性点直接接地，能在运行中维持三相系统中相线对地电压不变。

2. 保护接地与接零

保护接地是为保障人身安全、防止间接触电而将设备的外露可导电部分接地。保护接地作用的说明如图 10-3 所示。

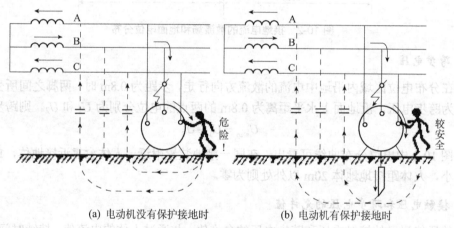

(a) 电动机没有保护接地时　　(b) 电动机有保护接地时

图 10-3　保护接地作用的说明

3. 保护接地的形式

设备的外露可导电部分经各自的接地线（PE 线）直接接地，如 TT 系统和 IT 系统中设备外壳的接地。

设备的外露可导电部分经公共的 PE 线或经 PEN 线接地。这种接地形式，我国电工界过去习惯称为"保护接零"。上述的 PEN 线和 PE 线就称为"零线"。

必须注意：同一低压配电系统中，不能有的设备采取保护接地而有的设备又采取保护接零；否则，当采取保护接地的设备发生单相接地故障时，采取保护接零的设备外露可导电部分（外壳）将带上危险的电压，如图 10-4 所示。

4. 重复接地

在 TN 系统中，为确保公共 PE 线或 PEN 线安全可靠，除在电源中性点进行工作接地外，还应在 PE 线或 PEN 线的下列地点进行重复接地：

① 在架空线路终端及沿线每隔 1km 处；
② 电缆和架空线引入车间和其他建筑物处。

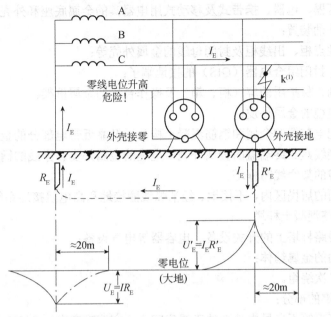

图 10-4 系统中同时接地、接零致使设备发生碰壳短路情况

如果不进行重复接地，则在 PE 线或 PEN 线断线且有设备发生单相接壳短路时，接在断线后面的所有设备的外壳都将呈现接近于相电压的对地电压，如图 10-5（a）所示，这是很危险的。如果进行了重复接地，则在发生同样故障时，断线后面的设备外壳呈现的对地电压，如图 10-5（b）所示，危险程度大大降低。必须注意：N 线不能重复接地，否则系统中所装设的漏电保护（参看本节后面讲述）不起作用。

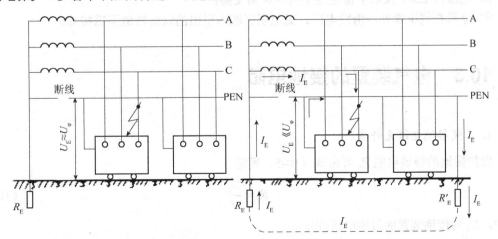

(a) 没有重复接地的系统中，PE线或PEN线断线时　　(b) 采取重复接地的系统中，PE线或PEN线断线时

图 10-5 重复接地作用的说明

5. 保护接地范围

应当接地或接零的部分：
① 电机、变压器、电器、携带式及移动式用电器具的金属底座和外壳；
② 电气设备传动装置；
③ 发电机中性点柜、出线柜及封闭母线的金属外壳等；
④ 气体绝缘全封闭组合电器（GIS）的接地端子；
⑤ 配电、控制、保护用的屏（柜、箱）及操作台等的金属框架；
⑥ 铠装控制电缆的金属外皮；
⑦ 屋内、外配电装置的金属和钢筋混凝土构架以及靠近带电部分的金属围栏和金属门；
⑧ 电力电缆接线盒、终端盒的金属外壳，电缆的金属外皮、穿线的钢管和电缆桥架等；
⑨ 装有避雷线的架空线路杆塔；
⑩ 无沥青地面的居民区内，不接地、经消弧线圈接地和高电阻接地系统中无避雷线的架空线路的金属和钢筋混凝土杆塔；
⑪ 装在配地线路杆塔上的开关设备、电容器等电气设备；
⑫ 箱式变电站的金属箱体；
⑬ 互感器的二次绕组。

不需接地或接零的部分：
① 在木质、沥青等不良导电地面的干燥房间内，交流额定电压 380V 及以下，直流额定电压 220V 及以下的电气设备外壳不需接地，但当维护人员有可能同时触及外壳和接地物件时，则仍应接地；
② 安装在配电屏、控制屏及配电装置上的电测量仪表、继电器和其他低压电器等外壳，以及当发生绝缘损坏时在支持物上不会引起危险电压的绝缘子金属底座等；
③ 安装在已接地的金属架构 E 的设备（应保证电气接触良好），如套管等；
④ 电压为 220V 及以下蓄电池室内的金属支架；
⑤ 除另有规定者外，由发电厂、变电所区域内引出的铁路轨道不需接地。

10.3 电气装置的接地电阻

1. 工频接地电阻允许值

保护接地的接地电阻 R_u 可由式（10-5）确定

$$R_u = \frac{U_u}{I} \qquad (10\text{-}5)$$

式中，U_u 为接地装置的对地电压(V)；

I 为流经接地装置的入地短路电流(A)。

从前述保护接地的作用可知，在一定的入地短路电流下，接地装置的接地电阻 R_u 愈小，接地装置的时地电压 U_u 也愈小。保护接地的基本原理是将绝缘损坏后电气设备外壳的对地电压（与 U_u 相当）限制在规定值内，相应地将 R_u 限制在允许值内，以尽可能减轻对人身安全的威胁。R_u是随季节变化的,其允许值是指考虑到季节变化的最大电阻的允许值。

(1) 有效接地(直接接地或经低电阻接地)系统的接地电阻允许值

在有效接地系统中,当发生单相接地短路时,相应的继电保护装置将迅速切除故障部分,因此,在接地装置上只是短时间存在电压,人员恰在此时间内接触电气设备外壳的可能性很小,所以R_u的规定值高些(不超过2000V),但由于I较大,其R_u允许值仍较小。

① 一般情况下,接地装置的接地电阻应符合式(10-6)

$$R_u \leqslant \frac{2000}{I} \qquad (10\text{-}6)$$

式中,I为计算用流经接地装置的入地短路电流(A)。

式(10-6)中,计算用流经接地装置的入地短路电流I,采用在接地装置内、外短路时,经接地装置流入地中的最大短路电流周期分量的起始有效值,该电流应按5~10年发展后的系统最大运行方式确定,并应考虑系统中各接地中性点间的短路电流分配,以及避雷线中分走的接地短路电流。

② 当I>4000A时,要求≤0.5。

③ 在高土壤电阻率地区(土壤电阻率大于500Ω·m),R_u如按式(10-6)要求,在技术经济上极不合理时,可通过技术经济比较后增大接触电阻,但不得大于5Ω,并采取相应的技术措施使接地网电位分配合理,接触电压和跨步电压在允许值内。

(2) 非有效接地系统的接地电阻允许值

在非有效接地(不接地、经消弧线圈或高电阻接地)系统中,当发生单相接地短路时,并不立即切除故障部分而允许继续运行一段时间(一般为2h)。因此,在接地装置上将较长时间存在电压,人员在此时间内接触电气设备外壳的可能性较大。所以U_u的规定值较低,但由于I较小,其R_u允许值较大。

① 对高、低压电气设备共用的接地装置,接地电阻应符合式(10-7)

$$R_u \leqslant \frac{120}{I} \qquad (10\text{-}7)$$

② 对高压电气设备单独用的接地装置,接地电阻应符合式(10-8)

$$R_u \leqslant \frac{250}{I} \qquad (10\text{-}8)$$

但不宜大于10。

③ 在高土壤电阻率地区,不得大于30,且接触电压和跨步电压在允许值内。

④ 计算用接地故障电流I的取值。

(3) 在中性点不接地系统中,计算电流采用全系统单相接地电容电流,并按式(10-9)计算

$$I_c = \frac{(l_1 + 35l_2)U_N}{350} \qquad (10\text{-}9)$$

式中,l_1、l_2分别为架空线路、电缆线路的长度;

U_N为电网的额定线电压。

(4) 在经消弧线圈接地系统中

① 对装有消弧线圈的发电厂、变电所电气设备的接地装置,计算电流等于接在同一接地装置中同一系统各消弧线圈额定电流总和的1.25倍;

② 对于不装消弧线圈的发电厂、变电所电气设备的接地装置，计算电流等于断开系统中最大一台消弧线圈或最长线路时的最大可能残余电流值。

（5）在经高电阻接地系统中，计算电流采用单相接地时全系统接地电流

2. 低压电气设备的接地电阻允许值

对低压电气设备，要求 $R \leqslant 4\Omega$；对于使用同一接地装置的并列运行的发电机、变压器等电气设备，当其总容量不超过 1000kV·A 时，要求 $R_u \leqslant 10\Omega$。在采用保护接零的低压系统中，上述 R_u 是指变压器的接地电阻。

采用保护接零并进行重复接地时，要求重复接地装置的接地电阻 $R_u \leqslant 10$；在电气设备接地装置的接地电阻允许达到 10Ω 的电力网中，要求每一重复接地装置的接地电阻 $R \leqslant 30\Omega$，但重复接地点不应少于 3 处。

10.4 接地装置的布置

10.4.1 接地装置布置的一般原则

为了将各种不同用途和各种不同电压的电气设备接地，一般应使用一个总的接地装置（其他规定中有不同要求时除外）。

发电厂、变电所的地装置，除充分利用直接埋入地中或水中的自然接地体外，还应敷设人工接地体。对于 3~10kV 变、配电所，当采用建筑物的基础作接地体且接地电阻满足规定值时，可不另设人工接地。

在高土壤电阻率地区可采用下列降低接地电阻的措施：①当在发电厂、变电所 2000m 以内有较低电阻率的土壤时，可敷设引外接地体；②当地下较深处的土壤电阻率较低时，可采用井式或深钻式接地体；③填充电阻率较低的物质或降阻剂；④敷设水下接地网。

一般情况下，发电厂、变电所接地同中的垂直接地体对工频电流散流作用不大，降低接地电阻主要靠大面积水平接地体，它既有均压、减小接触电压和跨步电压的作用，又有散流作用。所以，对发电厂和变电所，不论采用何种形式的人工接地体，都应敷设以水平接地体为主的人工接地网。

人工接地网应围绕设备区域连成闭合形状，并在其中敷设若干水平均压带。如图 10-6 所示。

因接地网边缘外部电位梯度较高，边角处应做成圆弧形，且圆弧半径不宜小于均压带间距的一半；在 35kV 及以上变电所接地网边缘上经常有人出入的走道处，应在该走道下不同深度敷设两条与接地网相连的"帽檐式"均压带。图 10-6（b）为环形接地网 I-I 断面的地面电位分布情况。其中，实线为未加均压带时的电位分布，可见其分布较单接地体均匀得多，但如果配电装置的面积较大，则电位分布仍很不均匀；虚线为加均压带后的电位分布，可见配电装置区域内的电位分布已变得很均匀，入口处的电位分布也大大改善。接地网的埋深不宜小于 0.6m，在冻土地区应敷设在冻土层以下，以免受到机械损伤，可减少夏季水分蒸发和冬季土壤表层冻结对接地电阻的影响。

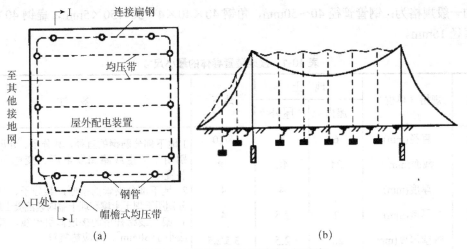

图 10-6 环形接地网及地面电位分布

屋内接地网由敷设在房屋每一层内的接地干线组成，并尽量利用固定电缆支、吊架用的预埋扁铁作为接地干线，各层的接地干线用几条上、下联系的导线相互连接，而后将屋内的接地网在几个地点与主接地网连接。

10.4.2 人工接地体的装设

1. 自然接地体的利用

在设计和装设接地装置时，首先应充分利用自然接地体，以节约投资，节约钢材。如果实地测量所利用的自然接地体接地电阻已满足要求，且这些自然接地体又满足短路热稳定度条件时，除35kV及以上变配电所外，一般就不必再装设人工接地装置了。

可以利用的自然接地体，按 GB50169—2006 规定有：
① 埋设在地下的金属管道，但不包括可燃和有爆炸物质的管道；
② 金属井管；
③ 与大地有可靠连接的建筑物的金属结构；
④ 水工建筑物及其类似的构筑物的金属管、桩等。

对于变配电所来说，可利用其建筑物的钢筋混凝土基础作为自然接地体。对 3~10kV 变配电所来说，如果其自然接地电阻满足规定值时，可不另设人工接地。对 35kV 及以上变配电所则还必须敷设以水平接地体为主的人工接地网。利用自然接地体时，一定要保证其良好的电气连接。在建、构筑物结构的结合处，除已焊接者外，都要采用跨接焊接，而且跨接线不得小于规定值。

2. 人工接地体的选择

（1）规格

如前所述，垂直接地体可采用钢管、角钢，单根长度一般为 2.5m；水平接地体可采用扁钢、圆钢。按机械强度要求的接地装置导体（接地体和接地线）的最小尺寸应符合表 10-1 所列规格。接地装置的导体尚应满足热稳定与均压要求，还应考虑腐蚀的影响，实际采用的接地体的一般规格为：钢管管径 40～50mm，角钢 40×40×4～50×50×5mm，扁钢 40×4mm，圆钢直径 16mm。

表 10-1　接地装置导体的最小尺寸

种类	规格（单位）	地上		地下	备注
		屋内	屋外		
圆钢	直径(mm)	6	8	8/10	1.地下部分圆钢的直径，其分子、分母数据分别用于架空线路和发电厂、变电所的接地装置； 2. 地下部分钢管的壁厚，其分子、分母数据分别用于埋于土壤和埋于室内素混凝土地坪中； 3. 架空线路杆塔的接地体引出线，其截面不应小于 50mm²，并应热镀锌
扁钢	截面(mm²)	24	48	48	
	厚度(mm)	3	4	4	
角钢	厚度(mm)	2	2.5	4	
钢管	管壁厚度(mm)	2.5	2.5	3.5/2.5	

敷设在大气和土壤中有腐蚀性场所的接地体和接地线，应根据腐蚀的性质经技术经济比较采取热镀锡、热镀锌等防腐措施。

（2）热稳定校验

发电厂、变电所中电气设备接地线的截面，应该按接地短路电流进行热稳定校验。未考虑腐蚀时，接地线的最小截面应符合式（10-10）的要求：

$$S_{\min} \geqslant \frac{I_g}{C}\sqrt{t_e} \tag{10-10}$$

式中，I_g 为流过接地线的短路电流稳定值（A）；

t_e 为短路的等效时间（s）；

C 为接地线材料的热稳定系数。

校验时应采用表 10-2 所列数值。

表 10-2　检验接地线热稳定所用的 I_g、t_e、C 值

系统接地方式	I_g	t_e	C		
			钢	铝	铜
有效接地	单（两）相接地短路电流	见式（10-11）、式（10-12）	70	120	210
低电阻接地	单（两）相接地短路电流	2s			
不接地、消弧线圈接地和高电阻接地	异点两相接地短路电流	2s			

有效接地系统的取值如下：

① 发电厂、变电所的继电保护配置有 2 套速动主保护、近接地后备保护、断路器失灵保护和自动重合闸时，可按式（10-11）取值：

$$t_e = t_{pr1} + t_f + t_{ab} \tag{10-11}$$

式中，t_{pr1} 为主保护动作时间（s）；

t_f 为断路器失灵动作时间（s）；

t_{ab}为断路器全分闸时间（s）。

② 配置有 1 套速动主保护、近或远（或远近结合的）后备保护和自动重合闸、有或无断路器失灵保护时，可按式（10-12）取值：

$$t_e \geq t_{pr} + t_{ab} \tag{10-12}$$

式中，t_{pr}为第一级后备保护动作时间（s）。

根据热稳定条件，未考虑腐蚀时，接地装置接地体的截面不宜小于连接至该接地装置的接地线截面的 75%。

3. 接地装置部分敷设

（1）为减少相邻接地体的屏蔽作用，垂直接地体的间距不宜小于其长度的 2 倍，水平接地体的间距不宜小于 5m。

（2）接地体与建筑物的距离不宜小于 1.5m。

（3）围绕屋外配电装置、屋内配电装置、主控制楼、主厂房及其他需要装设接地网的建筑物，敷设环形接地网，各分接地网之间应用不少于 2 根的接地干线在不同地点连接。自然接地体至少应在两点与接地干线连接。

（4）发电厂、变电所电气装置中的下列部位应采用专门敷设的接地线接地：①发电机座或外壳，中性点柜、出线柜的金属底座和外壳，封闭母线的外壳；②110kV 级以上钢筋混凝土构件支座上电气设备的金属外壳；③直接接地的变压器中性点；④中性点所接消弧线圈、接地电抗器、电阻器或变压器等的接线端子；⑤GIS 的接地端子；⑥避雷器、避雷针、避雷线等的接地端子；⑦箱式变电站的金属箱体。

当不要求采用专门的敷设接地线接地时，电气设备的接地线宜利用金属结构、普通钢筋混凝土构件的钢筋、穿线的钢管和电缆的铠、铅、铝外皮等，并应保证其全长为完好的电气通路。

（5）接地线的连接应符合下列要求：

① 接地线间的连接、接地线与接地体连接，宜用焊接；

② 接地线与电气设备的连接，可用焊接或螺栓连接；

③ 电气设备每个接地部分应以单独的接地线与接地干线连接，严禁在一条接地线中串接几个需要接地的部分。

（6）接地线沿建筑物墙壁水平辐射式，离地面不应小于 250mm，离墙壁不应小于 10mm。在接地线引进建筑物的入口处，应设标志，明敷的接地线表面应涂 10～100mm 宽度相等的绿、黄色相间的条纹。

人工接地体有垂直埋设和水平埋设两种，如图 10-7 所示。

最常用的垂直接地体为直径 50mm、长 2.5m 的钢管。如果采用的钢管直径小于 50mm，则因钢管的机械强度较小，易弯曲，不适于用机械方法打入土中；如果钢管直径大于 50mm，则钢材耗用增大，而散流电阻减小甚微，很不经济（例如钢管直径由 50mm 增大到 125mm 时，散流电阻仅减小 15%）。如果采用的钢管长度小于 2.5m 时，散流电阻增加很多；如果钢管长度大于 2.5m 时，则难于打入土中，而散流电阻也减小不多。由此可见，采用直径为 50mm、长度为 2.5m 的钢管作为垂直接地体是最为经济合理的。但是为了减少外界温度变化对散流电阻的影响，埋入地下的接地体，其顶端离地面不宜小于 0.6m。

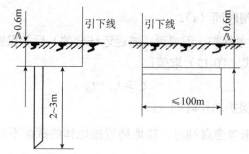

(a) 垂直埋设的管形或棒形接地体　(b) 水平埋设的带形接地体

图 10-7　人工接地体

当土壤电阻率（参看附录表 21）偏高时，例如土壤电阻率 $\rho \geqslant 300\Omega \cdot m$ 时，为降低接地装置的接地电阻，可采取以下措施：

①采用多支线外引接地装置，其外引长度不宜大于 $2\sqrt{\rho}$，这里的 ρ 为埋设地点的土壤电阻率。

②如果地下较深处土壤电阻率较低时，可采用深埋式接地体。

③局部进行土壤置换处理，换以电阻率较低的黏土或黑土（见图 10-8），或进行土壤化学处理，填充以炉渣、木炭、石灰、食盐、废电池等降阻剂（见图 10-9）。

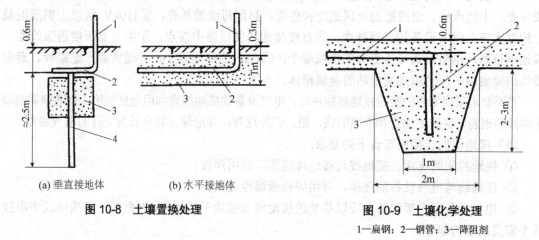

(a) 垂直接地体　　(b) 水平接地体

图 10-8　土壤置换处理

图 10-9　土壤化学处理

1—扁钢；2—钢管；3—降阻剂

按 GB50169《电气装置安装工程·接地装置施工及验收规范》规定，钢接地体和接地线的截面不应小于表 10-3 所列规格。对 110kV 及以上变电所或腐蚀性较强场所的接地装置，应采用热镀锌钢材，或适当加大截面。不得采用铝导体作接地体或接地线。如果采用铜接地体，根据 GB50169—2006，铜接地体的截面一般不应小于表 10-4 所列值。

当多根接地体相互邻近时，会出现入地电流相互排挤的屏蔽效应，如图 10-10 所示。这种屏蔽效应使接地装置的利用率下降。因此垂直接地体之间的间距不宜小于接地体长度的 2 倍，而水平接地体之间的间距一般不宜小于 5m。

人工接地网的布置，应尽量使地面的电位分布均匀，以降低接触电压和跨步电压。人工接地网的外缘应闭合。外缘各角应做成圆弧形，圆弧的半径不宜小于下述均压带间距的一半。35kV 及以上变电所的人工接地网内应敷设水平均压带，如图 10-11 所示。为保障人身安全，应在经常有人出入的走道处，应铺设碎石、沥青路面，或在地下加装帽檐式均压带。为了减小建筑物的接触电压，接地体与建筑物的基础间应保持不小于 1.5m 的水平距离，通常取 2～3m。

表 10-3 钢接地体和接地线的最小规格（根据 GB50169）

种类、规格及单位		地 上		地 下	
		室内	室外	交流回路	直流回路
圆钢直径/mm		6	8	10	12
扁钢	截面/mm²	60	100	100	100
	厚度/mm	3	4	4	6
角钢厚度/mm		2	2.5	4	6
钢管管壁厚度/mm		2.5	2.5	3.5	4.5

注：1. 电力线路杆塔的接地体引出线截面不应小于 50mm²。引出线应热镀锌。
2. 按 GB50057—1994《建筑物防雷设计规范》规定：防雷的接地装置，圆钢直径不应小于 10mm；扁钢截面不应小于 100mm²，厚度不应小于 4mm；角钢厚度不应小于 4mm；钢管壁厚不应小于 3.5mm。作为引下线，圆钢直径不应小于 8mm；扁钢截面不应小于 48mm²，厚度不应小于 4mm。
3. 本表规格也符合 GB50303—2002《建筑电气工程施工质量验收规范》的规定。

表 10-4 铜接地体的最小规格（根据 GB50169）

种类、规格及单位	地 上	地 下
铜棒直径/mm	4	6
铜棒截面/mm²	10	30
铜管管壁厚度/mm	2	3

注：裸铜绞线一般不作为小型接地装置的接地体用。当作为接地网的接地体时，截面应满足设计要求。

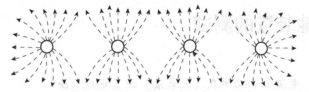

图 10-10 接地体间的电流屏蔽效应

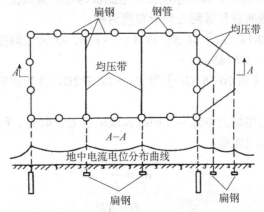

图 10-11 加装均压带的人工接地网

10.5 防雷装置的接地装置要求

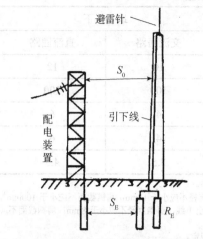

图 10-12 防直击雷的接地装置对建筑物和配电装置及其接地装置间的安全距离

S_0 — 空气中间距（不小于 5m）；
S_E — 地下间距（不小于 3m）

避雷针宜设独立的接地装置。防雷的接地装置（包括接地体和接地线）及避雷针（线、网）引下线的结构尺寸，应符合以表 10-3 注 2 的要求。为了防止雷击时雷电流在接地装置上产生的高电位对被保护的建筑物和配电装置及其接地装置进行"反击闪络"，危及建筑物和配电装置的安全，防直击雷的接地装置与建筑物和配电装置及其接地装置之间应有一定的安全距离。此安全距离与建筑物的防雷等级有关，在 GB50057 中有具体规定，空气中的安全距离、地下的安全距离，如图 10-12 所示。

为了降低跨步电压保障人身安全，按 GB50054 规定，防直击雷的人工接地体距建筑物入口或人行道的距离不应小于 3m。当小于 3m 时，应采取下列措施之一。

① 水平接地体局部埋深应不小于 1m。
② 水平接地体局部应包绝缘物，可采用 50~80mm 厚的沥青层。
③ 采用沥青碎石地面，或在接地体上面敷设 50~80mm 厚的沥青层，其宽度应超过接地体 2m。

10.6 接地装置的测试

1. 采用电压表、电流表和功率表（三表法）测量接地电阻

测试电路如图 10-13 所示。其中电压极、电流极为辅助测试极。电压极、电流极与接地体之间的布置方案有直线布置和等腰三角形布置两种。

① 直线布置［图 10-14（a）］取 $S_{13} \geq (2\sim3)D$，D 为被测接地网的对角线长度；取 $S_{12} \geq 0.6 S_{13}$（理论上 $S_{12} = 0.618 S_{13}$）。

② 等腰三角形布置［图 10-15（b）］取 $S_{12} = S_{13} \geq 2D$，D 为被测接地网的对角线长度；夹角取 $\alpha \approx 30°$。

图 10-13 所示测试电路加上电源后，同时读取电压 U、电流 I 和功率 P 值，即可由下式求得接地体（网）的接地电阻值：

$$R_E = \frac{U}{I} \tag{10-13}$$

$$R_E = \frac{U}{I^2} = \frac{U^2}{P} \tag{10-14}$$

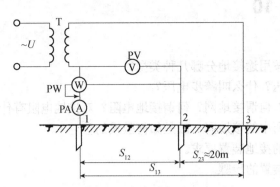

图 10-13 三表法测量接地电阻电路

1—被测接地体；2—电压极；3—电流极；
PV—电压表；PA—电流表；PW—功率表

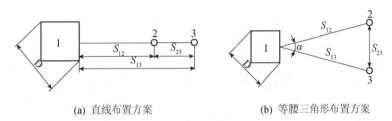

(a) 直线布置方案　　　　　(b) 等腰三角形布置方案

图 10-14 接地电阻测量的电极布置

2. 采用接地电阻测试仪测量接地电阻

接地电阻测试仪俗称接地电阻摇表，其测量机构为流比计。测试电路如图 10-15 所示。

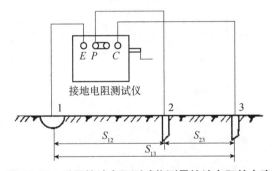

图 10-15 采用接地电阻测试仪测量接地电阻的电路

1—被测接地体；2—电压极；3—电流极

电极的布置如图 10-15 所示，具体方案和要求同前。摇测时，先将测试仪的"倍率标尺"开关置于较大的倍率挡。然后慢慢旋转摇柄，同时调整"测量标度盘"，使指针指零（中线）；接着加快转速达到每分钟约 120 转，并同时调整"测量标度盘"，使指针指零（中线）。这时"测量标度盘"所指示的标度值乘以"倍率标尺"的倍率，即为所测的接地电阻值。

复习思考题 10

1. 什么叫接地？按用途接地分哪几种类型？
2. 什么叫接触电压？什么叫跨步电压？
3. 何谓接地装置？何谓接地网？何谓接地电阻？对接地电阻有什么要求？
4. 发电厂、变电所中的接地网一般是如何敷设的？
5. 简述防雷装置的接地装置要求。
6. 简述设计接地装置的步骤。

附　　录

附录表1　10kV双绕组变压器

型号	额定容量（kV·A）	额定电压（kV）		连接组标号	损耗（kW）		空载电流（%）	阻抗电压（%）	重量（t）	轨距（mm）	备注
		高压	低压		空载	负载					
S9—30/10	30				0.13	0.6	2.8	4	0.34		
S9—50/10	50				0.17	0.87	2.6	4	0.46		
S9—63/10	63				0.20	1.04	2.5	4	0.51		
S9—80/10	80	10±5%			0.25	1.25	2.4	4	0.59		
S9—100/10	100				0.29	1.5	2	4	0.65	550	
S9—125/10	125				0.35	1.75	1.8	4	0.79	550	
S9—160/10	160				0.42	2.1	1.7	4	0.93	550	
S9—200/10	200				0.50	2.5	1.7	4	1.05	550	沈阳变压器厂、常州变压器厂
S9—250/10	250	6.3±5%	0.4	Y，yn0	0.59	2.95	1.5	4	1.245	660	
S9—315/10	315				0.70	3.5	1.5	4	1.44	660	
S9—400/10	400				0.84	4.2	1.4	4	1.645	660	
S9—500/10	500				1.0	5.0	1.4	4	1.89	660	
S9—630/10	630				1.23	6.0	1.2	4.5	2.825	820	
S9—800/10	800	6.0±5%			1.45	7.2	1.2	4.5	3.125	820	
S9—1000/10	1000				1.72	10.0	1.1	4.5	3.945	820	
S9—1250/10	1250				2.0	11.3	1.1	4.5	4.70	820	
S9—1600/10	1600				2.45	14.0	1.0	4.5	5.205	1070	
S7—630/10	630				1.3	8.1	1.8	4.5	2.59	820	
S7—800/10	800				1.54	9.9	1.5	5.5	3.22		
S7—1000/10	1000				1.8	11.6	1.2	5.5			
S7—1250/10	1250				2.2	13.8	1.2	5.5			
S7—1600/10	1600				2.65	16.5	1.1	5.5	5.31	820	
S7—2000/10	2000	10±5%	6.3	Y，d11	3.1	19.8	1.0	5.5			
S7—2500/10	2500				3.65	23	1.0	5.5			
S7—3150/10	3150				4.4	27	0.9	5.5			
S7—4000/10	4000				5.3	32	0.8	5.5			
S7—5000/10	5000				6.4	36.7	0.8	5.5			
S7—6300/10	6300				7.5	41	0.7	5.5			
SF7—8000/10	8000			Y，d11	11.5	45	0.8	10	17.29	1435	沈阳变压器厂、常州变压器厂
SF7—10000/10	10000	10±2×2.5%	6.3	Y，d11	13.6	53	0.8	7.5	19.07	1435	
SF7—16000/10	16000				19	77	0.7	7	28.3	1435	
SZL7—200/10	200				0.54	3.4	2.1	4	1.265	550	
SZL7—250/10	250				0.64	4.0	2.0	4	1.45	660	
SZL7—315/10	315				0.76	4.8	2.0	4	1.695	660	
SZL7—400/10	400	10±4×2.5%			0.92	5.8	1.9	4	1.975	660	
SZL7—500/10	500		0.4	Y，yn0	1.08	6.9	1.9	4	2.22	660	
SZL7—630/10	630	6.3±4×2.5%			1.4	8.5	1.8	4.5	3.14	820	
SZL7—800/10	800				1.66	10.4	1.8	4.5	3.605	820	
SZL7—1000/10	1000	6±4×2.5%			1.93	12.18	1.7	4.5	4.55	820	
SZL7—1250/10	1250				2.35	14.49	1.6	4.5	5.215	820	
SZL7—1600/10	1600				3.0	17.3	1.5	4.5	6.10	820	

附录表2　35kV双绕组无励磁调压变压器

型号	额定容量(kV·A)	额定电压(kV)高压	额定电压(kV)低压	连接组标号	损耗(kW)空载	损耗(kW)负载	空载电流(%)	阻抗电压(%)	重量(t)	轨距(mm)	备注
S7—50/35	50				0.265	1.35	2.8				
S7—100/35	100				0.37	2.25	2.6				
S7—125/35	125				0.42	2.65	2.5				
S7—160/35	160				0.47	3.15	2.4		0.755	550	
S7—200/35	200				0.55	3.70	2.2		1.040	660	
S7—250/35	250				0.64	4.40	2.0				
S7—315/35	315			Y, yn0 或 Y, dll	0.76	5.30	2.0	5.5	1.325	660	常州变压器厂、沈阳变压器厂
S7—400/35	400				0.92	6.40	1.9	6.5	1.470	660	
S7—500/35	500	35±5%	0.4		1.08	7.70	1.9	6.5	1.640	660	
S7—630/35	630				1.30	9.20	1.8	7.0	1.925	660	
S7—800/35	800				1.54	11.00	1.5	7.0			
S7—1000/35	1000				1.80	13.50	1.4	7.0	2.500	820	
S7—1250/35	1250				2.20	16.30	1.2	7.5			
S7—1600/35	1600				2.65	19.50	1.1				
S7—2000/35	2000				3.40	19.80	1.1		4.175	820	
S7—2500/35	2500				4.00	23.00	1.1		5.050	820	
S7—3150/35	3150				4.75	27.00	1.0				
S7—4000/35	4000		6.3		5.65	32.00	1.0				
S7—5000/35	5000	38.5±5%	10.5		6.75	36.70	0.9				
S7—6300/35	6300				8.20	41.00	0.9				
SF7—8000/35	8000				11.50	45.00	0.8	7.5	16.10	1435	
SF7—10000/35	10000		11		13.60	53.00	0.8	7.5	19.12	1435	
SF7—12500/35	12500	35±2×2.5%	10.5		16.00	63.00	0.7	8.0			
SF7—16000/35	16000			Y$_N$, dll	19.00	77.00	0.7	8.0			
SF7—20000/35	20000				22.50	93.00	0.7	8.0	31.30	1435	沈阳变压器厂
SF7—25000/35	25000	38.5±2×2.5%	5.5		26.60	110.00	0.6	8.0			
SF7—31500/35	31500				31.60	132.00	0.6	8.0			
SF7—40000/35	40000		6.3		38.00	174.00	0.6	8.0	47.90	2000/1435	
SF7—75000/35	75000	38.5±2×2.5%	10.5	Y$_N$, dll	57.00	310.00		10.5	79.50		
SSF7—8000/35	8000	35±2×2.5%	6.3		11.50	45.00		7.5	16.70		
SL7—800/35	800				1.54	11.00	1.5	6.5			
SL7—1000/35	1000				1.80	13.50	1.4	6.5	4.65	820	
SL7—1250/35	1250	35±5%	10.5		2.20	16.30	1.3	6.5			
SL7—1600/35	1600				2.65	19.50	1.2	6.5	5.96	1070	
SL7—2000/35	2000				3.40	19.80	1.1	6.5	6.19	1070	常州变压器厂
SL7—2500/35	2500			Y, dll	4.00	23.00	1.1	6.5	7.31	1070	
SL7—3150/35	3150	38.5±5%	6.3		4.75	27.00	1.0	7.0	8.20	1070	
SL7—4000/35	4000				5.65	32.00	1.0	7.0	10.05	1070	
SL7—5000/35	5000				6.75	36.70	0.9	7.0	11.44	1070	
SL7—6300/35	6300				8.20	41.00	0.9	7.5	13.34	1435	

附录表3　110kV双绕组无励磁调压变压器

型号	额定容量（kV·A）	额定电压（kV） 高压	额定电压（kV） 低压	连接组标号	损耗（kW）空载	损耗（kW）负载	空载电流（%）	阻抗电压（%）	重量（t）	轨距（mm）	备注
S7—6300/110	6300				11.6	41	1.1		21.7	1435	
S7—8000/110	8000				14.0	50	1.1		21.7	1435	
SF7—8000/110	8000				14.0	50	1.1				
SF7—10000/110	10000				16.5	59	1.0		26.1	1435	
SF7—12500/110	12500				19.5	70	1.0		29.8	1435	
SF7—16000/110	16000				23.5	86	0.9		31.5	1435	
SF7—20000/110	20000		11		27.5	104	0.9		39.3	1435	
SF7—25000/110	25000	121±2×2.5%			32.5	123	0.8				沈阳变压器厂
SF7—31500/110	31500		10.5		38.5	148	0.8		58.6	1435	
SF7—40000/110	40000				46.0	174	0.8		51.4	1435/1435	
SFP7—50000/110	50000		6.6	YN, dll	55.0	216	0.7		69.4	2000/1435	
SFP7—63000/110	63000	110±2×2.5%			65.0	260	0.6	10.5	80.4	2000/1435	
SF7—75000/110	75000				75.0	300	0.6		89.2	2×1435/1435	常州变压器厂
SFP7—90000/110	90000		6.3		85.0	340	0.6				
SFP7—120000/110	120000				106.0	422	0.5				
SFL7—8000/110	8000				14.0	50	1.1				
SFL7—10000/110	10000				16.5	59	1.0				
SFL7—12500/110	12500				19.5	70	1.0				
SFL7—16000/110	16000				23.5	86	0.9				
SFL7—20000/110	20000				27.5	104	0.9				
SFL7—25000/110	25000				32.5	123	0.8				
SFP7—120000/110	120000	110±2×2.5%	13.8		106.0	422	0.5		101.7	2000/1435	
SFP7—180000/110	180000	121±2×5%	15.75		110.0	550			128.9	2×1435/1435	
SFQ7—20000/110	20000		11		27.5	104					
SFQ7—25000/110	25000	121±2×2.5%	1.05		32.5	123	0.9				
SFQ7—31500/110	31500	110±2×2.5%	6.6		38.5	148	0.8				沈阳变压器厂
SFQ7—40000/110	40000		6.3		46.0	174	0.8		72.9	2000/1435	
SFPQ7—50000/110	50000				55.0	216	0.7		52.8	2000/1435	
SFPQ7—63000/110	63000	$115^{+3}_{-1}×2.5\%$	10.5	Yn, dll	65.0	260	0.7				
SFPQ7—50000/110	50000	110±2×2.5%	6.3-6.3	—dll	55.0	216	0.6	12			
SFFQ7—31500/110	31500				33.0	155		18.5			

附录表 4 220kV 双绕组无励磁调压变压器

型号	额定容量 (kV·A)	容量比 (%)	额定电压 (kV) 高压	额定电压 (kV) 低压	连接组标号	损耗 (kW) 空载	损耗 (kW) 负载	空载电流 (%)	阻抗电压 (%) 高低	重量 (t)	轨距 (mm)	备注
SFPS7-120000/220	120000	100/100/100		38.5					24.0	175	1435/2000	
SFPS7-120000/220	120000	100/100/67	$200^{+3}_{-1} \times 2.5\%$	38.5		133	480	0.8	23.0	197		
SFPS7-120000/220	120000	100/100/100		11;10.5	$Y_N, y_{n0}, d11$				23.0	197	1435/2000	
SFPS7-120000/220	120000	100/100/50	$242\pm2\times2.5\%$	38.5					22.7	175		沈阳变压器厂
SFPS7-150000/220	150000	100/100/100	$200^{+3}_{-1}\times2.5\%$	11	Y_N, y_{n0}, y_{n0}	157	570		13.6	188	1435/2000	
SFPS7-150000/220	150000	100/100/50	$38.5\pm5\%$	37.5		157	570	0.7	14.2	214		
SFPS7-180000/220	180000	100/100/50	115	10.5		200	650		23.1	247		
SFPS7-180000/220	180000	100/100/50	220±2×2.5%	11	$Y_N, y_{n0}, d11$	178	650		23.0	204		
SFPS7-180000/220	180000	100/100/50	231±2×2.5%	11		178	650		23.0	211		
SFPS7-240000/220	240000	100/100/50	220±2×2.5%	15.75		178	650		21.9	258		
SFPS3-120000/220	120000	100/100/10	242±2×2.5%	10.5		175	800	0.9	14.0	203	2×2000/1435	常州变压器厂
SFPS3-120000/220	120000		$242^{+1}_{-3}\times2.5\%$			148	640		12-14			

高中: 14.4, 14.0, 14.0, 13.1, 22.9, 22.5, 13.6, 14.0, 14.0, 12.8, 25.0, 22~24

中低: 7.6, 7.0, 7.0, 7.3, 8.0, 7.9, 7.6, 7.0, 7.0, 6.7, 9.0, 7~9

附录表 5 330kV 电力变压器

型号	额定容量 (kV·A)	容量比 (%)	额定电压 (kV) 高压	额定电压 (kV) 中压	额定电压 (kV) 低压	连接组标号	损耗 (kW) 空载	损耗 (kW) 负载	空载电流 (%)	阻抗电压 (%) 高中	阻抗电压 (%) 高低	阻抗电压 (%) 中低	重量 (t)	轨距 (mm)	备注
OSFPSZ—150000/330	150000	100/100/26.7	$345^{+10}_{-8} \times 1.25\%$	121	10.5	$Y_N,a0,d11$	73	453	0.2	11.1	29.0	17.0	202	2×2000/1435	沈阳变压器厂
OSFPSZ7—240000/330	240000	100/100/30	$345\pm8\times1.25\%$	121	10.5	$Y_N,a0,d11$	121	580		11.0	25.0	12.0	228		
OSFPSZ7—360000/330	360000	100/100/25	363	$242\pm8\times1.25\%$	11	$Y_N,a0,d11$	89	666		12.3	49.4	34.6	253		
OSFPSZ7—360000/330	360000		363	$242\pm8\times1.5\%$	11	$Y_N,d11$	89	670	1.0	50	10~12	35	252		
SFP—240000/330	240000		$363\pm2\times2.5\%$		15.75	$Y_N,d11$	247	781			15.0				西安变压器厂
SSP1—360000/330	360000		$363\pm2\times2.5\%$		15.75	$Y_N,d11$	302	1118	0.8		15.5				
SFP—150000/330	150000		$363\pm2\times2.5\%$		13.8	$Y_N,d11$	163	545	0.76		15.1				

附录表 6 500kV 电力变压器

型号	额定容量 (kV·A)	容量比 (%)	额定电压 (kV) 高压	额定电压 (kV) 中压	额定电压 (kV) 低压	连接组标号	损耗 (kV) 空载	损耗 (kV) 负载	空载电流 (%)	阻抗电压(%) 高中	阻抗电压(%) 高低	阻抗电压(%) 中低	重量(t)	轨距(mm)	备注
SFP—240000/500	240000		500		15.75	$Y_N,d11$	214	745	0.7		15.2		281		
SFP1—240000/500	240000		550−2×2.5%		15.75		165	679	0.3		14.3		264		
SFP—360000/500	360000		550−2×2.5%		18		180	1060			14.0		270		
DFP—24000/500	240000		550/√3		20	I,I_0	197	651	0.7		14.5		235		沈阳变压器厂
DSP—100000/500	100000		550/√3−2×2.5%		15.75		80	240			14.0		129		
DFPS—250000/500	250000	100/100/20.7	510/√3	235/√3	36.75	I,I_0,I_0	258	900	0.7	16.0	38.5	19.6	286		
DFPS1—250000/500	250000	100/100/32	500/√3	230/√3	63	I,I_0,I_0	250	660		15.5	38.4	18.8	274		
DFPS2—250000/500	250000	100/100/12	(510±8%)/√3	235/√3	36.75	I,I_0,I_0	217	683		15.0	38.3	19.4	277		
OSFPSZ—360000/500	360000	100/100/11	550	246±10%	35	$Y_N,a_0,d11$	180	870	0.4	10.0	41.0	26.0	325	3×2000/1435	
OSFPSZ1—360000/500	360000	100/100/25	550	$242^{+10}_{-5}×1.25\%$	38.5	$Y_N,a_0,d11$	150	950	0.3	12.0	64.0	45.0	361		沈阳变压器厂
ODFPSZ—167000/500	167000	100/100/40	500/√3	230/√3±10%	35	I,a_0,I_0	65	347		12.1	27.3	19.6	164		
ODFPSZ—167000/500	167000	100/100/24	550/√3	242/√3±2×2.5%	34.5		65	320	0.3	12.0	55.0	38.0	150		
ODFPSZ—167000/500	167000	100/100/40	525/√3	242/√3±10%	35	I,a_0,I_0	65	358	0.3	12.2	27.2	19.6	164	2000/2000	
ODFPSZ—250000/500	250000	100/100/32	525/√3	230/√3±8×1.25%	15.75	I,a_0,I_0	123	472	0.5	13.2	35.6	17.8	188	2×2000/1435	
ODFPSZ1—250000/500	250000	100/100/32	500/√3	230/√3×9×1.33%	63 过去人上空以空过空	I,I_0	105	424		12.0	36.0	21.5	223		
TDFPZ—21800/35	21800	100/85	510/√3±8%		36.75	I,I_0	20	134[①]	0.7		7.7		338	2000/1435	调压器
TDZ1—21800/60	21800	100/85	500/√3±8%		63	I,I_0	23	93[②]	0.6		7.1		51	2000/1435	调压器
SFP—30000/500	30000		550−2×2.5%		13.8	$Y_N,d11$	280	980					280	3×2000/1435	
DFPFZ—250000/500	250000		500/√3	230/√3	15.75	$Y_N,Y_{n0},d11$	264	1100			14~15		283	3×2000/2000	西安变压器厂
ODFPSZ—250000/500	250000		500/√3	230/√3×9×1.3%	35	$Y_N,a_0,d11$	145	541					203	3×2000/2000	

① 此为最小最大分接时的值：若为最大分接时，负载损耗为98kW，阻抗电压为7.1%。
② 此为最小最大分接时的值：若为最大分接时，负载损耗为69.8kW。

附录表7 10kV断路器规格和参数

型号	额定电压(kV)	最高工作电压(kV)	额定电流(A)	额定开断电流(kA)	额定关合电流(峰值kA)	动稳定电流(峰值kA)	热稳定电流(kA) 2s	热稳定电流(kA) 3s	热稳定电流(kA) 4s	固有分闸时间(s)	合闸时间(s)	操动机构	备注
SN10-10 I	10	11.5	630	16	40	40	16			≤0.06	≤0.20	CD10-I	
			1000	20	50	50	20			≤0.06	≤0.20		华通开关厂
SN10-10 II	10	11.5	1000	31.5	80	80	31.5			≤0.06	≤0.20	CD10-II	苏州开关厂
SN10-10 III	10	11.5	2000	40	100	100			40	≤0.07	≤0.20	CD10-III	锦州开关厂
			3000	40	125	125			40	≤0.07	≤0.20		
HB10	10	12	1250	40	100			43.5		0.06	0.06		华通引自原BBC公司 SF_6 产品，室内
			1600										
			2000										
LN-10	10	12	1250	25		80		25		≤0.06	≤0.06		锦州开关厂
			2000	40		110		43.5					
ZN-10	10		600	8.7		22			8.7	≤0.05	≤0.20	CD-25	沈阳开关厂
			1000	17.3		44			17.3	≤0.05	≤0.20	CD-35	
ZN4-10C	10	11.5	600	17.3	44				17.3	≤0.05(配CT8 ≤0.06)	≤0.20	CD 或 CT8	华通开关厂
			1000										
ZN5-10	10	11.5	600	200									西安开关厂
			1000										

注：派生系列的技术数据，凡未标出者均与原型相同，下同。

附录表8 35kV、60kV断路器规格和电气参数

型号	额定电压(kV)	最高工作电压(kV)	额定电流(A)	额定开断电流(kA)	额定关合电流(峰值)kA	极限通过电流(峰值)kA	动稳定电流(峰值)kA	热稳定电流(kA) 2s	热稳定电流(kA) 3s	热稳定电流(kA) 4s	固有分闸时间(s)	合闸时间(s)	重合闸无电流时间(s)	操动机构	备注
DW6-35	35	40.5	400	5.8 / 6.6		19				6.6	0.1①	≤0.27		CS2 / CD10	华通开关厂
DW8-35 I / DW8-35 II	35	40.5	1000 / 1600	16.5 / 31.5		41 / 80	31.5			16.5	≤0.07 / ≤0.07	≤0.30 / ≤0.30	0.5 / 0.5	CD11-XI / CD11-XII	西安开关厂
DW13-35 / DW13-35 I	35	40.5	1250 / 1600	20 / 31.5	50 / 80		50 / 80			20 / 31.5	≤0.07 / ≤0.07	≤0.35 / ≤0.35		CD11-XII	西安开关厂
SW2-35 II / SW2-35 IIC	35	40.5	1500 / 2000 / 1500	24.8		63.4				24.8	0.06	0.40		CT2-XG II 或 CD3-XG	华通开关厂
SN10-35 / SN10-35 I	35	40.5	1000 / 1250	16.5 / 16	42 / 40					16.5 / 16	0.06 / ≤0.06	0.25 / ≤0.25		CD10-II / CD10-IV	福州开关厂、西电公司、湖北开关厂、苏州开关厂
ZN-35	35	40.5	630 / 1250	8 / 16	20 / 40		20 / 40			8 / 16	≤0.05	≤0.20	≥0.5	CD2-40G II	沈阳开关厂
HB35	36	40.5	1250 / 1600	63		80	25				0.06	0.06	0.3		华通引自原BBC公司SF₆产品,室内
SW2-63 I / SW2-63 II / SW2-63 III	63	72.5	1600	25 / 20 / 31.5	63 / 50 / 80					25 / 20 / 31.5	≤0.04 / ≤0.08 / ≤0.04	≤0.20 / ≤0.50 / ≤0.20	≤0.3 / ≤0.7 / ≤0.3	CY5 / CD5-370X / CY5	沈阳开关厂
OFPI-63 / OFPT(B)-63	63 / 63	72.5 / 72.5②	1250 / 1600 / 2000 / 3150 / 4000	25 / 31.5 / 40	63 / 80 / 100		63 / 80 / 100			25 / 31.5 / 40	≤0.03	≤0.12		液压或气动	沈阳开关厂引自日立公司SF₆产品,瓷瓶式、户外;沈阳开关厂引自日立公司SF₆产品,罐式、户外
ZSN-63	63	72.5	1250	25	63					25	≤0.04	≤0.20	≥0.3	CY5	沈阳开关厂、组合、少油

注:1. 为固定脱扣时间。
2. OFPT(B)-63 的技术数据与 OFPI-63 均相同,仅结构不同。

附录表9 110kV断路器规格和电气参数

型号	额定电压(kV)	最高工作电压(kV)	额定电流(A)	额定开断电流(kA)	额定关合电流(峰值)kA	动稳定电流(峰值)kA	热稳定电流(kA) 3s	热稳定电流(kA) 4s	固有分闸时间(s)	合闸时间(s)	全开断时间(s)	重合闸无电流时间(s)	操动机构	备注
SW2-110 I SW2-110 II SW2-110III	110	126	1600 1600 2000	31.5 21 25 40	80 54 63 100			31.5 21 25 40	≤0.045 ≤0.07 ≤0.007 ≤0.04	≤0.20 ≤0.43 ≤0.43 ≤0.20		≥0.3 ≥0.6 ≥0.6 ≥0.3	CY5 CD5-X CD5-X CY5-II	沈阳开关厂
SW3-110G	110	126	1200	15.8 21①		41 (53)		15.8 (21)	0.07	0.43		0.5	CD5-XG	西安开关厂
SW4-110III	110	126	1250	31.5	80	80		31.5	≤0.05	≤0.18		0.3	CT6-XG	华通开关厂
SW6-110 SW6-110 I	110 110	126 126	1200 1500	15.8 21 31.5 31.5	41 53 80 80	41 53 80 80		15.8 21 31.5 31.5	0.04 0.035	0.20 0.20	0.07 0.05	0.3 0.3	CY3 CY3-III	西安开关厂
ELFSL2-I	110	126	2500 3150	40	100				0.026		0.051		气动	华通引自ABB公司SF$_6$产品,户外
OFP1-110	110	126	1250 1600 2000	31.5 40	80 100	80 100	31.5 40		≤0.03	≤0.12	0.06		液压或气动	沈阳开关厂引自日立公司SF$_6$产品,瓷瓶式,户外
OFP1-110 OFPT(B)-110	110 110	126 126	3150 4000 1250 1600 2000 3150 4000	31.5 40 50	80 100 125	80 100 125	31.5 40 50		≤0.03	≤0.12	≤0.06		液压或气动	沈阳开关厂引自日立公司SF$_6$产品,罐式,户外
SFM-110 SFMT-110	110 110	126 126	2000 2500 3150 4000 2000 2500 3150	31.5 40 50 31.5 40 50	80 100 125 80 100 125	80 100 125 80 100 125	31.5 40 50 31.5 40 50		0.025		0.050 0.06	0.3 0.3	气动 气动	西安开关厂引自三菱公司SF$_6$产品,瓷瓶式,户外 西安开关厂引自三菱公司SF$_6$产品,罐式,户外

注：括号内为断口间并联电容器后的数值。

附录表10 220kV断路器规格和电气参数

型号	额定电压(kV)	最高工作电压(kV)	额定电流(A)	额定开断电流(kV)	额定关合电流(峰值)kA	动稳定电流(峰值)kA	热稳定电流(kA) 3s	热稳定电流(kA) 4s	固有分闸时间(s)	合闸时间(s)	全开断时间(s)	重合闸无电流时间(s)	操动机构	备注
SW2-220 I SW2-220 II SW2-220III SW2-220IV	220	252	1600 2000	31.5 40	80 100			31.5 40	≤0.045 ≤0.040	≤0.20		≥0.3	CY3-II CY5 CY-A CY5-II	沈阳开关厂
SW4-220III	220	252	1250	31.5	80	80		31.5	≤0.045	≤0.18		0.3	CT6-XG	华通开关厂
SW6-220 SW6-220 I	220 220	252 252	1200 1500	21 31.5 31.5	53 80 80	53 80 80		21 31.5 31.5	0.040 0.035	0.20 0.20	0.07 0.06	0.3 0.3	CY3 CY3-III	西安开关厂
LW-220 I	220	252	1600	40		100	40		≤0.040	≤0.15	≤0.06	0.3	CY	华通开关厂
LW2-220	220	252	2500	31.5 40 50	80 100 125	80 100 125	31.5 40 50		≤0.030	≤0.15	≤0.05	0.3	液压	西安开关厂与南斯拉夫联合设计
OFP1-110	110	126	1250 1600 2000	31.5 40	80 100	80 100	31.5 40		≤0.03	≤0.12	0.06		液压或气动	沈阳开关厂引自日立公司 SF_6 产品，瓷瓶式，户外
OFP1-110 OFPT（B）-110	110 110	126 126	3150 4000 1250 1600 2000 3150 4000	31.5 40 50	80 100 125	80 100 125	31.5 40 50		≤0.03	≤0.12	≤0.06		液压或气动	沈阳开关厂引自日立公司 SF_6 产品，罐式，户外
SFM-110 SFMT-110	110 110	126 126	2000 2500 3150 4000 2000 2500 3150	31.5 40 50 31.5 40 50	80 100 125 80 100 125	80 100 125 80 100 125	31.5 40 50 31.5 40 50		0.025		0.050 0.06	0.3 0.3	气动 气动	西安开关厂引自三菱公司 SF_6 产品，瓷瓶式，户外；西安开关厂引自三菱公司 SF_6 产品，罐式，户外

附录表 11　330kV、500kV 断路器规格和电气参数

型号	额定电压 (kV)	最高工作电压 (kV)	额定电流 (A)	额定开断电流 (kA)	额定关合电流（峰值） kA	动稳定电流（峰值） kA	热稳定电流 (kA) 3s	热稳定电流 (kA) 4s	固有分闸时间 (s)	合闸时间 (s)	全开断时间 (s)	重合闸无电流时间 (s)	操动机构	备注
SW6-330 I	330	363	1500	31.5	80	80		31.5	0.035	0.20	0.06	0.3	CY3-III	西安开关厂
SFM-330	330	363	2000（2500 3150 4000）	40 50 63	100 125 160	100 125 160	400 50 63		0.025/ 0.02		0.05/ 0.04	0.3	气动/液压	西安开关厂引自三菱公司SF$_6$产品，瓷瓶
SFMT-330	330	363	2500（3150 4000）	40 50 63	100 125 160	100 125 160	40 50 63			0.10	0.06/ 0.04	0.3	气动/液压	西安开关厂引自三菱公司SF$_6$产品，罐式
OFPI-330	330	363	1250（1600 2000 3150 4000）	40 50	100 125	100 125	40 50		0.03/ 0.02	0.12/ 0.11	0.06/ 0.04		气动/液压	沈阳开关厂引自日立公司SF$_6$产品，瓷瓶式
OFPT（B）-330	330	363	1250（1600 2000 3150 4000）	40 50 63	100 125 160	100 125 160	400 50 63		0.03/ 0.02	0.12/ 0.11	≤0.04		气动/液压	沈阳开关厂引自日立公司SF$_6$产品，罐式
LW6-500	500	550	2500（3150 4000）	40 50 63	100 125 158				0.028	0.09	0.05		液压	沈阳开关厂引自法国MG公司FA系列，瓷瓶
ELFSL7-4	500	550	4000	50	125	125	50		0.021	0.112	0.05		气动	华通引自ABB公司瓷瓶式
SFM-500	500	550	2000（2500 3150 4000）	40 50 63	100 125 160	100 125 160	40 50 63		0.025/ 0.02		0.05/ 0.04	0.3	气动/液压	西安开关厂引自三菱公司SF$_6$产品，瓷瓶
SFMT-500	500	550	2500（3150 4000）	40 50 63	100 125 160	100 125 160	40 50 63			0.10	0.06/ 0.04		气动/液压	西安开关厂引自三菱公司SF$_6$产品，罐式
OFPT-500	500	550	1250（1600 2000 3150 4000）	40 50	100 125	100 125	40 50		0.02	0.12/ 0.11	0.06/ 0.04		气动/液压	沈阳开关厂引自日立公司SF$_6$产品，瓷瓶
OFPT（B）-500	500	550	1250（1600 2000 3150 4000）	40 50 63	100 125 160	100 125 160	40 50 63		0.002	0.12/ 0.11	0.04		气动/液压	沈阳开关厂引自日立公司SF$_6$产品，罐式

附录表12 部分汽轮发电机技术数据

型号	TQSS2—6—2	QF2—12—2	QF2—25—2	QFS—50—2	QFN—100—2	QFS—125—2	QFS—200—2	QFS—300—2	QFSN—600—2
额定容量（MW）	6	12	25	50	100	125	200	300	600
额定电压（kV）	6.3	6.3（10.5）	6.3（10.5）	10.5	10.5	13.8	15.75	18	20
功率因数 $\cos\phi$	0.8	0.8	0.8	0.8	0.85	0.85	0.85	0.85	0.90
同步电抗 X_d	2.680	1.598（2.127）	1.944（2.256）	2.14	1.806	1.867	1.962	2.264	2.150
暂态电抗 X_d'	0.290	0.180（0.232）	0.196（0.216）	0.393	0.286	0.257	0.246	0.269	0.265
次暂态电抗 X_d''	0.185	0.1133（0.1426）	0.122（0.136）	0.195	0.183	0.18	0.146	0.167	0.205
负序电抗 X_2	0.22	0.138（0.174）	0.149（0.166）	0.238	0.223	0.22	0.178	0.204	0.203
T_ω' (s)	2.59	8.18	11.585	4.22	6.20	6.90	7.40	8.376	8.27
T_ω'' (s)	0.0549	0.0712	0.2089	0.2089	0.1916	0.1916	0.1714	0.998	0.045
发电机 GD^2（tanm²）		1.80	4.94	5.7	13.00	14.20	23.00	34.00	40.82
汽轮机 GD^2（tanm²）		1.80	4.93	8.74	19.40	21.40		41.47	46.12

注 型号含义：T（位于第一个字）—同步；T（位于第二个字）—调相；Q（位于第一个或第二个字）—汽轮；F—发电机；Q（位于第三个字）—氢内冷；S 或 SS—双水内冷；K—快装；G—改进；TH—湿热带。

附录表13 部分水轮发电机技术数据

型号	TS425/65-32	TS425/94-28	TS854/184-44	TS1280/180-60	TS1264/160-48
额定容量（MW）	7.5	10	72.5	150	300
额定电压（kV）	6.3	10.5	13.8	15.75	13
功率因数 $\cos\phi$	0.8	0.8	0.85	0.85	0.875
同步电抗 X_d	1.186	1.070	0.845	1.036	1.253
暂态电抗 X_d'	0.346	0.305	0.275	0.314	0.425
次暂态电抗 X_d''	0.234	0.219	0.193	0.218	0.280
X_q	0.746	0.749	0.554	0.684	0.88
X_q''			0.200		0.322
X_2	0.547	0.228	0.197		0.289
T_ω (s)		3.43	5.90	7.27	4.88
GD^2 (tanm²)		540	12600	52000	53000

附录表 14 LJ 铝绞线的长期允许载流量（环境温度 20℃）

标称截面 （mm²）	长期允许载流量（A）		标称截面 （mm²）	长期允许载流量（A）	
	+70℃	+80℃		+70℃	+80℃
16	112	117	185	534	543
25	151	157	210	584	593
35	183	190	240	634	643
50	231	239	300	731	738
70	291	301	400	879	883
95	351	360	500	1023	1023
120	410	420	630	1185	1180
150	466	476	800	1388	1377

附录表 15 LGJ 铝绞线的长期允许载流量（环境温度 20℃）

标称截面 （mm²）	长期允许载流量（A）		标称截面 （mm²）	长期允许载流量（A）	
	+70℃	+80℃		+70℃	+80℃
10	88	93	185	539	548
16	115	121	210	577	586
25	154	160	240	655	662
35	189	195	300	735	742
50	234	240	400	898	901
70	289	297	500	1025	1024
95	357	365	630	1187	1182
120	408	417	800	1403	1390
150	463	472			

附录表 16　常用三芯电缆电阻电抗及电纳值

导体截面 (mm²)	电阻（Ω/km）		电抗（Ω/km）				电纳（10⁻⁶ S/km）			
	铜芯	铝芯	6kV	10kV	20kV	35kV	6kV	10kV	20kV	35kV
10			0.100	0.113			60	50		
16			0.094	0.104			69	57		
25	0.74	1.28	0.085	0.094	0.135		91	72	57	
35	0.52	0.92	0.079	0.083	0.129		104	82	63	
50	0.37	0.64	0.076	0.082	0.119		119	94	72	
70	0.26	0.46	0.072	0.079	0.116	0.132	141	100	82	63
95	0.194	0.34	0.069	0.076	0.110	0.126	163	119	91	68
120	0.153	0.27	0.069	0.076	0.107	0.119	179	132	97	72
150	0.122	0.21	0.066	0.072	0.104	0.116	202	144	107	79
185	0.099	0.17	0.066	0.069	0.100	0.113	229	163	116	85
240			0.063	0.069			257	182		
300			0.063	0.066						

附录表 17　BLX 型和 BLV 型铝芯绝缘线明敷时的允许载流量
（导线正常最高允许温度为 65℃）（A）

芯线截面 (mm²)	BLX 型铝芯橡皮线				BLV 型铝芯塑料线			
	环境温度							
	25℃	30℃	35℃	40℃	25℃	30℃	35℃	40℃
2.5	27	25	23	21	25	23	21	19
4	35	32	30	27	32	29	27	25
6	45	42	38	35	42	39	36	33
10	65	60	56	51	59	55	51	46
16	85	79	73	67	80	74	69	63
25	110	102	95	87	105	98	90	83
35	138	129	119	109	130	121	112	102
50	175	163	151	138	165	154	142	130
70	220	206	190	174	205	191	177	162
95	265	247	229	209	250	233	216	197
120	310	280	268	245	283	266	246	225
150	360	336	311	284	325	303	281	257
185	420	392	363	332	380	355	328	300
240	510	476	411	403	—	—	—	—

注：BX 型和 BV 型铜芯绝缘导线的允许载流量约为同截面的 BLX 型和 BLV 型铝芯绝缘导线允许载流量的 1.29 倍。

附录表18 BLX型和BLV型铝线芯绝缘穿硬塑料管时的允许载流量
(导线正常最高允许温度为65℃)

导线型号	芯线截面(mm²)	2根单芯线允许载流量(A) 环境温度				2根穿管管径(mm)	3根单芯线允许载流量(A) 环境温度				3根穿管管径(mm)	4~5根单芯线允许载流量(A) 环境温度				4根穿管管径(mm)	5根穿管管径(mm)
		25℃	30℃	35℃	40℃		25℃	30℃	35℃	40℃		25℃	30℃	35℃	40℃		
BLX	2.5	19	17	16	15	15	17	15	14	13	15	15	14	12	11	20	25
	4	25	23	21	19	20	23	21	19	18	20	20	18	17	15	20	25
	6	33	30	28	26	20	29	27	25	22	20	26	24	22	20	25	32
	10	44	41	38	34	25	40	37	34	31	25	35	32	30	27	32	32
	16	58	54	50	45	32	52	48	44	41	32	46	43	39	36	32	40
	25	77	71	66	60	32	68	63	58	53	32	60	56	51	47	40	40
	35	95	88	82	75	40	84	78	72	66	40	74	69	64	58	40	50
	50	120	112	103	94	40	108	100	93	86	50	95	88	82	75	50	50
	70	153	143	132	121	50	135	126	116	106	50	120	112	103	94	50	65
	95	184	172	159	145	65	165	154	142	130	65	150	140	129	118	65	80
	120	210	196	181	166	65	190	177	164	150	65	170	158	147	134	80	80
	150	250	233	215	197	65	227	212	196	179	75	205	191	177	162	80	90
	185	282	263	243	223	80	255	238	220	201	80	232	216	200	183	100	100
BLV	2.5	18	16	15	14	15	16	14	13	12	15	14	13	12	11	20	25
	4	24	22	20	18	20	22	20	19	17	20	19	17	16	15	20	25
	6	31	28	26	24	20	27	25	23	21	20	25	23	21	19	25	32
	10	42	39	36	33	25	38	35	32	30	25	33	30	28	26	32	32
	16	55	51	47	43	32	49	45	42	38	32	44	41	38	34	32	40
	25	73	68	63	57	32	65	60	56	51	40	57	53	49	45	40	50
	35	90	84	77	71	40	80	74	69	63	40	70	65	60	55	50	65
	50	114	106	98	90	50	102	95	88	80	50	90	84	77	71	65	65
	70	145	135	125	114	50	130	121	112	102	50	115	107	99	90	65	75
	95	175	163	151	138	65	158	147	136	124	65	140	130	121	110	75	75
	120	206	187	173	158	65	180	168	155	142	65	160	149	138	126	75	80
	150	230	215	198	181	75	207	193	179	163	75	185	172	160	146	80	90
	185	265	247	229	209	75	235	219	203	185	75	212	198	183	167	90	100

注：1. BX型和BV型铜芯绝缘导线的允许载流量约为同截面的BLX型和BLV型铝芯绝缘导线允许载流量的1.29倍。
2. 表中的钢管G—焊接钢管，管径按内径计；DG—电线管，管径按外径计。
3. 表中4~5根单芯线穿管的载流量，是指三相四线制的TN—C系统、TN—S系统和TN—C—S系统中的相线载流量。其中性线（N）或保护中性线（PEN）中可有不平衡电流通过。如果线路是供电给平衡的三相负荷，第四根导线为单纯的保护线（PE），则虽有四根导线穿管，但其载流量仍应按三根线穿管的载流量考虑，而管径则应按四根线穿管选择。
4. 管径在工程中常用英制尺寸（英寸in）表示。

附录表 19　BLX 型和 BLV 型铝芯绝缘线穿钢管时的允许载流量
（导线正常最高允许温度为 65℃）

导线型号	芯线截面 (mm²)	2 根单芯线允许载流量（A） 环境温度				2 根穿管管径 (mm)		3 根单芯线允许载流量（A） 环境温度				3 根穿管管径 (mm)		4～5 根单芯线允许载流量（A） 环境温度				4 根穿管管径 (mm)		5 根穿管管径 (mm)	
		25℃	30℃	35℃	40℃	G	DG	25℃	30℃	35℃	40℃	G	DG	25℃	30℃	35℃	40℃	G	DG	G	DG
BLX	2.5	21	19	18	16	15	20	19	17	16	15	15	20	16	14	13	12	20	25	20	25
	4	28	26	24	22	20	25	25	23	21	19	20	25	23	21	19	18	20	25	20	25
	6	37	34	32	29	20	25	34	31	29	26	20	25	30	28	25	23	20	25	25	32
	10	52	48	44	41	25	32	46	43	39	36	25	32	40	37	34	31	25	32	32	40
	16	66	61	57	52	25	32	59	55	51	46	32	32	52	48	44	41	32	40	40	(50)
	25	86	80	74	68	32	40	76	71	65	60	32	40	68	63	58	53	40	(50)	40	—
	35	106	99	91	83	32	40	94	87	81	74	32	(50)	83	77	71	65	40	(50)	50	—
	50	133	124	115	105	40	(50)	118	110	102	93	50	(50)	105	98	90	83	50	—	70	—
	70	164	154	142	130	50	(50)	150	140	129	118	50	(50)	133	124	115	105	70	—	70	—
	95	200	187	173	158	70	—	180	168	155	142	70	—	160	149	138	126	70	—	70	—
	120	230	215	198	181	70	—	210	196	181	166	70	—	190	177	164	150	70	—	80	—
	150	260	243	224	205	70	—	240	224	207	189	70	—	220	205	190	174	80	—	100	—
	185	295	275	255	233	80	—	270	252	233	213	80	—	250	233	216	197	80	—	100	—
BLV	2.5	20	18	17	15	15	15	18	16	15	14	15	15	15	14	12	11	15	15	15	20
	4	27	9.5	23	21	15	15	24	22	20	18	15	15	22	20	19	17	15	20	20	20
	6	35	32	30	27	15	20	32	29	27	25	15	20	28	26	24	22	20	25	25	25
	10	49	45	42	38	20	25	44	41	38	34	20	25	38	35	32	30	25	25	25	32
	16	63	58	54	49	25	25	56	52	48	44	25	32	50	46	43	39	25	32	32	40
	25	80	74	69	63	25	32	70	65	60	55	32	32	65	60	56	51	32	40	32	(50)
	35	100	93	86	79	32	40	90	84	77	71	32	40	80	74	69	63	40	(50)	40	—
	50	125	116	108	98	40	(50)	110	102	95	87	40	(50)	100	93	86	79	50	(50)	50	—
	70	155	144	134	122	50	(50)	143	133	123	113	40	(50)	127	118	109	100	50	—	70	—
	95	190	177	164	150	50	(50)	170	158	147	134	50	—	152	142	131	120	70	—	70	—
	120	220	205	190	174	50	(50)	195	182	168	154	50	—	172	160	148	136	70	—	80	—
	150	250	233	216	197	70	(50)	225	210	194	177	70	—	200	187	173	158	70	—	80	—
	185	285	266	246	225	70	—	255	238	220	201	70	—	230	215	198	181	80	—	100	—

注：1. BX 型和 BV 型铜芯绝缘导线的允许载流量约为同截面的 BLX 型和 BLV 型铝芯绝缘导线允许载流量的 1.29 倍。

2. 表中 4～5 根单芯穿管的载流量，是指三相四线制的 TN—C 系统、TN—S 系统和 TN—C—S 系统中的相线载流量。其中性线（N）或保护中性线（PEN）中可有不平衡电流通过。如果线路是供给平衡的三相负荷，第四根导线为单纯的保护线（PE），则虽有四根导线穿管，但其载流量仍应按三根线穿管的载流量考虑，而管径则应按四根线穿管选择。

3. 管径在工程中常用英制尺寸（英寸 in）表示。

附录表20 隔离开关主要技术参数

型号	额定电压(kV)	额定电流(A)	极限通过电流(kA) 峰值	极限通过电流(kA) 有效值	5s热稳定电流(kA)	操动机构型号
GN_2-10/2000	10	2000	85	50	36（10s）	CS_6—2
GN_2-10/3000	10	3000	100	60	50（10s）	CS_7
GN_2-20/400	20	400	50	30	10（10s）	CS_6—2
GN_2-35/400	35	400	50	30	10（10s）	CS_6—2
GN_2-35/600	35	600	50	30	14（10s）	CS_6—2
GN_2-35T/400	35	400	52	30	14	CS—2T
GN_2-35T/600	35	600	64	37	25	CS_6—2T
GN_2-35T/1000	35	1000	70	49	27.5	CS_6—2T
GN_6-6T/200，GN_8-6/200	6	200	25.5	14.7	10	
GN_6-6T/400，GN_8-6/400	6	400	52	30	14	
GN_6-6T/600，GN_8-6/600	6	600	52	30	20	
GN_6-10T/200，GN_8-10/200	10	200	25.5	14.7	10	CS_6—1T
GN_6-10T/400，GN_8-10/400	10	400	52	30	14	
GN_6-10T/600，GN_8-10/600	10	600	52	30	20	
GN_6-10T/1000，GN_8-10/1000	10	1000	75	43	30	
GN_{10}-10T/3000	10	3000	160	90	75	CS_9或CJ_2
GN_{10}-10T/4000	10	4000	160	90	80	CS_9或CJ_2
GN_{10}-10T/5000	10	5000	200	110	100	CJ_2
GN_{10}-10T/6000	10	6000	200	110	105	CJ_{2a}
GN_{10}-20/8000	20	8000	250	145	80	CJ_2
GW_4-35/1250	35	1250	50		20（4s）	
GW_4-35/2000	35	2000	80		31.5（4s）	
GW_4-35/2500	35	2500	100		40（4s）	
GW_4-110/1250	110	1250	50		20（4s）	
GW_4-110G/1250	110	1250	80		31.5（4s）	CS11G
GW_4-110/2000	110	2000	80		31.5（4s）	CS14G
GW_4-110/2500	110	2500	100		40（4s）	
GW_4-220/1250	220	1250	80		31.5（4s）	
GW_4-220/2000	220	2000	100		40（4s）	
GW_4-220/2500	220	2500	125		50（4s）	
GW_5-35/630，GW_5-35/630D	35	630	50，80		20，31.5（4s）	
GW_5-35/1250	35	1250	50，80		20，31.5（4s）	
GW_5-35/1600	35	1600	50，80		20，31.5（4s）	CS17
GW_5-110/630，GW_5-110/630D	110	630	50，80		20，31.5（4s）	
GW_5-110/1250	110	1250	50，80		20，31.5（4s）	
GW_5-110/1600	110	1600	50，80		20，31.5（4s）	

附录表 21　土壤电阻率参考值

土　壤　名　称	电阻率/(Ω·m)	土　壤　名　称	电阻率/(Ω·m)
陶黏土	10	砂质黏土、可耕地	100
泥炭、泥灰岩、沼泽地	20	黄土	200
捣碎的木炭	40	含砂黏土、砂土	300
黑土、田园土、陶土	50	多石土壤	400
黏土	60	砂、砂砾	1000

附录表 22　10kV 断路器规格和参数

型号	额定电压（kV）	最高工作电压（kV）	额定电流（A）	额定开断电流（kA）	额定关合电流（峰值 kA）	动稳定电流（峰值 kA）	热稳定电流（kA） 2s	3s	4s	固有分闸时间（s）	合闸时间（s）	操动机构	备注
SN10-10I	10	11.5	630	16	40	40	16			≤0.06	≤0.20	CD10-10I	华通开关厂
			1000	20	50	50	20			≤0.06	≤0.20		
SN10-10II	10	11.5	1000	31.5	80	80	31.5			≤0.06	≤0.20	CD10-10II	苏州开关厂
SN10-10III	10	11.5	2000	40	100	100			40	≤0.07	≤0.20	CD10-10III	锦州开关厂
			3000	40	125	125			40	≤0.07	≤0.20		
HB10	10	12	1250	40	100		43.5			0.06	0.06		华通引自原 BBC 公司 SF_6 产品，室内
			1600										
			2000										
LN-10	10	12	1250	25		80	25			≤0.06	≤0.06		锦州开关厂
			2000	40		110	43.5						
ZN-10	10		600	8.7		22	8.7			≤0.05	≤0.20	CD-25	沈阳开关厂
			1000	17.3		44	17.3			≤0.05	≤0.20	CD-25	
ZN4-10C	10	11.5	600	17.3	44		17.3			≤0.05（配 CT8 ≤0.06）	≤0.20	CD 或 CT8	华通开关厂
			1000										
ZN5-10	10	11.5	630	20									西安开关厂
			1000										

附录表 23 110kV 双绕组有载调压变压器

型号	额定容量 (kV·A)	额定电压（kV）高压	额定电压（kV）低压	连接组标号	损耗（kW）空载	损耗（kW）负载	空载电流（%）	阻抗电压（%）	重量(t)	轨距（mm）	备注
SZ7-6300/110	6300				12.5	41	1.4				
SZ7-8000/110	8000				15.0	50	1.4		30.3	2000/1435	
SFZ7-10000/110	10000				17.8	59	1.3				
SFZ7-12500/110	12500				21.0	70	1.3				
SFZ7-16000/110	16000	110±8×1.25%	11		25.3	86	1.2		40.9		沈阳变压器厂
SFZ7-20000/110	20000				30.0	104	1.2		45.4		
SFZ7-31500/110	31500				35.5	123	1.1				
SFZ7-40000/110	40000		10.5		42.2	148	1.1	10.5	50.3	1435/1435	
SFZ7-8000/110	8000				50.5	174	1.0				
SFZ7-10000/110	10000	121$^{+4}_{-2}$×2.5%	6.6		15.0	50	1.4				
SFZ7-12500/110	12500				17.8	59	1.3		25.4	1435	
SFZ7-16000/110	16000		6.3		21.0	70	1.3				
SFZ7-20000/110	20000	121±3×2.5%			25.3	86	1.2				常州变压器厂
SFZ7-25000/110	25000				30.0	104	1.2		38.6	2000/1435	
SFZ7-31500/110	31500	110$^{+4}_{-2}$×2.5%			35.5	123	1.1				
SFZ7-40000/110	40000				42.2	148	1.1		50.0	2000/1435	
SFZ7-50000/110	50000				50.5	174	1.0		69.0	2000/1435	
SFZ7-63000/110	63000	110±3×2.5%		YN，d11	59.7	216	1.0				
					71.0	260	0.9				
SFZL7-8000/110	8000				15.0	50	1.4				
SFZL7-10000/110	10000				17.8	59	1.3				
SFZL7-12500/110	12500	121±3×2.5%			21.0	70	1.3				
SFZL7-16000/110	16000	110±3×2.5%	11		25.3	86	1.2				
SFZL7-20000/110	20000		10.5		30.0	104	1.2				
SFZL7-25000/110	25000	110±8×1.25%	6.6		35.5	123	1.1				
SFZL7-31500/110	31500	110±8×1.25%	6.3		42.2	148	1.1		53.8	2000/1435	
SFPZ7-50000/110	50000	110$^{+10}_{-6}$×1.25%	38.5		59.7	216	1.0		81.1	2×1435/1435	沈阳变压器厂
SFPZ7-63000/110	63000				59.7	260	0.9		94.0	2×1435/1435	
SFZ7-63000/110	63000				71.0	260	0.9	10.5	98.1	2×1435/1435	
SFZQ7-20000/110	20000	110±8×1.25%	11		30.0	104	1.2				
SFZQ7-25000/110S	25000		10.5		35.5	123	1.1				
SFZQ7-31500/110	31500		6.6		42.2	148	1.1		75.3	2×1435/1435	
SFZQ7-40000/110S	40000	115±8×2.5%	6.3		50.5	174	1.0				
SFZQ7-31500/110	31500				42.2	148	1.1		68.2	2000/1435	
SFPZQ7-50000/110	50000	1100±8×1.25%			59.7	216	1.0				
SFPZQ7-63000/110	63000		6.3/	YN，d11-d11	71.0	260	0.9				
SFFZQ7-31500/110	31500		6.3		31.2	144		18.5	61.8	2000/1435	

附录表 24 60kV 双绕组变压器

型号	额定容量（kVA）	额定电压（kV） 高压	额定电压（kV） 低压	连接组标号	损耗（kW）空载	损耗（kW）负载	空载电流（%）	阻抗电压（%）	重量（t）	轨距（mm）	备注
S7-5000/60	5000				9.0	36.0		9	14.7		
S7-6300/60	6300				11.6	40.0		9	18.6		
SF7-8000/60	8000				14.0	47.5		9	19.9		
SF7-10000/60	10000	66±2×2.5%	11		16.5	56.0	1.3	9	22.7		
SF7-12500/60	12500				19.5	66.5	1.2	9			
SF7-16000/60	16000				23.5	81.7	1.1	9	30.4		
SF7-20000/60	20000	63±2×2.5%	10.5		27.5	99.0	1.1	9	37.1		
SF7-25000/60	25000				32.5	117.0	1.0	9			
SF7-31500/60	31500	60±2×2.5%			38.5	141.0	1.0	9	50.0		
SF7-40000/60	40000				46.0	165.5	0.9	9	53.0		
SFP7-50000/60	50000		6.6	YN,d11	55.0	205.0	0.9	9	67.1		沈阳变压器厂
SFP7-63000/60	63000	66±8×1.25%			65.0	260.0	0.8	9	81.3	2000/1435	
SFP7-90000/60	90000				68.0	320.0	0.8	10	100.4		
SZ7-6300/60	6300		6.3		12.5	40.0	1.3	9	24.0		
SZ7-8000/60	8000	63±8×1.25%			15.0	47.5	1.2	9	28.0		
SFZ7-10000/60	10000				17.8	56.0	1.1	9	31.0		
SFZ7-12500/60	12500				21.0	66.5	1.0	9			
SFZ7-16000/60	16000				23.5	81.7	1.0	9	39.2		
SFZ7-20000/60	20000				30.0	99.0	0.9	9	45.2		
SFZ7-25000/60	25000				35.3	117.0	0.9	9	54.3		
SFZ7-31500/60	31500				42.2	141.0	0.9	9	62.9		
SFZ7-40000/60	40000	60±8×1.25%			50.5	165.5	0.8	9			
SFZ7-50000/60	50000				59.7	205.0	0.7	9			
SFZ7-63000/60	63000				71.0	247.0	0.7	9	73.1		

附录表 25 矩形铝导体长期允许载流量和集肤效应系数 Kr

导体尺寸 $h \times b$ (mm×mm)	单条 平放(A)	单条 竖放(A)	Kr	双条 平放(A)	双条 竖放(A)	Kr	三条 平放(A)	三条 竖放(A)	Kr	四条 平放(A)	四条 竖放(A)	Kr
50×4	586	613										
50×5	661	692										
63×6.3	910	952	1.02	1409	1547		1866	2111				
63×8	1038	1085	1.03	1623	1777		2113	2379				
63×10	1168	1221	1.04	1825	1994		2381	2665				
80×6.3	1128	1178	1.03	1724	1892	1.18	2211	2505		2558	3411	
80×8	1174	1330	1.04	1945	2131	1.27	2491	2809	1.44	2863	3817	
80×10	1427	1490	1.05	2175	2373	1.30	2774	3114	1.50	3167	4222	
100×6.3	1371	1430	1.04	2054	2253	1.26	2633	2985		3032	4043	
100×8	1542	1609	1.05	2298	2516	1.30	2933	3311	1.50	3359	4479	
100×10	1728	1803	1.08	2558	2796	1.42	3181	3578	1.70	3622	4829	2.00
125×6.3	1674	1744	1.05	2446	2680	1.28	2079	3490		3525	4700	
125×8	1876	1955	1.08	2725	2982	1.40	3375	3813	1.60	3847	5129	
125×10	2089	2177	1.12	3005	3282	1.45	3725	4194	1.80	4225	5633	2.20

注：1. 载流量系按导体最高允许工作温度70℃、环境温度25℃、导体表面涂漆、无日照、海拔为1000m 及以下条件计算的。
2. 表中导体尺寸中 h 为矩形铝导体宽度，b 为厚度。
3. 表中当导体为四条时，平放、竖放第2、3 片间距离皆为50mm。
4. 同截面铜导体载流量为表中铝导体载流量的1.27 倍。

参考文献

[1] 中国科学技术协会. 能源科学技术学科发展报告. 北京: 中国科学技术出版社, 2008.

[2] 朱亚杰, 孙兴文, 能源世界之窗. 北京: 清华大学出版社, 2001.

[3] 惠晶. 新能源转换与控制技术. 北京: 机械工业出版社, 2008.

[4] 中国科学技术协会. 能源科学技术学科发展报告. 北京: 中国科学技术出版社, 2008.

[5] 史晓斐. 节能减排世纪之约. 中国电力报, 2007, 12（27）: 4271.

[6] 杨岳. 电气安全. 北京: 机械工业出版社, 2010.

[7] 杨娟. 电气运行技术. 北京: 中国电力出版社, 2009.

[8] 熊信银. 发电机及电气系统. 北京: 中国电力出版社, 2004.

[9] 朱继洲. 压水堆核电厂的运行. 北京: 原子能出版社, 2000.

[10] 涂光瑜. 汽轮发电机及电气设备. 2版. 北京: 中国电力出版社, 2007.

[11] 范锡普. 发电厂电气部分. 2版. 北京: 水利电力出版社, 1995.

[12] 惠晶. 新能源转换与控制技术. 北京: 机械工业出版社, 2008.

[13] 陈启卷, 电气设备及系统. 北京: 中国电力出版社, 2006.

[14] 丁广鑫, 特高压交流工程建设典型措施示例. 北京: 中国电力出版社, 2009.

[15] 熊信银, 朱永利. 发电厂电气部分. 3版. 北京: 中国电力出版社, 2004.

[16] 宋志明, 李洪战. 电气设备与运行. 北京: 中国电力出版社, 2008.

[17] 熊信银, 张步涵. 电气工程基础. 武汉: 华中科技大学出版社, 2005.

[18] 熊信银, 唐巍. 电气工程概论. 北京: 中国电力出版社, 2008.

[19] 姚春球. 发电厂电气部分. 北京: 中国电力出版社, 2004.

[20] 四川省电力工业局, 四川省电力教育协会. 500kV变电所. 北京: 中国电力出版社, 2000.

[21] 傅知兰, 电力系统电气设备选择与实用计算. 北京: 中国电力出版社, 2004.

[22] 水利电力部西北电力设计院. 电力工程电气设计手册·电气一次部分. 北京: 中国电力社, 1989.

[23] 胡志光. 火电厂电气设备及运行. 北京: 中国电力出版社, 2001.

[24] 汪永华, 陈化钢. 实用最新电力技术系列培训教材: 电气运行与检修. 北京: 中国水利水电出版社, 2008.

[25] 丁德劭. 怎样读新标准电气一次接线图. 北京: 中国水利水电出版社, 2001.

[26] 欧阳予. 世界主要核电国家发展战略与我国核电规划. 现代电力, 2006, 23（5）: 1~10.

[27] 江苏省电力公司. 500kV阳城电厂送出输变电工程. 南京: 江苏科学技术出版社, 2003.

[28] 黄稚罗, 黄树红. 发电设备状态检修. 北京: 中国电力出版社, 2000.

[29] 国家电网公司. 国家电网公司750kV输变电示范工程建设总结. 北京: 中国电力出

版社，2006.

[30] 刘振亚. 特高压输电知识问答. 北京：中国电力出版社，2006.

[31] 孙树波等. 1000kV 自耦变压器的开发设计. 电力设备，2007，8（4）：6~10.

[32] 邱岭，周才洋. 1000MW 等级火电机组厂用电电压等级的选择电力建设. 2006，27（6）：23~27，34.

[33] 陈洪利，郭伟. 厂用工作电源与备用电源的正常切换方式探讨. 电力建设，2006，27（9）：56~59.

[34] 黄益庄. 变电站综合自动化技术. 北京：中国电力出版社，2000.

[35] 文峰. 发电厂及变电所的控制（二次部分）. 北京：中国电力出版社，1998.

[36] 邹仉平. 实用电气二次回路200例. 北京：中国电力出版社，2000.

[37] 刘介才. 安全用电实用技术. 北京：中国电力出版社，2006.

[38] 中华人民共和国国家标准（含修订本）. 北京：中国标准出版社，1987.

[39] GB/T 7159—1987 电气技术中的文字符号制订通则.

[40] GB/T 4728—2008 电气简图用图形符号.

[41] 电气标准规范汇编（含修订本）. 北京：中国计划出版社，1999.

[42] 常用供用电电气标准汇编. 北京：中国标准出版社，2008.

[43] 国家电网公司. 国家电网公司电力安全工作规程（试行）. 北京：中国电力出版社，2005.

[44] 许珉. 发电厂电气主系统. 北京：机械工业出版社，2006.

[45] 工厂常用电气设备手册（含补充本）. 北京：中国电力出版社，1997.

反侵权盗版声明

电子工业出版社依法对本作品享有专有出版权。任何未经权利人书面许可，复制、销售或通过信息网络传播本作品的行为；歪曲、篡改、剽窃本作品的行为，均违反《中华人民共和国著作权法》，其行为人应承担相应的民事责任和行政责任，构成犯罪的，将被依法追究刑事责任。

为了维护市场秩序，保护权利人的合法权益，我社将依法查处和打击侵权盗版的单位和个人。欢迎社会各界人士积极举报侵权盗版行为，本社将奖励举报有功人员，并保证举报人的信息不被泄露。

举报电话：（010）88254396；（010）88258888
传　　真：（010）88254397
E-mail：　dbqq@phei.com.cn
通信地址：北京市万寿路173信箱
　　　　　电子工业出版社总编办公室
邮　　编：100036